大数据技术系列

大数据技术与应用

主编　姚树春　周连生　张强　侯勇

西南交通大学出版社
·成都·

内容简介

随着信息时代的信息爆炸式增长，大数据已经无处不在。数量、种类庞大和速度加快的数据浪潮是政府、企业面临的一个全新课题。本书首先讲述了什么是大数据、常见大数据源及其应用价值分析、大数据的商业应用；然后从具体实用的角度介绍了大数据应用的相关技术和工具、主要数据挖掘工具及平台；最后讲解了如何组建优秀的大数据分析专家团队，以及大数据的应用，包括几个经典的大数据应用案例、政府工作中的大数据应用、目前互联网中的大数据商机、大数据与未来之路。本书集知识性、实用性、可读性于一体，可以帮助读者了解大数据的概念、特点、重要性、价值；了解大数据处理的基础理念和常见工具；熟悉大数据的处理流程、方法和技术；结合实际案例构建大数据应用的战略蓝图、管理流程和实施策略。

图书在版编目（CIP）数据

大数据技术与应用 / 姚树春等主编. —成都：西南交通大学出版社，2018.6
（大数据技术系列）
ISBN 978-7-5643-6275-1

Ⅰ. ①大… Ⅱ. ①姚… Ⅲ. ①数据处理 Ⅳ. ①TP274

中国版本图书馆 CIP 数据核字（2018）第 147624 号

大数据技术系列
大数据技术与应用

主编 / 姚树春　周连生　张　强　侯　勇
责任编辑 / 黄庆斌
特邀编辑 / 刘姗姗
封面设计 / 何东琳设计工作室

西南交通大学出版社出版发行
（四川省成都市二环路北一段 111 号西南交通大学创新大厦 21 楼　610031）
发行部电话：028-87600564　028-87600533
网址：http://www.xnjdcbs.com
印刷：成都中永印务有限责任公司

成品尺寸　185 mm × 260 mm
印张　13.5　　字数　321 千
版次　2018 年 6 月第 1 版　　印次　2018 年 6 月第 1 次

书号　ISBN 978-7-5643-6275-1
定价　39.80 元

课件咨询电话：028-87600533
图书如有印装质量问题　本社负责退换

序　言

十年前，“数据”对于每个普通人来说，还是一个非常专业甚至陌生的词汇。随着科学技术的飞速发展，今天，“数据”已经深入到大家生活的方方面面，线上交流、网上购物、快递外卖、旅行记录等等。每个人，每天都会源源不断地产生大量的数据。据IDC《数字宇宙》(Digital Universe）的研究报告表明，2006年，全世界产生数据量为0.18 ZB。到2020年，全球新建和复制的信息量将超过40 ZB，数据量呈现数百倍数量级的增长。

大数据（Big Data)，或称巨量资料，是以容量大、类型多、存取速度快、价值密度低为主要特征的数据集合。大数据正快速发展为对数量巨大、来源分散、格式多样的数据进行采集、存储和关联分析，从中发现新知识、创造新价值、提升新能力的新一代信息技术和服务业态。

信息技术与经济社会的交汇融合引发了数据迅猛增长，数据已成为国家基础性战略资源，大数据正日益对全球生产、流通、分配、消费活动以及经济运行机制、社会生活方式和国家治理能力产生重要影响。

数据量的飞速增长也带来了大数据技术和服务市场的繁荣发展。大数据解决方案不断成熟，各领域大数据应用全面展开，为大数据发展带来了强劲动力。我国大数据仍处于起步发展阶段，各地发展大数据积极性较高，行业应用得到快速推广，市场规模增速明显。数据显示，2015年我国大数据市场规模达到115.9亿元，增速达53.1%。预计到2021年，我国大数据市场规模将突破350亿元。在大数据时代，各行各业对数据的分类检索和储存智能化要求越来越高，大数据对人们来说意味着宝藏，大数据技术就是打开这座宝藏的一把金钥匙。

由姚树春、周连生、张强、侯勇主编的《大数据技术与应用》，是基于大数据团队几年来的教学实践和科学研究成果，通过精心组织内容，并多次修改，用最新理论和数据，深入浅出地介绍了什么是大数据、大数据的价值、大数据的相关技术、大数据的案例应用等。本书为大家打开一扇了解“大数据”的窗户，无论是专业人士还是普通大众，都值得一读。

在《大数据技术与应用》即将出版之际，作者邀请我写该书的《序言》。

本书作者主要来自江苏汇誉通数据科技有限公司的周连生总经理、张强技术总监、苏州工业园区服务外包职业学院大数据教学团队的姚树春老师、蚌埠学院的侯勇老师。江苏汇誉通数据科技有限公司在给中科院相关部门进行大数据培训过程中，积累了大量的大数据学习资源，为编写本书提供了大量的资料。

当前，云计算、大数据、人工智能、区块链技术等层出不穷，技术革命带动产业变革，万物互联、人机交互、天地一体的网络空间正在逐步形成。2015年8月国务院印发了《促进大数据发展行动纲要》。2017年初，工业和信息化部印发了《国家大数据产业发展规划(2016—2020年)》。可以说，数据科学的春天正朝我们姗姗走来，让我们一起张开双臂，学习新的技术，热烈地拥抱这个春天吧！

冯瑞教授

2018年6月

目　录

第1篇　理念篇

第2篇 技术篇

第3篇 应用篇

第 1 篇　理念篇

1　信息时代背景及大数据基本介绍

1.1　信息时代的主要数据源

随着信息技术的迅速发展，管理信息系统、互联网、物联网、移动终端等新技术与设备正在不断改变现代企业的环境。互联网和其他全球性媒介已经初步消除了国界对信息的隔离。互联网上的公共网页和全球共享数据几乎对所有组织和个人都是公开的，大多可以被自由访问、下载。互联网网页资源、博客和论坛、企业公开报表、社会各组织的公共数据库、各类媒体资源均涉及有关政治、经济、管理、生活等各领域广泛的海量信息。大数据的主要来源分为如下几个方面。

1.1.1　互联网

互联网的出现，把每个人的计算机连接起来，改变了人们的生活，成为大家获取、分享各类数据的首要渠道。互联网成为大规模接近各类人群生活的工具和平台，人们在互联网上的一言一行都被忠实地记录下来。就像古代皇帝身边总有一位兢兢业业的史官，随身携带纸笔，记下皇帝的起居作息、金口玉言一样，互联网就像每个人的“史官”，它从不知疲倦，对事不分大小，都悉心而精准地记录着一切。互联网日志、博客、微博、论坛中就像无数的“史官”如实记录着大家的数字化生活。

1.1.2　社交网络

社交网络把真实的人际关系完美的映射到互联网空间，并借助互联网的特性而大大升华。广义上看，社交网络使得互联网甚至具备某些人类的特质，譬如“情绪”——人们分享各自的喜怒哀乐，并相互传染传播。社交网络为大数据带来一类最具活力的数据类型——人们的喜好和偏爱。

大型的社交网络平台事实上构成了以“个人”为枢纽的、不同的数据的集合。借助“分享”按钮，人们在不同网站上的购物信息、浏览的网页都可以“分享”到社交网络上。就像人们在雪地上留下脚印，社交网络把网民在不同网站上留下的“脚印”链接起来，形成完整的行为轨迹和“偏好”链。更重要的是，社交网络大数据中储存着网民的关系链，及其喜好和偏爱的传播路径，这些都具有极大的开发价值。

1.1.3 云计算

云计算改变了数据的存储和访问方式。在云计算出现之前，数据大多分散保存在每家企业的服务器中，或每个人的计算机中。云计算，尤其是公用云计算，把所有的数据集中存储到“数据中心”，也即所谓的“云端”，用户通过浏览器或者专用应用程序来访问。

一些大型的网站，通过提供基于“云”的服务，积累了大量的数据，成为事实上的“数据中心”。“数据”是最为核心的资产。云服务商往往不惜花费高昂的费用来保管这些数据。谷歌公司甚至购买了单独的水力发电站，为其庞大的数据中心提供充足的电力。根据一些公开资料显示，谷歌在全球分布着 36 个数据中心。谷歌公司数据中心一景如图 1.1 所示。

图 1.1 谷歌公司数据中心

这几年兴起的建设云计算基地的风潮，客观上为“大数据”的诞生提供了必备的储存空间和访问渠道。各大银行、电信运营商、大型互联网公司、政府各个部委都拥有各自的“数据中心”。银行、电信、互联网公司绝大部分已经实现了全国级的数据集中工作。云计算为大数据提供了存储空间和访问渠道。

1.1.4　物联网

物联网就是“物物相连的互联网”。由此可见，第一，物联网的核心和基础仍然是互联网，是在互联网基础上的延伸和扩展的网络；第二，其用户端延伸和扩展到了任何物品与物品之间，都能进行信息交换和通信。物联网通过智能感知、识别技术与普适计算、泛在网络的融合应用，被称为继计算机、互联网之后世界信息产业发展的第三次浪潮。物联网是传感器技术进步的产物。传感器可以监测温度、压强、风力、桥梁、矿井的安全，还可以监测飞机、汽车的行驶状态。现在常用的智能手机，就包括重力感应器、加速度感应器、距离感应器、光线感应器、陀螺仪、电子罗盘、摄像头等各类传感器。这些不同类型的传感器，无时无刻不在产生大量的数据。这些大量的数据被持续地收集起来，成为大数据的重要来源之一。

1.1.5　智能终端

智能终端简称移动智能终端，由英文 Smart Phone 及 Smart Device 于 2000 年之后翻译而来。智能终端包括智能手机、便携式计算机、PDA、平板电脑等。智能终端的普及给大数据带来了丰富、鲜活的数据。2017 年，微信团队在微信公开课上发布的《2016 微信数据报告》显示：2016 年 9 月平均日登录用户 7.68 亿，较前一年增长 35%；典型用户日人均发送消息次数 74 次，比前一年增长 67%；典型用户月人均成功通话 8 次，月人均通话 65 分钟；微信音视频通话，日成功通话 1 亿次，较上一年增长了 180%；微信朋友圈中，典型用户发表的原创内容占 65%；典型用户月发送红包 28 次。微信连接每一个群体，微信中的应用越来越多，信息量也越来越大。

随着信息基础设施持续完善，网络带宽的持续增加，存储设备性价比不断提升，这些为大数据的存储和传播提供了物质基础；云计算为大量数据的集中管理和分布式访问提供了必要的场所和分享的渠道；物联网与智能终端持续不断的产生大量数据，其数据类型丰富，内容鲜活，是大数据重要的来源。现在，大数据正在更深层次地影响国家、企业的发展以及人们的生活。

1.1.6　信息时代数据增长的特点

1. 数据量呈现指数级增长

各项研究成果都表明，未来数年全球数据总量将会呈现指数级增长。据 IDC（互联网数据中心）公布的调查数据显示，未来全球数据增长率将维持 50%左右，到 2020 年，全球数据总量将达到 44ZB（十万亿亿字节，通常用 B、KB、MB、GB、TB、PB、EB、ZB、YB、BB 来表示数据量，它们之间的关系是 210 倍），中国将达到 8.6 ZB，占全球的 21%。中国信息产业研究院的数据显示，2015 年，我国大数据市场规模约为 116 亿元，同比增长 38%。

预计未来几年，随着应用效果的逐步显现，我国大数据市场规模还将维持40%左右的高速增长。

2. 不同行业的数据强度和内容差别很大

各个行业都呈现数据快速增长的现象，但不同行业数据存储量有所不同，数据产生和存储的类型也有所区别。证券、投资服务以及银行等金融服务领域拥有最高的平均数字化数据存储量，通信和媒体公司、公共事业公司以及政府等企业和组织也有规模显著的数字化数据存储。这些数据强度高的行业更加具有通过数据来创造价值的潜力。

3. 新技术应用将持续推动数据增长

在各部门和地区之间，企业正在加快收集数据的步伐，这推动了传统的事务数据库的增长；医疗卫生等面向消费者的行业中，多媒体的广泛使用刺激了数据的持续扩张；社交媒体的广泛普及以及物联网应用的不断创新也进一步推动了数据不断增长……这些相互交叉的动力刺激了数据的增长，并将继续推动数据池的迅速扩张。

1965 年，戈登·摩尔（Gordon Moore）作为英特尔公司的创始人之一，发现“芯片上可容纳的晶体管数目，每隔 18 个月左右便会增加一倍，性能也将提升一倍。”后来人们发现这不仅适用于对存储器芯片的描述，也说明了计算能力和磁盘存储容量的发展。于是，摩尔定律成为许多工业对于性能预测的基础。

1977 年，世界上第一条光纤通信系统在美国芝加哥投入商用，速率为 45 Mb/s，自此，拉开了信息传输能力大幅跃升的序幕。有人甚至将光纤传输带宽的增长规律称为超摩尔定律，认为带宽的增长速度比芯片性能提升的速度还要快。

事实上，计算机存储的价格从 20 世纪 60 年代 1 万美元 1 MB，降到现在的 1 美分 1 GB 的水平，其价差高达亿倍；在线实时观看高清电影，在几年前还是难以想象的，现在却变得习以为常了；网络的接入方式也从有线连接向高速无线连接的方式转变。毫无疑问，网络带宽和大规模存储技术的高速持续发展，为大数据时代提供了廉价的存储和传输服务。

4. 数据中隐藏着巨大的宝藏

当前大数据规模以及其存储容量正在迅速增长，大数据已经渗透到各个行业和业务职能领域，成为重要的信息资源。企业决策所需的信息、知识已经分散在各类大数据资源中，如何有效利用这类信息和知识成为组织成功的关键。“以天下之目视者，则无不见；以天下之耳听者，则无不闻；以天下之心思虑者，则无不知”，今天的互联网中已经包含了“天下之目”“天下之耳”“天下之心”。在全球化的今天，信息获取广度、深度、及时性上都有很大提高，综合利用这些资源为组织提供管理决策服务，从数据中挖掘宝藏的能力将成为各种组织的核心竞争力之一。

1.2 大数据及其特点

1.2.1 大数据的概念

随着人跟人、人与机器、机器与机器在交易、沟通、通信中产生的数据量越来越大，人

类开始走进大数据时代。早在 1980 年，著名未来学家阿尔文·托夫勒便在《第三次浪潮》一书中，将大数据热情地赞颂为“第三次浪潮的华彩乐章”。麦肯锡（美国著名的咨询公司）在其报告《Big data：The next frontier for innovation，competition and productivity》中给出的大数据定义是：大数据指的是大小超出常规的数据库工具获取、存储、管理和分析能力的数据集。但它同时强调，并不是说一定要超过特定 TB 值的数据集才能算是大数据。

2013 年 5 月，第 462 次香山科学会议在北京香山饭店召开，本次会议的主题是“数据科学与大数据的科学原理与发展前景”。来自中国科学院大学管理学院、中国科学院虚拟经济与数据科学研究中心、复旦大学、美国伊犁诺大学芝加哥分校、中科院科技政策与管理科学研究所的专家主持了学术讨论会，与会专家和学者给出了“大数据（BIG DATA）”概念的一个科学性描述，即大数据是来源多样、类型多样、大而复杂、具有潜在价值，但难以在期望时间内处理和分析的数据集。通俗地讲，大数据是数字化生存时代的新型战略资源，是驱动创新的重要因素，正在改变人类的生产和生活方式。

1.2.2　大数据的主要来源

人与人交易、沟通产生数据。移动通信、社交网络每时每刻都在大量的产生数据，传统的商业领域、电子商务和金融交易也同样如此，机器与机器、智能设备与网络中产生的数据，其数量更为巨大。随着时间的增长，物联网的发展也产生了更多的数据。在美国，评估净利润前 15 个行业中，每一家公司当年所产生的数据都大过美国国会图书馆所有的数据。

美国互联网数据中心指出：互联网上的数据每年将增长 50%，每两年便将翻一番，目前世界上 90%以上的数据是最近几年才产生的。此外，数据又并非单纯指人们在互联网上发布的信息，全世界的工业设备、汽车、电表上有着无数的数码传感器，随时测量和传递着有关位置、运动、震动、温度、湿度乃至空气中化学物质的变化，也产生了海量的数据信息。

伴随着多媒体、社会媒体以及物联网的发展，企业将收集更多的信息，从而带来数据呈现指数级的增长。全球可统计的数据存储量在 2011 年约为 1.8ZB（1.8 万亿 GB），2013 年达到 4.4ZB，到 2020 年这一数值将增长到 35ZB，2014 年－2020 年的预计年复合增长率达到 84% 。大数据已经成为当前人类最宝贵的财富。

1.2.3　大数据的特征

国际数据公司（IDC）从大数据的四个特征来对其进行定义：即海量的数据规模（Volume）、快速的数据流转（Velocity）、多样的数据类型（Variety）、巨大的数据价值（Value）。大数据的核心能力，是发现规律和预测未来。

我们认为，通过四个“V”，能够更好地把握大数据的特征。

1. 数据体量巨大（Volume）

截至目前，人类生产的所有印刷材料的数据量是 200 PB（1 PB=210 TB），而历史上全人类说过所有话的数据量大约是 5 EB（1 EB=210 PB）。当前，典型个人计算机硬盘的容量为 TB 量级，而一些大企业的数据量已经接近 EB 量级。

2. 处理速度快（Velocity）

这是大数据区别于传统数据挖掘的最显著特征。根据 IDC 的“数字宇宙”的报告，预计到 2020 年，全球数据使用量将达到 35.2 ZB。在如此海量的数据面前，处理数据的效率就成为企业的生命。

3. 数据类型繁多（Variety）

这种类型的多样性也让数据被分为结构化数据和非结构化数据。相对于以往便于存储的以文本为主的结构化数据，非结构化数据越来越多，包括网络日志、音频、视频、图片、地理位置信息等，这些多类型的数据对数据的处理能力提出了更高要求。

4. 价值密度低（Value）

大数据具有巨大的商业价值，但不可否认的是，大数据价值密度的高低与数据总量的大小成反比。以视频为例，一部 1 小时的视频，在连续不间断的监控中，有用数据可能仅有一两秒。如何通过强大的机器算法更迅速地完成数据的价值“提纯”成为目前大数据背景下亟待解决的难题。

1.3 大数据的重要性及其价值

如今，数据已经成为可以与物质资产、人力资本相提并论的重要的生产要素。大数据的使用将成为未来提高竞争力、生产力、创新能力以及创造消费者价值的关键要素。

目前，大数据市场已经达到 700 亿美元规模并以每年 15%的速度增长，数据存储巨头 EMC 的 CEO Pat Gelsinger 透露，大数据处理目前的市场规模已达 700 亿美元并且正以每年 15%～20%的速度增长。几乎所有主要的大科技公司都对大数据感兴趣，对该领域的产品及服务进行了大量投入。其中包括 IBM、Oracle、EMC、HP、Dell、SGI、日立、Yahoo 等，而且这个列表还在继续加长。

近年来，IBM、甲骨文、EMC、SAP 等国际 IT 巨头掀起了“大数据”市场的收购热潮，共花费超过 15 亿美元用于收购相关数据管理和分析厂商，也使得“大数据（Big Data）”成为继“云计算”之后又一个在 IT 界炙手可热的名词，成为继传统 IT 之后下一个提高生产率的技术前沿。

对大数据的利用是成为企业提高核心竞争力并抢占市场先机的关键。在未来 3 到 5 年，我们将会看到那些真正理解大数据并能利用大数据进行挖掘分析的企业和不懂得大数据价值的企业之间的差距。真正能够利用好大数据并将其价值转化成生产力的企业必将形成有力的竞争优势，奠定行业领导者的地位。

在零售领域，对大数据的分析可以使零售商实时掌握市场动态并迅速做出应对。沃尔玛已经开始利用各个连锁店不断产生的海量销售数据，并结合天气数据、经济学、人口统计学进行分析，从而在特定的连锁店中选择合适的上架产品，并判定商品减价的时机。

在互联网领域，对大数据的分析可以为商家制定更加精准有效的营销策略提供决策支

持。Facebook、Ebay 等网站正在对海量的社交网络数据与在线交易数据进行分析和挖掘，从而提供点对点的个性化广告投放。

在医疗卫生领域，能够利用大数据避免过度治疗，减少错误治疗和重复治疗，从而降低系统成本、提高工作效率，改进和提升治疗质量。

在公共管理领域，能够利用大数据有效推动税收工作开展，提高教育部门和就业部门的服务效率；零售业领域，通过在供应链和业务方面使用大数据，能够改善和提高整个行业的效率。

在市场和营销领域，能够利用大数据帮助消费者在更合理的价格范围内找到更合适的产品以满足自身的需求，提高附加值。

反过来，对大数据的分析、优化结果反馈到物联网等应用中，又进一步改善使用体验，并创造出巨大的商业价值、经济价值和社会价值。

甚至在公共事业领域，大数据也开始发挥不可小觑的重要作用。欧洲多个城市通过分析实时采集的交通流量数据，指导驾车出行者选择最佳路径，从而改善城市交通状况。联合国也推出了名为"全球脉动"（Global Pulse）的新项目，希望利用"大数据"来促进全球经济发展。

根据 IDC 和麦肯锡的大数据研究结果的总结，大数据将优先在以下 4 个方面挖掘出巨大的商业价值：

（1）对顾客群体细分，然后对每个群体量体裁衣般的采取独特的行动；

（2）运用大数据进行模拟实境，发掘新的需求和提高投入的回报率；

（3）提高大数据成果在各相关部门的分享程度，以及整个管理链条和产业链条的投入回报率；

（4）进行商业模式、产品和服务的创新。

企业在向大数据领域投入之前，必须分析企业自身在以上 4 个方面的实际情况和强弱程度。举例说明如下：

（1）对顾客群体细分，然后对每个群体量体裁衣般的采取独特的行动。瞄准特定的顾客群体进行营销和服务是商家一直以来的追求。云存储的海量数据和大数据的分析技术使得对消费者的实时和极端的细分有了成本效率极高的可能。比如在大数据时代之前，要搞清楚海量顾客的怀孕情况，投入惊人的人力、物力、财力，使得这种细分行为毫无商业意义。现在有了大数据以后，可以用很低的成本，非常便捷地进行群体细分，就能真正实现精准营销。

（2）运用大数据模拟实境，发掘新的需求和提高投入的回报率。现在越来越多的产品中都装有传感器，汽车和智能手机的普及使得可收集数据呈现爆炸性增长。Blog（博客）、微博、Twitter（非官方汉语通称推特）、Facebook（脸书）、QQ 和微信等社交网络也在产生着海量数据。云计算和大数据分析技术使得商家可以在成本效率较高的情况下，实时地把这些数据连同交易行为的数据进行储存和分析。交易过程、产品使用和人类行为都可以实现数据化。大数据技术可以把这些数据整合起来进行数据挖掘，从而在某些情况下通过模型模拟来判断不同变量（比如不同地区不同促销方案）的情况下分析何种方案投入回报最高。

（3）提高大数据成果在各相关部门的分享程度，以及整个管理链条和产业链条的投入回报率。大数据能力强的部门可以通过云计算、互联网和内部搜索引擎把大数据成果分享给大数据能力比较薄弱的部门，帮助他们利用大数据创造商业价值。例如，沃尔玛开发了一个叫作Retail Link的大数据工具，供应商可以通过这个工具事先知道每家店的卖货和库存情况，从而可以在沃尔玛发出指令前自行补货，这可以极大地减少断货的情况和保持供应链整体的库存水平。在这个过程中，供应商可以更多地控制商品在店内的陈设，可以通过和店内工作人员更多地接触，提高他们的产品知识；沃尔玛可以降低库存成本，享受员工产品知识提高的成果，减少店内商品陈设的投入。综合起来，整个供应链可以在成本降低的情况下，提高服务的质量，供应商和沃尔玛的品牌价值也得到了提升。通过在整条供应链上分享大数据技术，沃尔玛引爆了零售业的生产效率革命。

(4) 进行商业模式、产品和服务的创新。大数据技术使公司可以加强已有的产品和服务，创造新的产品和服务，甚至打造出全新的商业模式。以Tesco为案例进行说明。Tesco收集了海量的顾客数据，通过对每位顾客数据的分析，Tesco对每位顾客的信用程度和相关风险都会有一个极为准确的评估。在这个基础上，Tesco推出了自己的信用卡，未来Tesco还将推出自己的存款服务。

1.4 大数据对组织的战略机遇

1.4.1 新型战略资源

世界正在逐渐走向物联化（Instrumented）、互联化（Interconnected）和智能化（Intelligent），所有的事物和活动都可以被感测，而在感测过程中产生的大量数据又会被输送到后台进行处理，在庞杂的数据资料中分析出有用的信息，支持和推动决策的有效性。由于数据的来源、传送的方式和使用的方法发生了质的改变，数据利用已经不是用传统的方式把数据输入计算机并通过处理得到报表如此简单。因此，物联化、互联化、智能化的交汇，就像调节水量的三道闸门同时开启，将遍布在各处的数据从原本潺潺细流汇成磅礴大川，再倾泻灌入一片无边无际的数据海洋。总之，数据资源的意义已经远远超过以往任何一个时代对其的认知。

放眼资本市场，“大数据”成为资本追逐的新宠。投资界预测，“大数据”将孕育出下一个类似Facebook那样重量级的创业公司。IBM自2000年以来收购的超过80家软件公司中，有超过35家专注于大数据处理和分析领域。

1.4.2 商业洞察能力

对于当前激烈的企业竞争来说，大数据更成为商界领导者们最为关注的方向。2012年，IBM在全球调查了1 709家企业的CEO，了解他们在互联经济大格局之下企业应如何持续转型的看法，调查发现CEO们并不满足于IT运用止步于整合供应链和后端办公系统，而是希

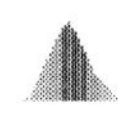

望充分发挥大数据和互联科技的潜力。超过70%的CEO认为，企业必须拥有强大的业务分析及“洞察能力”，深入理解客户，对于他们的需求做出快速的反应，从而以个性化服务赢得客户。

何谓洞察能力？西班牙品牌ZARA平均每天卖出110万件衣服，透过全球资讯网络，每一件销售出去的商品都有自己的销售身份证（包括售价、部门、时段、客户），这些数据经过自动化程序分析出顾客的行为模式和消费喜好，作为未来产品生产的决策依据，让ZARA最短3天就可以推出一件新品，一年可以推出1.2万款时装。正是大数据分析所带来的“洞察能力”让ZARA引领了快速时尚（Fast Fashion）风潮的崛起。

此外，沃尔玛分析销售、定价和经济、人口、天气方面的数据来为特定的门店选择合适的产品，并确定降价的时机；UPS挖掘货车交付时间和交通模式方面的数据以调整路线；对冲基金依据购物网站顾客评论分析企业产品销售状况；银行根据求职网站岗位数量推断就业率；城市交通部门通过收集成千上万个传感器的数据，描绘出交通的数字化地图，为城市异常交通情况制定应对方案……这些生动的商业案例为我们描绘了一张机遇无限的“大数据价值版图”，也推动商业社会重新思考自身的业务模式所带来的大数据需求，以更加快速的行动向大数据实践迈进。

企业迫切希望从现有的大数据中发现新的商机。为满足这一需求，IBM进一步扩大了价值数十亿美元的业务分析投资计划，发布了一系列IBM智慧分析洞察特色解决方案（Smarter Analytics Signature Solutions），旨在帮助企业应对三个至关重要的问题——欺诈预测、客户服务和财务运营。这套以成果为导向的智慧分析洞察解决方案广泛汇集了IBM的智慧资本，包括软件产品、基础架构、研究及咨询服务，能够加快价值创造、带来突破性成果，从而帮助企业应对当前最紧迫的行业挑战和职能挑战：防诈骗、防浪费、防滥用。

据FBI调查统计，美国每年的医疗保健诈骗额高达2 500亿美元，而骗税额比这个数目还要多出几十亿美元。因此，IBM发布了智慧分析洞察特色解决方案之“防诈骗、防浪费、防滥用”，企业和组织可以利用这套解决方案预防初现端倪的诈骗行为，以及针对个案提出最有效的补救办法，优化组织的有限资源。

所有组织都深知收集客户数据的价值，但大部分公司都难以从中汲取新洞见，也无法利用这些洞见来建立更有意义的客户关系。因此，IBM发布了智慧分析洞察解决方案之“最有效的下一步行动”，能够帮助企业和组织通过传统的企业数据、社交网络收集的客户观点，通过实时分析功能预测客户行为和偏好，从而获得对客户的全面认识、建立长期客户关系、最终提高经营绩效。

1.4.3　财务管理新模式

据IBM调查结果显示，全球财务信息正以每年70%的惊人速度迅猛增长。公司的首席财务官亟须将行业内错综复杂的数据集收集起来，与分析报告、经济市场数据、财务报告以及公司资产负载表相互参照，从而获取可执行的财务洞察。因此，IBM发布了智慧分析洞察特色解决方案之“首席财务官绩效洞察”，能够帮助财务主管利用预测能力和影响力分析增强财务绩效方面的洞察力、可视性和可控性，从而推动利润和收入增长。同时，该解决方案还具备适用于主要指标和以往绩效数据的预测能力，财务人员可以根据各项绩效指标之间的关系，预测绩效差距，并通过情景规划对备选方案进行评估。

“数据为王”带来的财务管理与绩效提升变革和收益将是革命性的。

1.4.4 营销的革命

从广告促销到以人为本的精准营销，积累并应用真实的数据是根本，网络在这方面有着先天优势。在传统媒体投放广告，广告本身和业务是物理隔开的，比如受众在电视上看到广告，还需要到其他渠道去购买或者进一步了解。而在互联网这个平台上，从广告到营销、销售、客服，整个过程都是一气呵成的。传统媒体营销不具备完整的数据收集能力，无论平面媒体还是电视，只能通过抽样问卷调查获取数据。但在互联网上，每个环节、每一步细节行为，都可以把数据采集回来，形成海量数据规模。通过建立海量用户行为数据管理平台DMP（Data Management Platform），每天采集数据量超过500 G，每天积累覆盖近75%网民的可连续分析的细节行为数据，日均监测数据达到30亿条。海量而真实的数据，使还原网民的每个细微需求成为可能。

“网络营销”将互联网与营销的本质结合，进行系统的、持续的、交互的客户关系管理。数据驱动的广告策略，将数据提升到营销之前或之中来分析，将效果监测转变为效果预测，让广告及时呈现在感兴趣的用户群体面前，实现真正意义上的精准营销。

精准营销可以做到在毫秒之内，根据用户的历史访问行为，判断用户可能的消费需求，推送相应的广告。在这个实时的过程中，底层的根基是数据。首先要有能力采集数据，将广告、口碑、网站、电商、用户数据等各种数据形成循环、全流程、可视化的数据系统；其次是把非结构化数据、狭义的数据变成有价值的信息。最后大数据推动整个营销生态系统发生质的变革是大势所趋。

本章小结

大数据作为一个产生不久的新概念，受到了人类广泛的关注，也对人类产生了深刻的影响。大数据的产生有着独特的时代背景，主要包括信息科技的进步、互联网的产生、云计算的发展、物联网的发展以及智能终端的普及。大数据的四个V的特征可以较好地揭示大数据的特点：即数据体量巨大（Volume），处理速度快（Velocity），数据类型繁多（Variety）以及价值密度低（Value）。

大数据具有巨大的价值，对大数据的利用将成为企业提高核心竞争力、并抢占市场先机的关键。在零售领域，对大数据的分析可以使零售商实时掌握市场动态并迅速做出应对；在互联网领域，对大数据的分析可以为商家制定更加精准有效的营销策略提供决策支持；甚至

在公共事业领域，大数据也开始发挥不可小觑的重要作用。

大数据是企业进行转型升级机遇，同时也是政府部门提高效率、形成新的工作观念的机遇。世界上已经有包括美国、日本在内的很多国家政府开始考虑并实施大数据发展战略，我国政府也已经在进行大数据战略的引导，并考虑将大数据应用到很多政府面临的热点问题中，这将为大数据的发展提供良好的机会和环境。对于企业，大数据还可以帮助其进行更深入的商业洞察，使得企业对市场、客户等形成更为深入和透彻的认识，并由此进行企业自身的创新、转型和升级。

虽然大数据具有巨大的价值，但如何挖掘大数据的价值仍是一个巨大的挑战，大数据环境下的数据存储、数据分析、数据安全、数据整合等多方面的问题，都从未如此严峻过；与此同时，大数据所要求的多学科交叉、多学科融合也将对人才需求提出更高的要求。

思考题

1. 谈谈对数据及其意义的认识。
2. 结合案例，谈谈大数据的特点是什么？
3. 大数据是怎样体现其价值的？
4. 大数据面临哪些挑战？
5. 怎样确定符合组织自身的大数据发展战略？
6. 谈谈对信息时代特征的认识，信息时代和工业时代的显著区别是什么？
7. 列举工作、生活中经常接触的大数据案例。

2 常见大数据源及其应用价值分析

2.1 车载信息服务数据

2.1.1 车载信息服务的概念

车载信息服务又叫定位互动服务，是一种基于车载 GPS 并使用无线通信技术与远程呼叫中心连通，提供实时数据传输和交流互动的服务。GPS（Global Positioning System），即全球定位系统。

车载信息服务的核心是远程通信（Telecommunication）和信息科学（Informatics），通常把这两项技术的融合称作 Telematics。其示意图如图 2.1 所示。

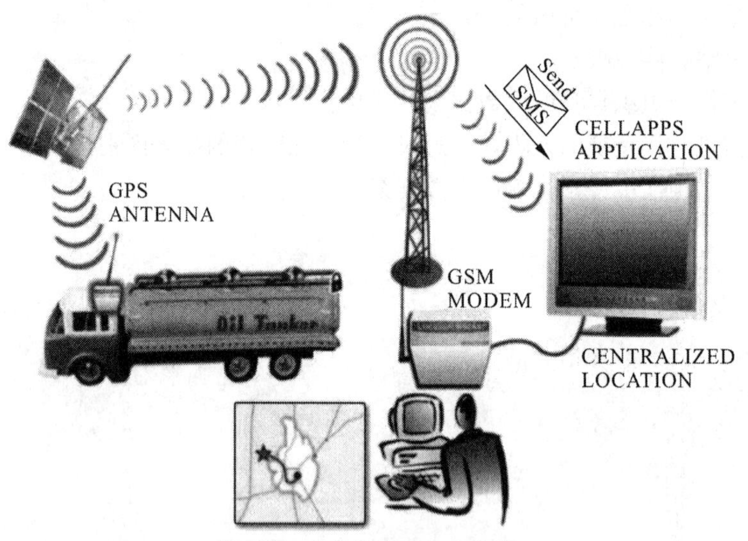

图 2.1 车载信息服务示意图

总的来说，彻底地忽略相关的隐私问题，车载信息服务装置可以跟踪到汽车去过的所有地点、何时到达的、以多快的速度、使用了汽车的哪些功能等。

例如，汽车行驶当中出现故障时，通过无线通信连接服务中心，进行远程车辆诊断，内置在发动机上的计算机记录汽车主要部件的状态，并随时为维修人员提供准确的故障位置和原因。通过终端机接收信息并查看交通地图、路况介绍、交通信息、安全与治安服务以及娱乐信息服务等，在后座还可以玩电子游戏、网络应用（包括金融、新闻、E-mail 等）。通过

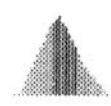

Telematics 提供的服务，用户不仅可以了解交通信息、临近停车场的车位状况，确认当前位置，还可以与家中的网络服务器连接，及时了解家中的电器运转情况、安全情况以及客人来访情况。因此，我们也可以说：综合上述所有功能的车载计算机系统叫 Telematics，它构成了车载信息服务的核心。利用 Telematics 技术，车载信息服务在为车辆驾驶者提供更加安全舒适的驾驶体验的同时，也有着更多其他方面的价值。由于该技术的特点在于大部分的应用系统位于网络（如通信网络、卫星与广播等），而非汽车内，因此驾驶者可运用无线传输的方式，连结网络传输与接收资讯，以及下载应用系统或更新软体等，节约了成本。该系统的主要功能仍以行车安全与车辆保全为主。

目前，车载信息服务主要有以下一些功能和应用：

（1）通信服务：语音通话、短信/彩信、其他在线通信工具等；

（2）娱乐服务：在线音乐、在线影视等；

（3）资讯服务：天气预报、股票信息、实时新闻、定位服务等；

（4）安全监控：车内监控、车辆报警、车门应急开启、车辆追踪等；

（5）导航服务：行车导航、实时交通信息、音控领航、地图更新、停车位置提示等；

（6）诊断救援：远程维护、远程诊断、远程救援、紧急通话、检测报告、碰撞自助服务等。

利用车载信息服务数据，计算机获得了大量的车辆自身数据，包括每辆车的定位、状态和车况等，再结合先进的信息技术、数据通信传输技术、电子传感技术、电子控制技术以及计算机处理技术等，最终实现智能型交通系统。

2.1.2　车载信息数据的应用价值

从人类将卫星发射升空的那一刻起，整个开发宇宙的计划就诞生了。最初，人们需要实时了解卫星是否在预定轨道运行，卫星处于什么位置，速度是多少等。直到美国军方的一些工程师突发奇想：如果把地面监测卫星运行的过程反过来，即知道卫星所在的位置，并利用它来测算地面接收器所在的位置，我们会得到什么呢？这个问题的答案就是现在被广泛应用的 GPS 系统，如图 2.2 所示。

GPS 的一个主要应用就是车载导航系统。利用车载计算机，GPS 不仅能为车辆精确定位，还能够提供司机优化的路线，并引导司机快速安全地抵达目的地。GPS 记录下的是你的位置信息，我们称之为位置数据。然而，我们生活在一个四维的时空之中，仅仅知道位置信息还是不够的，我们需要确切知道每一个时刻的位置信息，这样的数据被称为关于位置的时间序列数据。有了位置数据和时间数据之后，我们可以为客户提供更加准确的决策支持。比如，在商场关门后还向商场周边的客户提供商场内的购物信息显然是不合适的，而在中午的时候为麦当劳周边寻找餐厅的客户推送超值午餐的广告则会收到很好的效果。进一步，对时间数据和位置数据进行更深入的挖掘，我们将会得到更多有趣的知识。比如，现在很多城市希望实现交通的智能化管理。当有了车载 GPS 系统的数据之后，将其整理成时间序列形式，

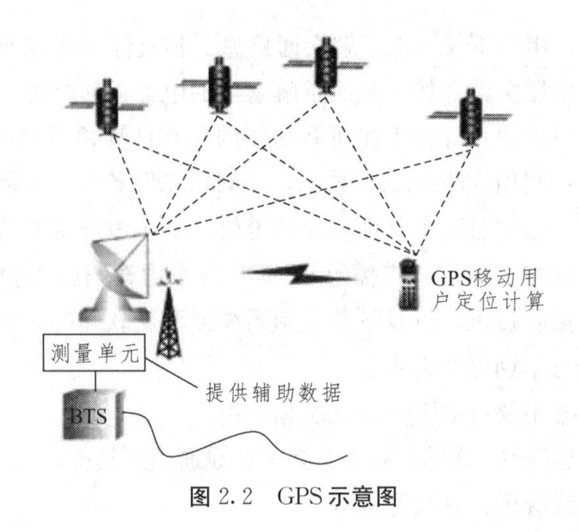

图 2.2　GPS 示意图

我们就可以根据这些数据了解每天公路上车流的变化情况。在知道早晚高峰交通热点地区之后，我们还能绘制出这些热点地区之间的交通网，比如用不同颜色的线标识出哪些热点之间的车流量会比其他的地方更多，由此可以开通这些热点地区之间的直达巴士或增加它们之间公共交通的运载量，以达到舒缓交通拥堵的问题。

另外，车载信息服务系统同时记录了实时的发动机状态、整体车况等重要信息，一方面当车辆发生故障时，系统会及时通知维修人员，更先进的是，当严重问题发生时，系统会自动制动，以保障车内人员的安全。另一方面，这些记录数据将会为你和保险公司谋得更多双赢的机会。如果你是一个遵纪守法的司机，你的开车习惯十分安全规范，对车辆进行保险的时候你绝对是一个好客户。但是，保险公司的客户中，肯定有许多比你驾驶技术差，并且有很多不良开车习惯的人。在以前，为了平衡这两种人带来的损失，保险公司不会因为你有低事故率而为你的保单降低保险金额。对你而言，这件事显得很不公平。现在，利用你的车载信息数据，保险公司可以对你之前的驾驶记录进行评估，通过数据挖掘的算法，对你进行打分，得到你的驾驶等级之类的结论，而这些等级都有其相应数量的保险金。通过这样的手段，不同的客户要付的保险金不尽相同，实现了智能化的保险管理。

2.2　位置数据及其价值

随着 GPS 技术的普及，位置数据的数据量也在与日俱增。据不完全统计，全球 12 亿智能设备中，有 7.7 亿设备安装了 GPS，地理位置数据已经开始渗透到移动的每一个空间。对于激活了地理定位的移动广告，它们已经感受到了它的有效性和诱人的价格，许多移动交易平台最近也报告了它们定位激活呈 3 位数的增长。

对于一个特定用户来说，当他利用 GPS 提供的位置数据给自己定位并选择公开自己位置数据的时候，移动广告商就可以根据位置数据为该用户提供相应的广告宣传。现今，这样的应用已经无处不在，如：根据定位，查看本地天气，查看离你最近的商家、出租车等。这些广告商也利用位置数据来推动移动广告业务增长的途径主要有以下几个方面：

（1）提高广告的价值和效果。广告客户为采用地理位置技术的广告支付很大一笔钱。数家移动广告网络的资料显示：采用地理位置技术的广告能提升广告价格。对AT&T旗下移动广告网络YPlocal上横幅广告进行研究显示，用户在地理位置上靠近企业，有助于大幅提升广告的点击率。

（2）解决“经纬度”幻想。在移动广告市场上一个被经常讨论的话题是，只有5%～10%的移动广告带有GPS生成的经纬度数据。许多广告的地理位置数据不够精确：邮编、城区、IP等。

（3）突破“地理围栏”。部分支持地理位置的广告平台改变了战略，不再局限于“地理围栏”。它们不再仅仅利用地理位置数据划分区域，而是建立更广泛的用户分类。例如，经常到机场和宾馆的用户会被认为是商务旅行者，经常收到相关广告。突破“地理围栏”对于移动广告很重要的原因有两个：它能将用户地理位置转换为广告客户可以理解的语言，能解决规模问题。

（4）强化移动搜索服务。本地意图使数十万中小企业通过移动搜索与移动经济相连。Google在其广告销售资料中强调了“本地移动消费者”的概念，并表示，三分之一移动搜索有本地意图，94%智能手机用户曾搜索本地信息。

2.3 RFID数据及其价值

2.3.1 什么是RFID

RFID（Radio Frequency Identification），射频识别即技术，又称电子标签、无线射频识别，是一种通信技术，可通过无线电讯号识别特定目标并读写相关数据，而无须系统与特定目标之间建立机械或光学接触。常用的有低频（125 K～134.2 K）、高频（13.56 MHz）、超高频等技术。RFID读写器也分移动式的和固定式的，目前RFID技术应用很广，典型的有：物流和供应管理、生产制造和装配、航空行李处理、邮件/快运包裹处理、文档追踪/图书馆管理、动物身份标识、运动计时、门禁控制/电子门票、道路自动收费、一卡通等。

从结构上说，RFID由一个询问器、很多个应答器以及处理数据的应用软件三部分组成，其示意图如图2.3所示。

无线电的信号是通过调成无线电频率的电磁场，把数据从附着在物品上的标签上传送出去，以自动辨识与追踪该物品。某些标签在识别时从识别器发出的电磁场中就可以得到能量，并不需要电池；也有标签本身拥有电源，并可以主动发出无线电波（调成无线电频率的电磁场）。标签包含了电子存储的信息，数米之内都可以识别。与条形码不同的是，射频标签不需要处在识别器视线之内，也可以嵌入被追踪物体之内。

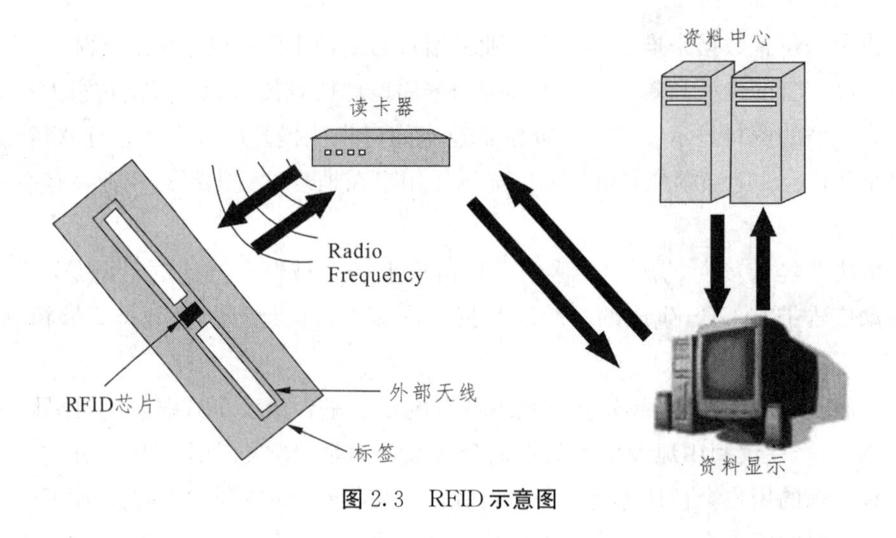

图 2.3　RFID 示意图

2.3.2　RFID 数据的应用价值

射频识别系统最重要的优点是非接触识别，它能穿透雪、雾、冰、涂料、尘垢和条形码无法使用的恶劣环境阅读标签，并且阅读速度极快，大多数情况下不到 100 毫秒。有源射频识别系统的速写能力也是重要的优点。这些技术可用于流程跟踪和维修跟踪等交互式业务。

从 RFID 诞生之日起，它的最主要特征一直没有变过，即快速高效地进行身份识别。利用应答器发出的无线电波信号，阅读器可以迅速识别该对象的身份。利用 RFID 数据，人们可以实现对对象的快速定位、识别和追踪等。在商品供应链领域，运用 RFID 技术，人们可以很方便地确认某件商品的身份，将这些数据集合起来，加上时间数据和位置数据，就得到了该商品的时间序列路径信息。利用这些数据，可以在商品的售前售后对其进行追踪和监控，形成许多有价值的商业信息。将 RFID 技术用在人的身上，也会有很多有趣的收获。比如，在一个大型的监狱里，狱警想要实时了解每名犯人的位置以及其周边的情况，又或者要追踪犯人的走动轨迹。这时，我们可以在犯人的囚衣中植入 RFID 芯片，从而搜集到上述数据，以便构建智能监狱。

从本质上说，RFID 设备实际上就是一个追踪器，相当于给对象一个唯一的身份标签，用来识别对象并可以追踪对象的轨迹。下面我们来看看 RFID 标签的一些应用。

筹码跟踪是 RFID 众多应用中比较典型的一个。假设你是一家赌场的老板，你想了解筹码被下注的情况，以此来分析玩家的下注行为，并对不同玩家实施不同的奖励策略。那么，我们建议你在筹码上植入 RFID 芯片，这样就可以实行对筹码的跟踪。将 RFID 传回来的数据整理成时间数据和位置数据，你就可以掌握这些筹码是在哪个时刻和哪个位置被下注的。这些由 RFID 收集的数据流被保存在计算机中，以供进一步挖掘出有趣的下注模式和对玩家进行评估。

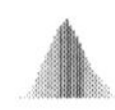

根据上面的例子，我们可以看出，将RFID芯片植入需要追踪的物体中，相当于为其贴上了一个唯一的标签。利用这样的思想，许多行业都运用了射频识别技术。将标签附着在一辆正在生产中的汽车上，厂方便可以追踪此车在生产线上的进度。射频标签也可以附于牲畜与宠物上，以方便对牲畜与宠物的积极识别（积极识别是防止数只牲畜使用同一个身份）。射频识别的身份识别卡可以使员工得以进入锁住的建筑部分，汽车上的射频应答器也可以用来征收收费路段与停车场的费用。产品制造商和零售商可以通过给产品植入RFID芯片来做有效的库存分析，并通过追踪其销售轨迹，从而为制定合适的商业策划提供有力的数据支持。总而言之，通过RFID技术，人们可以搜集到大量有意义的数据，利用这些数据可以挖掘到很多隐藏的模式，为做出更好的决策提供支持。

注意：某些射频标签附在衣物、个人财物上，甚至于植入人体之内。由于这项技术可能会在未经本人许可的情况下读取个人信息，这项技术也会有侵犯个人隐私忧患。

2.4　文本数据

文本数据是一种常见的数据，文本数据挖掘也是数据挖掘的一个重要分支。文本挖掘有时也被称为文字探勘、文本数据挖掘等，大致相当于文字分析，一般指文本处理过程中产生高质量的信息。高质量的信息通常通过分类和预测来产生，如模式识别。文本挖掘通常涉及输入文本的处理过程（通常进行分析，同时加上一些衍生语言特征以及消除杂音，随后插入到数据库中），产生结构化数据，并最终评价和解释输出。“高品质”的文本挖掘通常是指某种组合的相关性、新颖性和趣味性。典型的文本挖掘方法包括文本分类、文本聚类、概念/实体挖掘、生产精确分类，观点分析，文档摘要和实体关系模型（即学习已命名实体之间的关系）。

对文本数据的挖掘称为文本挖掘，它的主要内容有：

（1）文本分类。文本分类指按照预先定义的主题类别，为文档集合中的每个文档确定一个类别。这样用户不但能够方便地浏览文档，而且可以通过限制搜索范围来使文档的查找更容易、快捷。目前，用于英文文本分类的方法较多，用于中文文本分类的方法较少，主要有朴素贝叶斯分类（Naive Bayes）、向量空间模型（Vector Space Model）以及线性最小二乘拟合LLSF（Linear Least Square Fit）。

（2）文本聚类。聚类与分类的不同之处在于，聚类没有预先定义好的主题类别，它的目标是将文档集合分成若干个簇，要求同一簇内文档内容的相似度尽可能的大，而不同簇之间的相似度尽可能小。

（3）文本结构分析。其目的是为了更好地理解文本的主题思想，了解文本表达的内容以及采用的方式。最终结果是建立文本的逻辑结构，即文本结构树。根结点是文本主题，依次为层次和段落。

（4）Web文本数据挖掘。[4]在Web迅猛发展的同时，不能忽视“信息爆炸”的问题，即信息极大丰富而知识相对匮乏。据估计，Web已经发展成为拥有3亿个页面的分布式信息空间，而且这个数字仍以每4～6个月翻1倍的速度增加。在这些大量、异质的Web信息资源中，蕴含着具有巨大潜在价值的知识。人们迫切需要能够从Web上快速、有效地发现资源和知识的工具。

文本数据挖掘示意图如图2.4所示。

文本挖掘目前面临的问题有挖掘算法的效率和可扩展性、遗漏及噪声数据的处理、私有数据的保护与数据安全性等。

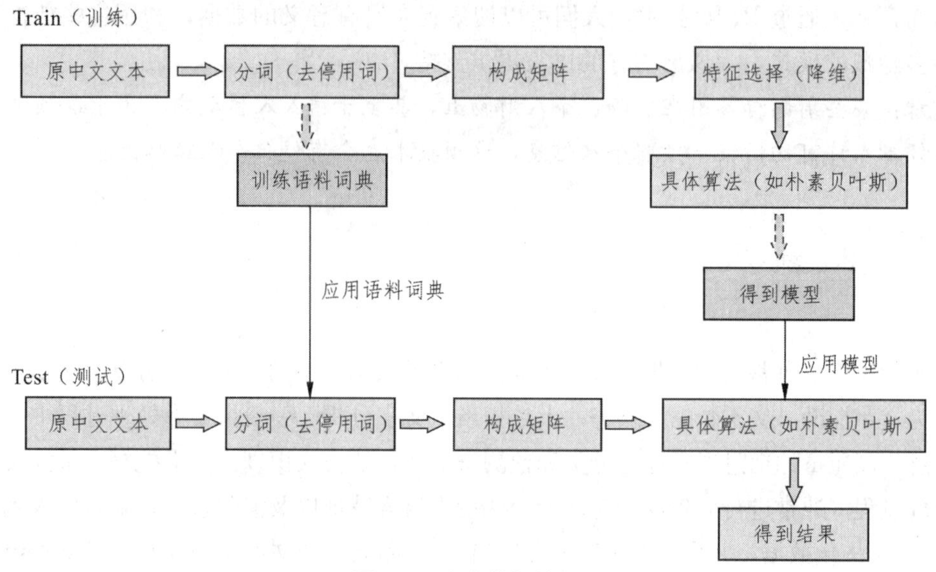

图2.4　文本数据挖掘

未来的文本挖掘对象，不仅仅是结构化的文本对象或者结构相似的文本数据，而是以各种异构的文本数据为对象。文本挖掘不但要处理大量的结构化和非结构化的文档数据，而且还要处理其中复杂的语义关系。因此，现有的数据挖掘技术无法直接应用于其上。对于非结构化问题，一条途径是发展全新的数据挖掘算法直接对非结构化数据进行挖掘。由于数据非常复杂，导致这种算法的复杂性很高；另一条途径就是将非结构化问题结构化，利用现有的数据挖掘技术进行挖掘。目前的文本挖掘一般采用该途径进行。对于语义关系，则需要集成计算语言学和自然语言处理等成果进行分析。

文本数据的价值体现在文本数据挖掘的应用上。例如，在商业方面应用包括：企业竞争情报、客户关系管理（CRM）、电子商务网站、搜索引擎等。除此之外，在医疗、保险和咨询行业，文本数据挖掘也有着一定的应用。比如，在给客户做网站推荐时，我们首先的任务是先要对已有的网页进行归类，这时候所面对的文本数据可能是极为复杂的，这不仅体现在网页数量的巨大上，更体现在各种网页本身的结构可能不尽相同，既有结构化的数据，又有半结构化和非结构化的Web网页数据，如何将这些异构的数据转化为同构的数据，作为数据挖掘算法的输入，是大数据时代不得不面对的一个迫切的问题。在互联网时代，网页数量

呈几何级数地爆炸性增长，如何选用高效的算法解决异构网页的同构化问题，将是今后文本挖掘领域的一个机遇和挑战。

2.5　其他大数据源

2.5.1　社交网络数据

我们现在每天登录各种各样的社会性网络服务（Social Networking Service）网站，比如微博、豆瓣、人人网、QQ、微信和唱吧等，示意图如图2.5所示。这些社交网站从不同的方面，搜集了丰富的用户个人信息。不仅如此，我们每一次的网络互动，浏览记录，每一个对喜爱电影、音乐的评价，用语音系统说的每一句话，甚至对一件事的评价和情感流露都被这些网站记录下来。这样就形成一个典型的大数据的数据源。如何开发利用这些个人数据，又不至于侵犯个人隐私，是网络大数据挖掘的机遇和挑战。

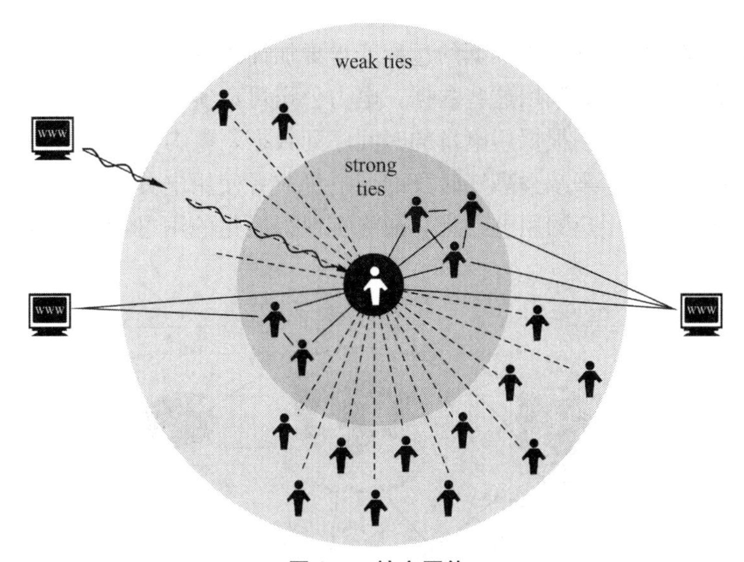

图2.5　社交网络

当你参加一个社交舞会或者酒会时，你希望找到一些跟你志同道合的朋友认识。通过手机里的GPS服务，我们可以把人们在社交网络登记的兴趣爱好和本人联系起来。这样，只要通过手机，你就可以找到你周边跟你有相似爱好的人去认识。在经过个人同意公开的前提之下，这项功能还能完成单身男女的配对。没准你还能找个跟你顺路的人一起搭车回家呢！

再如，通过用户在社交网站上对喜爱的物品进行评价打分，可以分析用户的各种偏好，由此开发出相应的推荐系统，对客户做出有针对性的营销计划。这样，可以对不同的用户投放不同的广告，以实现广告的精确投放。

2.5.2 传感器数据

在复杂的机器设备及发动机中使用嵌入式传感器，用以实时地对设备的状态进行监控，已经渐渐成为对设备测试和开发阶段的常用方法。这些传感器可以按一定的预设频率对设备的状态进行记录。工程师们利用传感器得到的数据，分析这些复杂设备的运行状况，快速准确地发现设备故障。进一步，这些综合状况数据可以提供进一步挖掘的空间。比如，工程师可以根据对发动机的多个性能变量数据的分析，找到设备出现故障的固定模式，对设备进行改造来消除故障隐患。

2.5.3 智能电网数据

智能电网是新一代的电力基础设施，有着非常复杂的监控、通信和发电系统。通过使用传感器，智能电网系统能够实时监测电网设备的工作状况，电流的信息以及各个用户的用电情况。和传统的电表相比，利用智能电表，系统可以按照一定的频率，自动从用户那里收集用电数据。

传感器的应用使智能电网收集数据的过程变得更加简单和迅速。系统可以实时地监测电网运行状况并获取大量数据。利用这些数据，电力公司可以实时掌握用户的用电量情况，实行阶梯电价，来控制用电量。根据用电量的时间序列数据，电力公司还可以分析出用电的高峰时段，采取一定的策略，来减少高峰时段的用电量或者使用电分布更加合理。通过制定合理的用电费率套餐，引导用户的用电行为，最终实现智能化的用电管理。智能电网概念模型如图 2.6 所示。

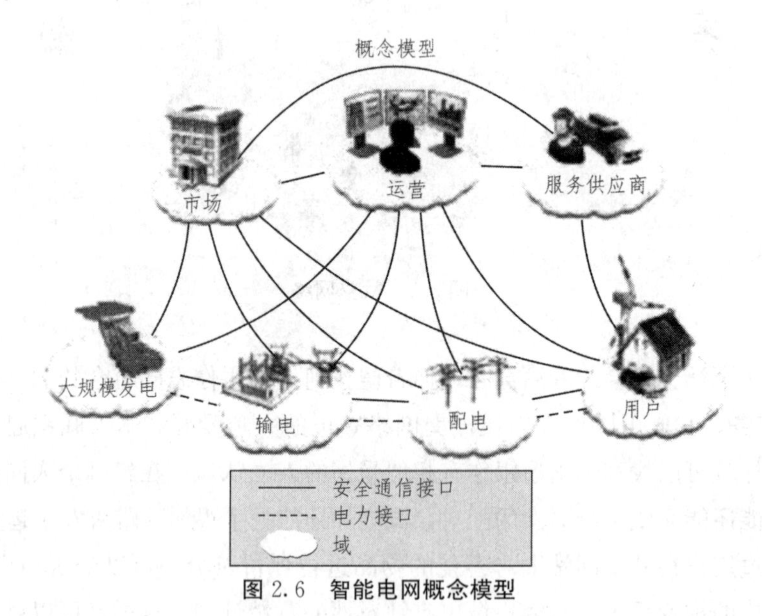

图 2.6 智能电网概念模型

2.5.4　遥测数据

遥测数据是通过传感器最终被遥测终端接收到的实时信息。这些传感器实现了对遥测对象的监视功能。通常，遥测被视为一种基于传感器的数据收集方法。它的应用相当广泛。比如，在游戏业中，遥测数据已经精细到可以掌握游戏玩家的操作手法，这些重要的数据被用来实现游戏的改进和吸引更多的玩家。再比如，在大气监测中，遥测数据是通过传感器获得的大气状况数据，它们被用来进行天气预测和空气污染监测等，可以实现智能化的大气状况预报。

本章小结

大数据以其复杂多变的数据结构，渗透于人们的生产生活之中，并且逐步成为一种内涵丰富的数据资源。正因如此，对各种典型的大数据源的特点进行探讨，分析出不同大数据源的价值，有着极其重要的意义。另一方面，在探讨了不同大数据源的典型特征和应用价值之后，如何综合利用多种大数据源，也是一个重要的理论和实践课题。

车载信息服务数据和时间、位置数据的相结合，能够更加精确地对司机的驾驶行为进行描述，为进一步挖掘利用这类大数据奠定了基础。

RFID数据为实现智能的货物管理和员工绩效分析提供了条件。

智能电网数据不仅能够帮助电力公司实现有效管理，还能帮助用户制定合理的用电计划。

同样，通过对传感器数据和遥感数据的研究，人们获取了大量有用的信息，为进一步开发利用这类信息创造了必要条件。

最后，文本数据作为一种十分常见的数据类型，以其多结构化的特征，对大数据的挖掘提出了挑战，也为进一步开发利用这类大数据带来了机遇。

思考题

1. 请简述车载信息服务现有的应用和功能。
2. 广告商利用位置数据推动广告业务增长的主要途径有哪些?
3. RFID技术的本质是什么？有哪些具体应用?
4. 大数据环境下的文本挖掘遇到的挑战有哪些?
5. 传感器在哪些大数据收集中起到重要作用?
6. 分组讨论实现智能交通需要哪些类数据。

3 大数据应用的基本策略

3.1 大数据的商业应用架构

3.1.1 理念共识

实施大数据商业应用，首先管理层要认识到大数据的价值，达成理念共识。管理层需要达成共识的理念包括：

（1）公司战略。定位未来发展目标，明确未来战略发展方向。世界上一些成功的公司将其成功部分归因于其所制定的创新战略，即获取、管理并利用筛选出来的数据以确定发展机遇、做出更佳的商业决策以及交付个性化的客户体验。

（2）确定初步的数据支持需求，制订数据采集存储计划与预算。

（3）组建大数据技术团队，建立各部门协同机制；大数据战略的目标是把大数据和其他数据整合到一个处理流程中，使用大数据并不是一个孤立的工作，这是一项真正改变行业规则的技术，需要多部门的协同以发现真正需要解决的复杂问题，并获得以前从未想到过的洞察。

（4）管理层对大数据应用成果给予高度关注，并颁发大数据应用奖励等。

3.1.2 组织协同

在大数据时代，我们往往需要 SOA 系统架构以适应不断变换的需求。

面向服务的体系结构（Service-Oriented Architecture，SOA）是一个组件模型，它将应用程序的不同功能单元（称为服务）通过这些服务之间定义良好的接口和契约联系起来。接口是采用中立的方式进行定义的，它应该独立于实现服务的硬件平台、操作系统和编程语言。这使得构建在各种这样的系统中的服务可以以一种统一和通用的方式进行交互。

对 SOA 的需要来源于使用 IT 系统后，业务变得更加灵活。通过允许强定义的关系和依然灵活的特定实现，IT 系统既可以利用现有系统的功能，又可以准备在以后做一些改变来满足它们之间交互的需要。

一家企业在发展的过程中会做很多整合。因为一开始信息化的时候，有很多没有想得那么宽，后来整合的时候，如果大家用的标准不是一样的话，那这个成本就会非常高。而且做完整合以后，还要做维护，这个维护费用可能也会很高。另外在考虑未来发展的时候，有一个新的版本出来，很多系统要升级的时候，那考虑要用的时间和成本相对也比较高。而 SOA

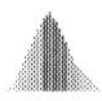

这个架构其实是一个标准，不管你做什么，如果大家都用 SOA 共同的标准、共同的语言的话，那刚才提到的几个点，就会很好解决。

关于 SOA，还有很多的企业业务系统的应用，有的是从标准的角度，即 SOA 服务的标准。例如，在我们做自己的业务系统部署的时候，先上什么系统，后上什么系统，系统之间的关联是什么，也应该遵循 SOA 的理念。我们怎么去面向我们的应用，面向我们的实践，这里面可能要把一个纯技术的东西当作一个企业自身的问题去面对，而不仅仅是 SOA 技术。

3.1.3　技术储备

大数据应用主要需要四种技术的支持：分析技术、存储数据库、NoSQL 数据库、分布式计算技术等。

(1) 分析技术意味着对海量数据进行分析以得出答案。人们会思考运用云技术我们能做什么？IBM 副总裁兼云计算 CTO Lauren States 解释说，运用大数据与分析技术，我们希望能获得一种洞察力。以一个澳大利亚网球公开赛为例，当时组委会在 IBM 的云平台上建立了一个叫 Slam Tracker 的分析引擎，Slam Tracker 收集了最近 5 年比赛的近 3 900 万份统计数据。通过这些数据分析出了运动员们在获胜时的一些表现模式。

(2) 存储数据库（In-Memory Databases）让信息快速流通。大数据分析经常会用到存储数据库来快速处理大量记录的数据流通。如用存储数据库来对某个全国性的连锁店某天的销售记录进行分析，得出某些特征，进而根据某种规则及时为消费者提供奖励回馈。

(3) NoSQL 数据库是一种建立在云平台的新型数据处理模式。NoSQL 在很多情况下又叫作云数据库。由于其处理数据的模式完全是分布于各种低成本服务器和存储磁盘，因此它可以帮助网页和各种交互性应用快速处理过程中的海量数据。它为 Zynga、AOL、Cisco 以及其他一些企业提供网页应用支持。正常的数据库需要将数据进行归类组织，类似于姓名和账号这些数据需要进行结构化和标签化。但是 NoSQL 数据库则完全不关心这些，它能处理各种类型的文档。

在处理海量数据同时请求时，它也不会有任何问题。比方说，如果有 1 000 万人同时登录某个 Zynga 游戏，它会将这些数据分布于全世界的服务器并通过它们来进行数据处理，结果与 1 万人同时在线没什么两样。

现今有多种不同类型的 NoSQL 模式。商业化的模式如 Couchbase、10gen 的 MongoDB 以及 Oracle 的 NoSQL；开源免费的模式如 CouchDB 和 Cassandra；还有亚马逊最新推出的 NoSQL 云服务。

(4) 分布式计算结合了 NoSQL 与实时分析技术。如果想要同时处理实时分析与 NoSQL 数据功能，那么你就需要分布式计算技术。分布式计算技术结合了一系列技术，可以对海量数据进行实时分析。更重要的是，它所使用的硬件非常便宜，因而让这种技术的普及变成可能。

SGI 的 Sunny Sundstrom 解释说，通过对那些看起来没什么关联和组织的数据进行分析，我们可以获得很多有价值的结果。比如说，可以发现一些新的模式或者新的行为。运用分布式计算技术，银行可以从消费者的一些消费行为和模式中识别网上交易的欺诈行为。

分布式计算技术正引领着将不可能变为可能的潮流。Skybox Imaging 就是一个很好的例子。这家公司通过对卫星图片的分析得出一些实时结果，比如说某个城市有多少可用停车空间，或者某个港口目前有多少船只。它们将这些实时结果卖给需要的客户。没有这个技术，要想快速便宜地分析这么大量的卫星图片数据将是不可能的。

很多前沿领域都在发生技术创新，以帮助企业管理不断涌现的海量数据并提高数据利用效率。一些创新是基于传统的关系型数据库技术，以利用成熟解决方案的丰富功能。其他一些创新则利用新数据库模式以满足更加极端的要求。基于这些技术进步，它们能够管理庞大的数据并向企业交付实时或接近实时的洞察力，可以交付新的数据库和分析解决方案，几种解决方案简述如下。

（1）开源大数据解决方案。开源社区针对大数据提出了新的解决办法。一般来说，这些解决方案旨在解决的挑战与新兴 RDMS 创新针对的目标相同。然而，它们对于数据一致性和数据耐用性的要求更为宽松，适用于很多大数据应用场景。潜力最大的开源大数据解决方案是分布式 RDBMS 和 NoSQL 解决方案（如 Hadoop *），两者都采用分布式文件系统（DFS）将数据与分析操作分散在横向可扩展的服务器与存储架构中。这一分布式的解决办法能够通过大规模并行处理以提高复杂分析的性能。它还支持通过增加服务器与存储节点来逐步扩展数据库的容量和性能。

一方面，这些分布式解决方案（包括图形导向型趋势分析）能够独立运行。另一方面，它们也可以集成至传统 RDBMS 系统以协调数据管理与分析。需要处理大数据的企业应当了解各种方案的优势和不足，部署解决方案时也应当满足企业的政策、一致性、管理与服务级别要求。其首要步骤是评估关键数据类型与数据需求并判断每个应用领域希望获取的洞察性信息。

（2）高级数据交付与数据管理功能。所有分析解决方案都在进行软件创新以交付更高的功能、安全性和价值。其关键进步包括：

- 更好地支持安全、合规的数据转换与传输。
- 增强的分析算法提供更佳、更快的分析并更加高效地操作大型数据集。
- 定制的可视化帮助各种类型的用户更加快速、清晰地了解分析结果。
- 更紧密的数据压缩率，以提高存储利用率。

（3）预封装的分析解决方案。访问、管理与分析海量数据在很多级别上来说都是艰巨挑战，多数公司都缺乏专家，因此无法从底层开始构建高价值的解决方案。所以，供应商们就以各种形式来填补空缺。

·优化的分析设备。众多厂商正在开发专用的分析设备，其设计用于支持大批量数据的快速分析。这些优化的设备能够快速部署并降低风险。它们交付的显著优势体现在集成性、高性能、可扩展性以及易用性方面。

·行业解决方案。很多厂商正在开发面向医疗、能源、制造与零售等特定行业需求的数据与分析解决方案。其专门打造的硬件与软件有助于解决特定的行业挑战，同时消除或大大降低客户方面的开发成本与复杂度。

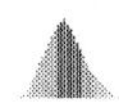

• 数据与分析即服务。最具转化力的价值可能最终来自为客户提供数据与分析即服务的厂商。价值交付方式很多，包括识别、聚合、验证、存储及交付原始数据，针对特定的企业或个人，或者企业内流程的需求提供定制的分析。这并不是新出现的想法。多年前企业就将数据密集型的任务交给合格的服务提供商托管。然而，我们正在进入数据交换的新时代，我们有望看到这些交易的规模、复杂度和价值出现爆炸式增长。云计算模式将加速这一趋势，为数据访问和分析共享带来全新的灵活性和效率。

（4）知识平台。大数据应用需要知识平台的支持。企业大数据技术产品与开发平台如图3.1所示。

整体解决方案	IBM(InfoSphere Big Insights), EMC(Greenplum UAP)
应用服务	IBM的（智慧地球），淘宝（数据魔方），HP（融合云）
数据分析	Oralce(Oracle Advanced Analytics),IBM(SPSS), EMC(Greenplum Chorus),DELL大数据保留
数据管理	Apache (开源分布式数据管理框架Hadoop), Oracle(Cloudera Manager), Microsoft(SQL Server Hadoop), EMC(Greenplum HD Hadoop)
硬件	EMC(DCA), Oralce(大数据机), 华为Fusion Cube, Intel(适用于大数据处理芯片), IBM(数据仓库一体机)

图3.1 企业大数据技术产品与开发平台

3.2 大数据应用的前期准备

3.2.1 制定大数据应用目标

大数据屡屡显示其威力，已经渗透进每一个领域。企业需要结合发展战略，明确大数据应用的阶段目标。一些典型的应用目标举例如下：

1. 气象领域

在气象领域，越来越多的人意识到，天气不再仅仅是影响人们生活和出行的信息，如果加以利用，天气将成为巨大价值的来源。

世界各国的公司都将气象分析加入他们的经营战略当中，并期待利用大自然获得更大收益。Sears零售公司通过危机指挥中心的监控设备对全国天气进行关注，以保证各种必需品库存充足。保险公司EMC通过分析冰雹灾害发生的历史记录，避免不必要的或者欺诈索赔。位于堪萨斯州的西星能源公司安排公司的电工随时关注美国其他各州的恶劣天气状况，以便在危机状况时给予帮助。

资产高达730亿美元的DHL快递公司利用气象数据分析，为每天3 000多个航班的运行保驾护航。难怪负责 DHL 美国地区网关和网络控制的副总裁 Travis Cobb 说："天气是一个价值连城的问题。"

美国国家气象频道（The Weather Channel）每天要处理 20 兆兆字节的数据，这里包括有关风、雨、雪、冰雹、龙卷风、温度、气压、湿度、地震、飓风、闪电等的相关数据。商业用户获取分析之后的气象信息，能更好地进行商业活动。比如，保险公司通过雨水的累计模型了解雨后汽车保险的索赔情况，医药公司通过气象地图了解各区域病人呼吸困难的原因等。

日用消费品公司、物流企业、餐厅、铁路、游乐园、金融服务等都需要气象信息。一些公司通过分析天气如何影响客户行为，从中探索出接下来的营销策略。另有一些公司对未来天气进行预测，预见未来价值风险，尽量找出竞争对手所不能预见的潜在问题。天气其实是最基本的大数据问题。

分析技术的进步和丰富的气象数据使得保险公司的分析创造力和判断正确性都显著提高。

2. 汽车保险业

通过分析车载信息服务数据，可以进行客户风险分析、投保行为分析、客户价值分析和欺诈识别。在为保险业提高利润的同时，降低了欺诈带来的损失。

3. 文本数据的应用目标

文本是最大的也是最常见的大数据源之一。我们身边的文本信息有电子邮件、短信、微博、社交媒体网站的帖子、即时通信、实时会议及可以转换成文本的录音信息。一种目前很流行的文本分析应用是情感分析。情感分析是从大量人群中挖掘出总体观点，并提供市场对某个公司的评价、看法或感受等相关信息。情感分析通常使用社会化媒体网站的数据。如果公司可以掌握每一个客户的情感信息，就能了解客户的意图和态度。与使用网络数据推断客户意图的方法类似，了解客户对某种产品的总体情感是正面情感还是负面情感也是很有价值的信息。如果这名客户此时还没有购买该产品，那价值就更大了。情感分析提供的信息可以让我们知道要说服这名客户购买该产品的难易程度。

文本数据的另一个用途是模式识别。我们对客户的投诉、维修记录和其他的评价进行排序，期望在问题表达之前，能够更快地识别和修正问题。

欺诈检测也是文本数据的重要应用之一。在健康险或伤残保险的投诉事件中，使用文本分析技术可以解析出客户的评论和理由。一方面，文本分析可以将欺诈模式识别出来，标记出风险的高低。面对高风险的投诉，需要更仔细地检查。另一方面，投诉在某种程度上还能自动地执行。如果系统发现了投诉模式、词汇和短语没有问题，就可以认定这些投诉是低风险的，并可以加速处理，同时将更多的资源投入到高风险的投诉中。

法律事务也会从文本分析中受益。按照惯例，任何法律案件在上诉前都会索取相应的电子邮件和其他通信历史记录。这些通信文本会被批量地检查，识别出与本案相关的那些语句(电子侦察)。

4. 时间数据与位置数据的应用

随着全球定位系统（GPS）、个人 GPS 设备及手机的应用，时间和位置的信息一直在增

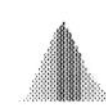

加。通过采集每个人在某个时间点的位置，和分析司机、行人当前位置的数据，为司机及时提供反馈信息，可以为司机提供就近餐馆、住宿、加油、购物等信息。

如果能识别出哪些人大约在同一时间同一地点出现，就能识别出有哪些彼此不认识或者在一个社交圈子里的人，但是他们都有很多共同的爱好。婚介服务能用这样的信息鼓励人们建立联系，给他们提供符合个人身份或团体身份的产品推荐，帮助人们找到自己的合适伴侣。

5. RFID数据的价值

无线射频标签，即RFID（Radio Frequency Identification）标签，是安装在装运托盘或产品外包装上的一种微型标签。RFID读卡器发出信号，RFID标签返回响应信息。如果多个标签都在读卡器读取范围内，它们同样会对同一查询做出响应，这样辨识大量物品就会变得比较容易。

RFID应用之一：自动收费标签，有了它，司机通过高速公路收费站的时候就不需要再停车了。

RFID数据的另一个重要应用是资产跟踪。例如，一家公司把其拥有的每一个PC、桌椅、电视等资产都贴上标签。这些标签可以很好地帮助我们进行库存跟踪。

RFID最大的应用之一是制作业的托盘跟踪和零售业的物品跟踪。例如，制作商发往零售商的每一个托盘上都有标签，这样可以很方便地记录哪些货物在某个配送中心或者商店。

RFID的一种增值应用是识别零售商货架上有没有相应的商品。

RFID还能很好地帮助我们跟踪物品（商品），物品流通情况，能反映其销售或展示情况。

RFID如果和其他数据组合起来，就能发挥更大的威力。如果公司可以收集配送中心里的温度数据，当出现掉电或者其他极端事件时，我们就能跟踪到商品的损坏程度。

RFID有一种非常有趣的未来应用是跟踪商店购物活动，就像跟踪Web购物行为一样。如果把RFID读卡器植入购物车中，我们就能准确地知道哪些客户把什么东西放进了购物车，也能准确地知道他们放入的顺序。

RFID的最后一种应用是识别欺诈犯罪活动，归还偷盗物品。

6. 智能电网数据的应用

可以使电力公司按时间和需求量的变化定价，利用新的定价程序来影响客户的行为，减少高峰时段的用电量。可以解决为了应对高峰时段的用电量，另建发电站带来的高成本支出，以减少建发电站的费用和对环境造成的影响。

7. 博彩业：筹码跟踪数据的应用

赌场使用筹码跟踪技术，玩家想要主动欺骗赌场将会变得更困难，甚至连庄家想犯错都比较困难。筹码的投注和分红都可以被跟踪到，时段分析可以识别出庄家或玩家犯下异常错误的数目，可以帮助我们处理欺诈行为，或者对犯下简单错误的庄家进行额外培训，赌场对欺诈行为阻止得越多，分红就会越合理，风险就会越低，因为费用支出比较少，这样我们就有能力给玩家提供更好的服务和投注赔率，对于赌场和玩家，是双赢。

8. 工业发动机和设备传感器数据的应用

飞机发动机和坦克等各种机器也开始使用嵌入式传感器，目标是以秒或毫秒为单位来监控设备的状态。发动机的结构很复杂，有很多移动部件必须在高温下运转，会经历各种各样的运转状况，因为成本较高，所以用户期望寿命越长越好，因此，稳定的可预测的性能变得异常重要。通过提取和分析详细的发动机运转数据，我们可以精确地定位那些导致立即失效的某些模式。然后我们就能识别出会降低发动机寿命的时间分段模式，从而减少频繁地维修。

9. 视频游戏遥测数据的应用

许多游戏都是通过订阅模式挣钱，因此维持刷新率对这些游戏会非常重要，通过挖掘玩家的游戏模式，我们就可以了解到哪些游戏行为是与刷新率相关的，哪些是无关的。

10. 社交网络数据的应用

Facebook 等社交网络正在利用社交网络分析技术来洞察哪些广告会对何种用户构成吸引。我们关心的不仅仅是客户自己的兴趣表达，与此同等重要的是我们要关注他的朋友圈和同事圈对什么感兴趣。

通过分析消费者的行为数据和社交网络数据，给用户推荐他感兴趣或他朋友感兴趣的产品，以增加用户的购买行为。

3.2.2 大数据采集

结合大数据应用目标，准备服务器、云存储等硬件设施，设计大数据采集模式，实施大数据采集战略。数据包括企业内部数据、供应链上下游合作伙伴的数据、政府公开数据、网上公开的数据等。常见的数据采集途径包括：

（1）网络连接的传感器节点：根据麦肯锡全球研究所的报告，网络连接的传感器节点已经超过 3 千万，而这一数字还在以超过 30%的年增长速度不断增加。

（2）文本数据：电子邮件、短信、微博、社交媒体网站的帖子、即时通信、实时会议及可以转换为文本的录音文件。

（3）对于汽车保险业，数据采集点为在交通工具上安装的车载信息服务装置。

（4）智能电网：用遍布于智能电网中的传感器收集数据。

（5）工业发动机和设备：数据采集点：发动机传感器可以收集到从温度到每分钟转数、燃料摄入率再到油压级别等信息，数据可以根据预先设定的频率获取。

（6）通过网络日志、session 信息等，搜集分析用户网上的行为数据。

（7）数据库系统。从各类管理信息系统中采集日常交易数据、状态信息数据等。

3.2.3 已有信息系统的优化

大数据应用对已有的信息系统提出了更高要求，从硬件上考虑，提高系统处理能力这也是我们在做系统集成方案时所需要考虑的，从硬件上应主要从以下几方面去考虑：

（1）主机选型。

（2）运算能力。

（3）存储系统与存储空间。

（4）数据存储容量。

（5）内存大小。

（6）网络传输速率。

从软件上应主要从以下几方面去考虑：

（1）升级数据备份策略。

（2）开发适应大数据分析的数据仓库与数据挖掘方法，如开发并行数据挖掘工具。

（3）开发分析大数据的商业智能系统平台。

① 能处理大规模实时动态的数据。

② 有能容纳巨量数据的数据库、数据仓库。

③ 高效实时的处理系统。

④ 能分析大数据的数据挖掘工具。

（4）优化现有的搜索引擎系统、综合查询系统等。

3.2.4　多系统、多结构数据的规范化

多系统数据规范化最好的方式是建立数据仓库，让分散的数据统一存储。对于多系统数据的规范化，可以建立一个标准格式的数据转化平台，不同系统的数据经过这个数据转化平台的转化，转为统一格式的数据文件。可以使用ETL工具，如OWB（Oracle Warehouse Builder）、ODI（Oracle Data Integrator）、Informatic PowerCenter、AICloudETL、DataStage、Repository Explorer、Beeload、Kettle、DataSpider等将分散的、异构数据源中的数据（如关系数据、平面数据文件等）抽取到临时中间层后进行清洗、转换、集成，最后加载到数据仓库或数据集市中，成为联机分析处理、数据挖掘的基础。

对于大多数反馈时间要求不是那么严苛的应用，比如离线统计分析、机器学习、搜索引擎的反向索引计算、推荐引擎的计算等。它是采用离线分析的方式，通过数据采集工具将日志数据导入专用的分析平台。但面对海量数据，传统的ETL工具往往彻底失效，主要原因是数据格式转换的开销太大，在性能上无法满足海量数据的采集需求。互联网企业的海量数据采集工具，有Facebook开源的Scribe、LinkedIn开源的Kafka、淘宝开源的Timetunnel、Hadoop的Chukwa等，均可以满足每秒数百MB的日志数据采集和传输需求，并将这些数据上载到Hadoop中央系统上。

对多结构的数据，可以通过关键词提取、归纳、统计等方法，基于可拓学理论建立统一格式的基元库。基元理论认为，构成大千世界的万事万物可分为物、事、关系三大类，构成自然界的是物，物与物的互相作用就是事，物与物、物与事，事与事存在各种关系，物、事和关系形成了千变万化的大自然和人类社会。描述物的是物元，描述事的是事元，描述关系的是关系元。物元、事元和关系元通称基元，基元以｛对象，特征，量值｝的

三元组表示，构成了描述问题的逻辑细胞。利用可拓学理论和方法，可以收集信息建立统一的形式化信息库。

3.2.5 大数据收集中的可拓创新方法

数据本身质量问题已成为影响数据挖掘应用的重要因素，为了得到可信的结论，数据处理工作占整个数据分析工作量的80%～90%。2001年Price water house Coopers在纽约所做的研究表明，599个被调查公司中的75%都存在由于数据质量问题造成经济损失的现象。著名市场调查公司Gartner也表示，导致如商业智能（BI）和客户关系管理（CRM）这些大型的、高成本的IT方案失败的主要原因就在于企业是根据不准确或者不完整的数据进行决策的。存在有错误的或者不完整的、冗余的、稀疏的数据使得最终数据挖掘结论的可信度降低。企业往往缺乏有效措施使数据准确，导致数据挖掘项目的时间长、效果不明显。

企业用于数据挖掘的数据集是一个随时间、空间及信息化管理程度等动态变化的多维物元，符合可拓集合的4个特征，属于可拓集合，可拓集合有三种变换方案：

1. 关于论域变换的解决方案

（1）对论域做置换变换，可以选择质量满足数据挖掘要求的其他数据集进行挖掘，同时改变挖掘目标。

（2）对论域做增删变换，增加质量更好的数据集以降低整体数据集的不准确率，或者去掉一些质量很差的数据集，对数据集做清洗。

（3）对论域做蕴含分析，延伸到产生脏数据的源头环节，从数据挖掘角度提出改进建议等，如采取调整数据结构、存储方式、汇总方式、保留时间等，使数据的完整性和准确性提高，逐步提高整体的数据质量，缩小数据质量的差距。使论域由挖掘数据集延伸到原始数据集，从来源上采取变换措施。

2. 关于关联准则变换的解决方案

企业用于数据挖掘的数据的集合本身不变，即关联度不变，对判断数据质量的标准做变换，在一般数据挖掘软件下不符合要求的数据在变换后的新软件下质量达到挖掘要求。如研究构造一个低数据质量下的数据挖掘系统，实现容忍低质量数据的数据挖掘算法等。目前已经有学者在研究这个问题。

3. 关于元素变换的解决方案

变换量值，使现在质量差的数据集变成可挖掘的数据集。目前数据挖掘上研究的数据清洗、针对不完整数据的各种填充算法等都是这类方法；用清洗后的子集做数据挖掘，这是目前常用的数据清洗方法，其缺点是清洗工作量大，容易洗掉一些有价值的信息。

数据清洗、填充、容忍算法等都只是解决了历史数据的可挖掘问题，不能防止新的脏数据的产生。数据挖掘持续应用的根本方法在于实现物元可拓集的变换，在事元“数据挖掘咨询”的不断作用下，使数据从来源上就达到正确性、完整性、一致性等要求。

3.3 大数据分析的基本过程

3.3.1 数据准备

数据准备包括采集数据、清洗数据和储存数据等。主要步骤包括：

(1) 绘制数据地图，选择用于挖掘的数据集，了解并分析众多属性之间的相关性，把字段分为非相关字段、冗余字段、相关字段，最后保留相关字段，去除非相关字段和冗余字段。

(2) 数据清洗：通过填写空缺值，平滑噪声数据，识别删除孤立点，并解决不一致来清理数据。如填补缺失数据的字段、统一同一字段不同数据集中数据类型的一致性、格式标准化、异常清除数据、纠正错误、清楚重复数据等。

(3) 数据转化：根据预期采用的算法，对字段进行必要的类型处理，如将非数字类型的字段转化成数字类型等。

(4) 数据格式化：根据建模软件需要，添加、更改数据样本，将数据格式化为特定的格式。

由于海量数据的数据量和分布性的特点，使得传统的数据管理技术不适合处理海量数据。海量数据对分布式并行处理技术提出了新的挑战，开始出现以 MapReduce 为代表的一系列研究工作。MapReduce 是 2004 年由谷歌公司提出的一个用来进行并行处理和生成大数据集的模型。MapReduce 作为典型的离线计算框架，无法满足许多在线实时计算需求。目前在线计算主要基于两种模式研究大数据处理问题：一种基于关系型数据库，研究提高其扩展性，增加查询通量来满足大规模数据处理需求；另一种基于新兴的 NoSQL 数据库，通过提高其查询能力、丰富查询功能来满足有大数据处理需求的应用。

3.3.2 数据探索

利用数据挖掘工具在数据中查找模型，这个搜寻过程可以由系统自动执行，自底向上搜寻原始事实以发现它们之间的某种联系，也可以加入用户交互过程，由分析人员主动发问，从上到下地找寻以验证假定的正确性。对于一个问题的搜寻过程可能用到许多工具，例如神经网络、基于规则的系统、基于实例的推理、机器学习、统计方法等。

分析沙箱适合进行数据探索、分析流程开发、概念验证及原型开发。这些探索性的分析流程一旦发展为用户管理流程或者生产流程，就应该从分析沙箱挪出去。沙箱中的数据都有时间限制。沙箱的理念并不是建立一个永久的数据集，而是根据每个项目的需求构建项目所需的数据集。一旦这个项目完成了，数据就被删除了。如果沙箱被恰当使用，沙箱将是提升企业分析价值的主要驱动力。

3.3.3 模式知识发现

利用数据挖掘等工具，发现数据背后隐藏的知识。常用的数据挖掘方法举例如下：

数据挖掘可由关联（association）、分类（classification）、聚集（clustering）、预测（prediction）、相随模式（sequential patterns）和时间序列（similar time sequences）等手段去实现。关联是寻找某些因素对其他因素在同一数据处理中的作用；分类是确定所选数据与预先给定的类别之间的函数关系，通常用的数学模型有二值决策树神经网络，线性规划和数理统计；聚集和预测是基于传统的多元回归分析及相关方法，用自变量与因变量之间的关系来分类的方法，这种方法流行于多数的数据挖掘公司。其优点是能用计算机在较短的时间内处理大量的统计数据，其缺点是不易进行多于两类的类别分析；相随模式和相似时间序列均采用传统逻辑或模糊逻辑去识别模式，从而寻找数据中的有代表性的模式。

3.3.4 预测建模

数据挖掘的任务分为描述性任务（关联分析、聚类、序列分析、离群点等）和预测任务（回归和分类）两种。

数据挖掘预测则是通过对样本数据（历史数据）的输入值和输出值关联性的学习，得到预测模型，再利用该模型对未来的输入值进行输出值预测。一般地，可以通过机器学习方法建立预测模型。DM（Data Mining）的技术基础是人工智能（机器学习），但是DM仅仅利用了人工智能（AI）中一些已经成熟的算法和技术，因而复杂度和难度都比AI小很多。

机器学习：假定事物的输入、输出之间存在一种函数关系 $y=f(x, \beta)$，其中 β 是待定参数，x 是输入变量，则 $y=f(x, \beta)$ 称为学习机器。通过数据建模，由样本数据（一般是历史数据，包含输入值和输出值）学习得到参数 β 的取值，就确定了具体表达式 $y=f(x, \beta)$，这样就可以对新的 x 预测 y 了。这个过程称作机器学习。

数据建模不同于数学建模，它是基于数据建立数学模型，它是相对于基于物理、化学和其他专业基本原理建立数学模型（即机理建模）而言的。对于预测来说，如果所研究的对象有明晰的机理，可以依其进行数学建模，这当然是最好的选择。但是实际问题中，一般无法进行机理建模。但是历史数据往往是容易获得的，这时就可使用数据建模。

典型的机器学习方法包括：决策树方法、人工神经网络、支持向量机、正则化方法等。可参考统计学、数据挖掘等领域的相关书籍，在此不再详述。

3.3.5 模型评估

模型评估方法主要有技术层面的评估和实践应用层面的评估。技术层面根据采用的挖掘分析方法，选择特定的评估指标显示模型的价值，以关联规则为例，有支持度和可信度指标。

对于分类问题，可以通过使用混淆矩阵对模型进行评估，还可以使用ROC曲线，KS曲线等对模型进行评估。

3.3.6　知识应用

大数据决策支持系统中“决策”就是决策者根据所掌握的信息为决策对象选择行为的思维过程。

使用模型训练的结果，帮助管理者辅助决策，挖掘潜在的模式，发现巨大的潜在商机。应用模式包括与经验知识的结合，大数据挖掘知识的智能融合创新以及知识平台的智能涌现等。

3.4　数据仓库的协同应用

3.4.1　多维数据结构

多维数据分析是以数据库或数据仓库为基础的，其最终数据来源与OLTP一样均来自底层的数据库系统，但两者面对的用户不同，数据的特点与处理也不同。

多维数据分析与OLTP是两类不同的应用，OLTP面对的是操作人员和低层管理人员，多维数据分析面对的是决策人员和高层管理人员。

OLTP是对基本数据的查询和增删改操作，它以数据库为基础。而多维数据分析更适合以数据仓库为基础的数据分析处理。

多维数据集由于其多维的特性通常被形象地称作立方体（Cube），多维数据集是一个数据集合，通常从数据仓库的子集构造，并组织和汇总成一个由一组维度和度量值定义的多维结构。

1. 度量值（Measure）

（1）度量值是决策者所关心的具有实际意义的数值。例如，销售量、库存量、银行贷款金额等。

（2）度量值所在的表称为事实数据表，事实数据表中存放的事实数据通常包含大量的数据行。事实数据表的主要特点是包含数值数据（事实），而这些数值数据可以统计汇总以提供有关单位运作历史的信息。

（3）度量值是所分析的多维数据集的核心，它是最终用户浏览多维数据集时重点查看的数值数据。

2. 维度（Dimension）

（1）维度（也简称为维）是人们观察数据的角度。例如，企业常常关心产品销售数据随时间的变化情况，这是从时间的角度来观察产品的销售，因此时间就是一个维（时间维）。再如，银行会给不同经济性质的企业贷款，比如国有、集体等，若通过企业性质的角度来分析贷款数据，那么经济性质也就成了一个维度。

（2）包含维度信息的表是维度表，维度表包含描述事实数据表中的事实记录的特性。

3. 维的级别（Dimension Level）

（1）人们观察数据的某个特定角度（即某个维）还可以存在不同的细节程度，我们称这些维度的不同的细节程度为维的级别。

（2）一个维往往具有多个级别。例如，描述时间维时，可以从月、季度、年等不同级别来描述，那么月、季度、年等就是时间维的级别。

4. 维度成员（Dimension Member）

（1）维的一个取值称为该维的一个维度成员（简称维成员）。

（2）如果一个维是多级别的，那么该维的维度成员是在不同维级别的取值的组合。例如，考虑时间维具有日、月、年这3个级别，分别在日、月、年上各取一个值组合起来，就得到了时间维的一个维成员，即“某年某月某日”。

多维数据示意图如图3.2所示。

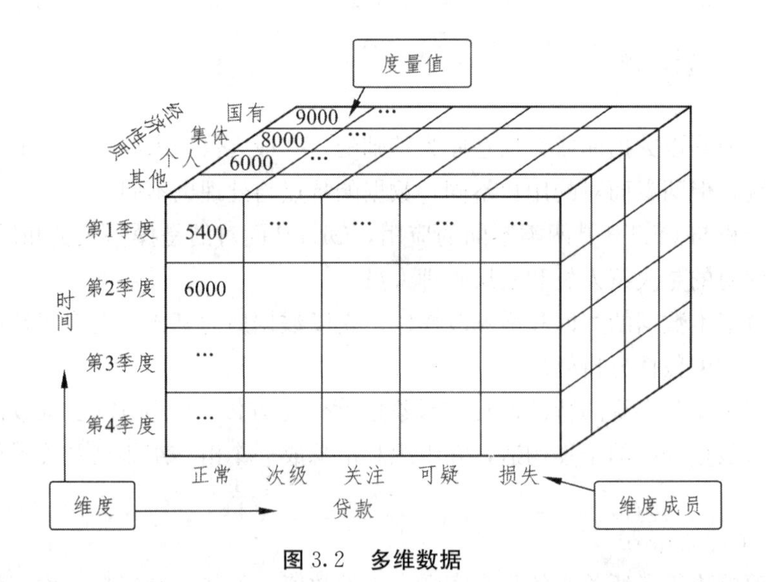

图3.2　多维数据

3.4.2　多维数据的分析操作

多维分析可以对以多维形式组织起来的数据进行上卷、下钻、切片、切块、旋转等各种分析操作，以便剖析数据，使分析者、决策者能从多个角度、多个侧面观察数据库中的数据，从而深入了解包含在数据中的信息和内涵。

1. 上卷（Roll-Up）

上卷是在数据立方体中执行聚集操作，通过在维级别中上升或通过消除某个或某些维来观察更加概括的数据。示意如图3.3所示。

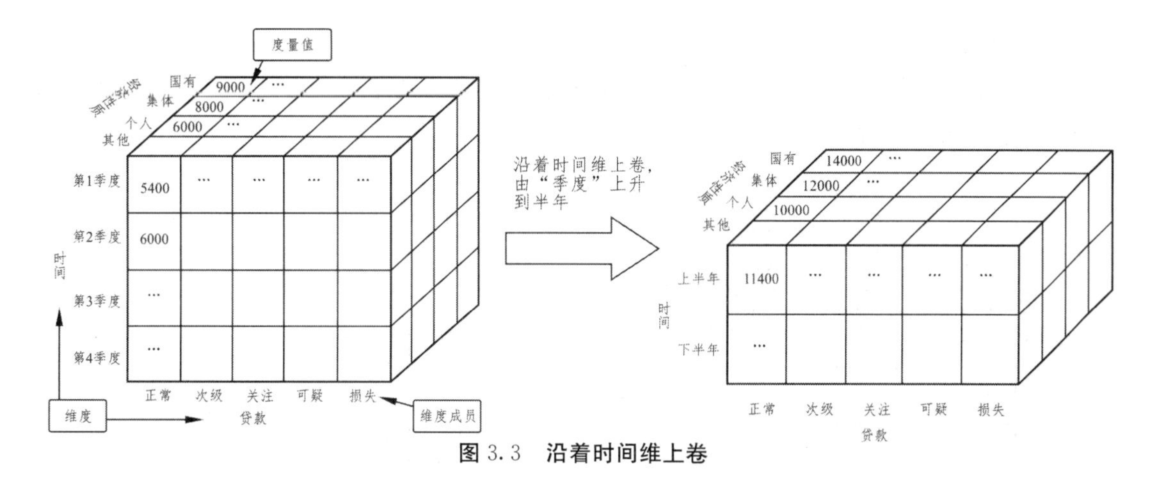

图 3.3　**沿着时间维上卷**

上卷的另外一种情况是通过消除一个或多个维来观察更加概括的数据。示意如图 3.4 所示。

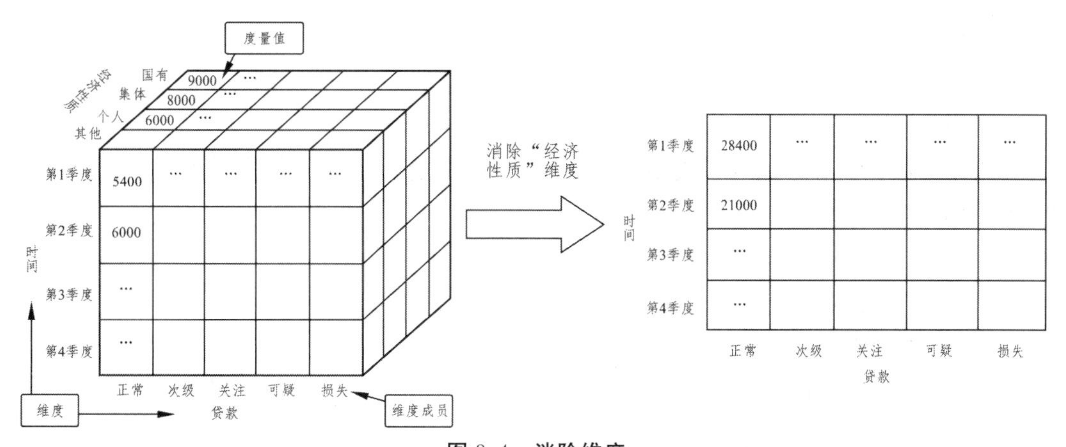

图 3.4　**消除维度**

2. 下钻（drill-down）

下钻是通过在维级别中下降或通过引入某个或某些维来更细致地观察数据。示意如图 3.5 所示。

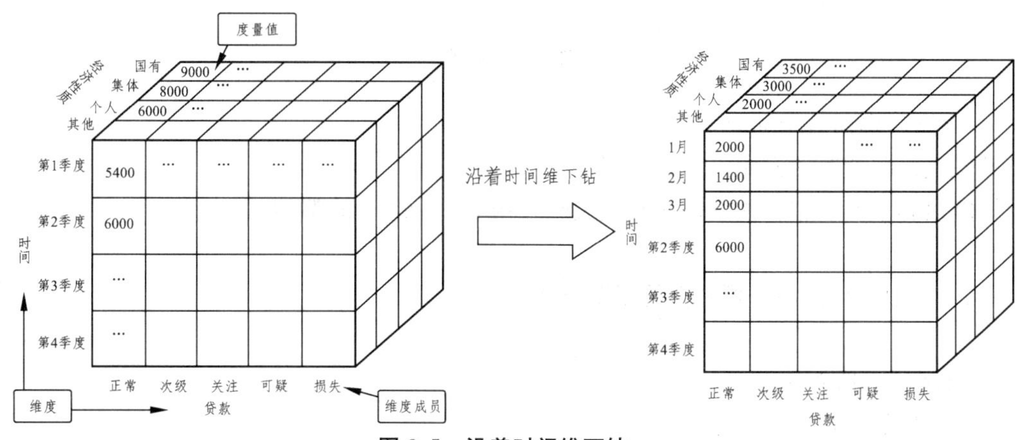

图 3.5　**沿着时间维下钻**

3. 切片（slice）

在给定的数据立方体的一个维上进行的选择操作，切片的结果是得到了一个二维的平面数据。示意如图 3.6 所示。

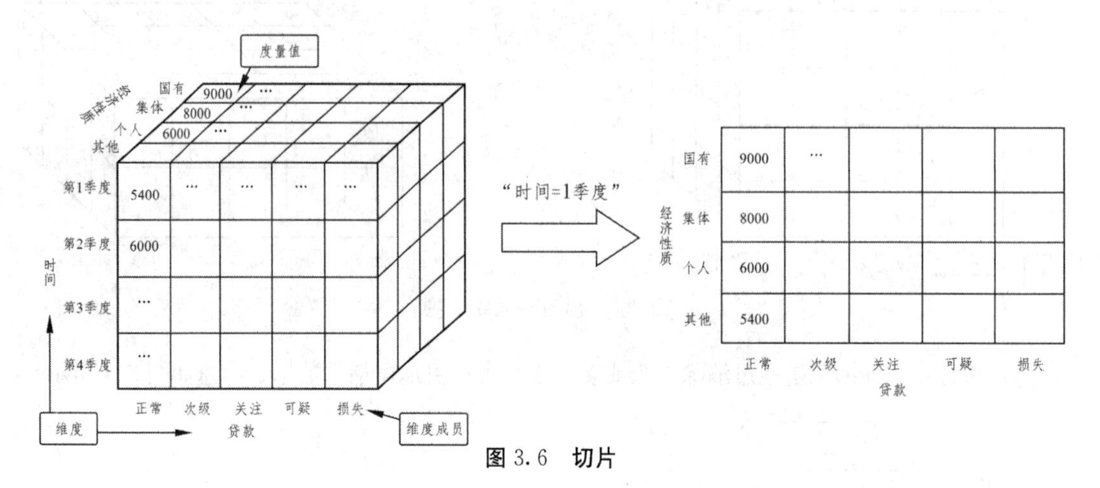

图 3.6　切片

4. 切块（dice）

在给定的数据立方体的两个或多个维上进行选择操作，切块的结果是得到了一个子立方体。示意如图 3.7 所示。

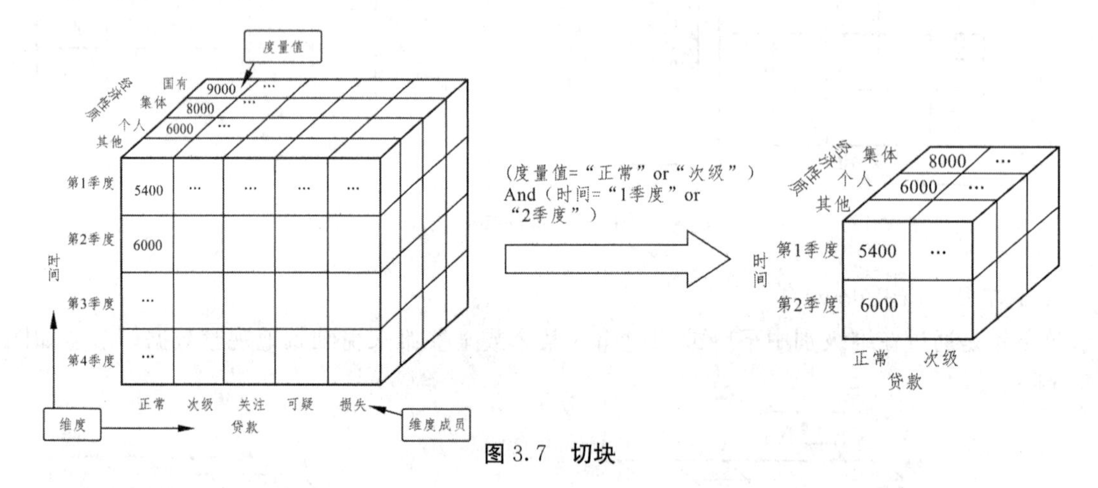

图 3.7　切块

5. 转轴（pivot or rotate）

转轴就是改变维的方向。示意如图 3.8 所示。

维度表和事实表相互独立，又互相关联并构成一个统一的架构。

3.4.3　数据相关性分析和多元回归分析

1. 数据描述性分析

(1) 位置的度量。

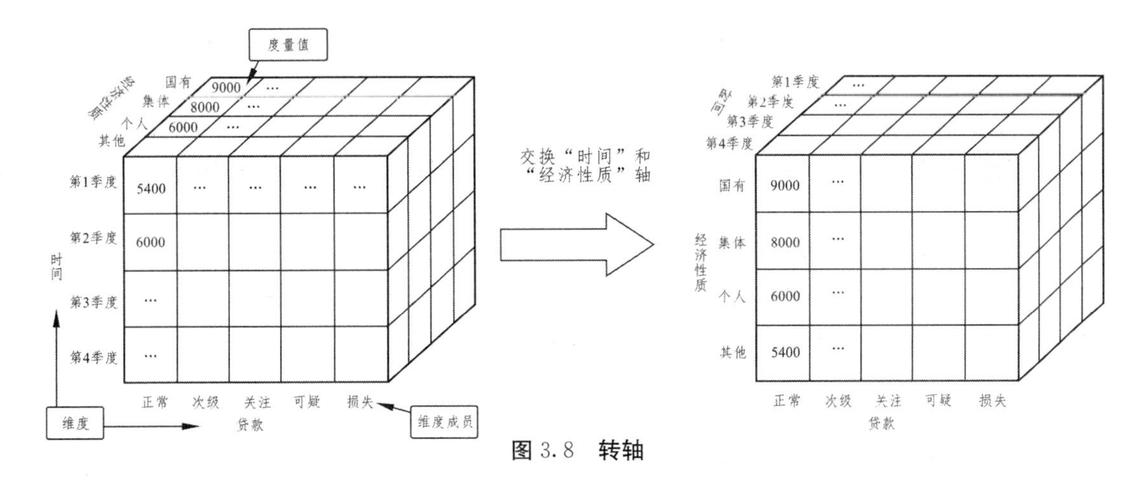

图 3.8　转轴

① 均值。

均值是数据的平均数，均值（记为 $\bar{x}$）

$$\bar{x}=\frac{1}{n}\sum_{t=1}^{n}x_i$$

它描述数据取值的平均位置。

② 顺序统计量。

设 n 个数据（观测值）按从小到大的顺序排列为

$$x_{(1)}\leqslant x_{(2)}\leqslant\cdots\leqslant x_{(n)}$$

称为顺序统计量（order statistic），显然，最小顺序统计量为 $x_{(1)}$，最大顺序统计量为 $x_{(n)}$。

③ 中位数。

中位数（median，记为 m_e）定义为数据排序位于中间位置的值，即

$$m_e=\begin{cases}x_{(\frac{n+1}{2})}，当 n 为奇数时\\ \frac{1}{2}\left(x_{(\frac{n}{2})}+x_{(\frac{n}{2}+1)}\right)，当 n 为偶数时\end{cases}$$

中位数描述数据中心位置的数字特征。大体上比中位数大或小的数据个数为整个数据的一半。对于对称分布的数据，均值与中位数比较接近；对于偏态分布的数据，均值与中位数不同。中位数的又一显著特点是不受异常值的影响，具有稳健性，因此它是数据分析中相当重要的统计量。

④ 百分位数。

百分位数（percentile）是中位数的推广，将数据按从小到大的排列后，对于 $0\leqslant p<1$，它的 p 分位点定义为

$$m_p=\begin{cases}x_{([np]+1)}，当 np 不是整数时\\ \frac{1}{2}\left(x_{(np)}+x_{(np+1)}\right)，当 np 是整数时\end{cases}$$

其中，$[np]$ 表示 np 的整数部分。

P 分位数又称为第 $100p$ 百分位数，大体上整个样本的 $100p$ 的观测值不超过 p 分位数。如 0.5 分位数 $m_{0.5}$（第 50 百分位数）就是中位数 m_e。在实际计算中，0.75 分位数与 0.25

分位数（第 75 百分位数与第 25 百分位数）比较重要，它们分别称为上、下四分位数，并分别记为 $Q_3=m_{0.75}$，$Q_1=m_{0.25}$。

（2）分散程度的度量。

表示数据分散（或变异）程度的特征量有方差、标准差、极差、四分位极差、变异系数和标准误等。

（3）方差、标准差与变异系数。

方差（variance）是描述数据取值分散性的一个度量，样本方差（sample variance）是样本相对于均值的偏差平方和的平均，记为 s^2，即

$$s^2=\frac{1}{n-1}\sum_{i=1}^{n}(x_i-\bar{x})^2$$

其中，$\bar{x}$ 是样本的均值。

样本方差的开方称为样本标准差（standard deviation），记为 s，即

$$s=\sqrt{s^2}=\sqrt{\frac{1}{n-1}\sum_{i=1}^{n}(x_i-\bar{x})^2}$$

变异系数是刻画数据相对分散性的一种度量，记为

$$CV=100\times\frac{s}{\bar{x}}\ (\%)$$

它是一个无量纲的量，用百分数表示。

与分散程度有关的统计量还有样本校正平方和 CSS 和样本未校正平方和 USS

$$CSS=\sum_{i=1}^{n}(x_i-\bar{x})^2$$

$$USS=\sum_{i=1}^{n}x_t^2$$

（4）极差与标准误。

样本极差（记为 R）的计算公式为

$$R=x_{(n)}=x_{(1)}=\max(x)-\min(x)$$

其中，x 是由样本构成的向量。样本极差是描述样本分散性的数字特征。当数据越分散，其极差越大。

样本上、下四分位数之差称为四分位差（或半极差），记为 R_1，即

$$R_1=Q_3-Q_1$$

它也是度量样本分散性的重要数字特征，特别对于具有异常值的数据，它作为分散性具有稳健性，因此它在稳健性数据分析中具有重要作用。

样本标准误（记为 S_m）定义为

$$s_m=\sqrt{\frac{1}{n(n-1)}\sum_{i=1}^{n}(x_i-\bar{x})^2}=\frac{s}{\sqrt{n}}$$

（5）分布形状的度量。

① 偏度系数。

样本的偏度系数的计算公式为

$$g_1=\frac{n}{(n-1)(n-2)s^3}\sum_{i=1}^{n}(x_i-\bar{x})^3=\frac{n^2\mu_3}{(n-1)(n-2)s^3}$$

其中，s 是标准差，μ_3 是样本3阶中心距，即

$$\mu_3 = \frac{1}{n}\sum_{i=1}^{n}(x_i - \bar{x})^3$$

偏度系数是刻画数据的对称性指标。关于均值对称的数据其偏度系数为0，右侧更分散的数据偏度系数为正，左侧更分散的数据偏度系数为负。

② 峰度系数。

样本的峰度系数（记为 g_2）的计算公式为

$$g_2 = \frac{n(n+1)}{(n-1)(n-2)(n-3)s^4}\sum_{i=1}^{n}(x_i - \bar{x})^4 - 3\frac{(n-1)^2}{(n-2)(n-3)}$$

$$= \frac{n^2(n+1)\mu_4}{(n-1)(n-2)(n-3)s^4} - 3\frac{(n-1)^2}{(n-2)(n-3)}$$

其中，s 是标准差，μ_4 是样本4阶中心距，即

$$\mu_4 = \frac{1}{n}\sum_{i=1}^{n}(x_i - \bar{x})^4$$

当数据的总体分布为正态分布时，峰度系数近似为0；当分布较正态分布的尾部更分散时，峰度系数为正，否则为负。当峰度系数为正时，两侧极端数据较多；当峰度系数为负时，两侧极端数据较少。

2. 多元数据的数字特征及相关矩阵

对于 p 元总体（X_1，X_2，…，X_n），其样本为

$$(x_{11}, x_{12}, \cdots, x_{1p})^T, (x_{21}, x_{22}, \cdots, x_{2p})^T, \cdots, (x_{n1}, x_{n2}, \cdots, _{np})^T$$

其中第 i 个样本为

$$(x_{i1}, x_{i2}, \cdots, x_{ip})^T, i=1, 2, \cdots, n$$

样本的第 j 个分量的均值定义为

$$\bar{x}_j = \frac{1}{n}\sum_{i=1}^{n}x_{ij}, j=1, 2, \cdots, p$$

样本的第 j 个分量的方差定义为

$$s_j^2 = \frac{1}{n-1}\sum_{i=1}^{n}(x_{ij} - \bar{x}_j)^2, j=1, 2, \cdots, p$$

样本的第 j 个分量与第 k 个分量的协方差定义为

$$s_{jk} = \frac{1}{n-1}\sum_{i=1}^{n}(x_{ij} - \bar{x}_j)(x_{ik} - \bar{x}_k), j, k=1, 2, \cdots, p$$

称 $\bar{x} = (\bar{x}_1, \bar{x}_2, \cdots \bar{x}_p)^T$ 为 p 元样本的均值，称

$$s = \begin{bmatrix} s_{11} & s_{12} & \cdots & s_{1p} \\ s_{21} & s_{22} & \cdots & s_{2p} \\ \vdots & \vdots & & \vdots \\ s_{p1} & s_{p2} & \cdots & s_{pp} \end{bmatrix}$$

为样本的协方差矩阵。

样本的第 j 个分量与第 k 个分量的相关系数定义为

$$r_{jk} = \frac{s_{jk}}{\sqrt{s_{jj}}\sqrt{s_{kk}}}, j, k=1, 2, \cdots, p$$

称

$$R=\begin{bmatrix} r_{11} & r_{12} & \cdots & r_{1p} \\ r_{21} & r_{22} & \cdots & r_{2p} \\ \vdots & \vdots & & \vdots \\ r_{p1} & r_{p2} & \cdots & r_{pp} \end{bmatrix}$$

为样本的相关矩阵（Pearson 相关矩阵）。

3. 数据回归分析

（1）一元线性回归。

若（x_1，y_1），（x_2，y_2），…，（x_n，y_n）是（X，Y）的一组观测值，则一元线性回归模型可表示为

$$y_i=\beta_0+\beta_1 x_i+\varepsilon_i,\ i=1,\ 2,\ \cdots,\ n$$

其中 $E(\varepsilon_i)=0$，$var(\varepsilon_i)=\sigma^2$（$i=1,\ 2,\ \cdots,\ n$）

其回归分析研究的步骤是：首先，确定因变量 y_i 与自变量 x_1，x_2，…，x_n 之间的定量关系表达式，即回归方程。其次，对回归方程的置信度检查。最后，判断自变量 x_n（$n=1,\ 2,\ \cdots,\ m$）对因变量的影响。利用回归方程进行预测。

（2）多元线性回归分析。

设变量 Y 与变量 X_1，X_2，…，X_p 间有线性关系

$$Y=B_0+B_1 x_1+\cdots+\beta_p x_p+\varepsilon$$

其中，$\varepsilon \sim N(0,\ \sigma^2)$，$\beta_0$，$\beta_1$，…，$\beta_p$ 和 σ^2 是未知参数，$p\geqslant 2$，称上面模型为多元线性回归模型。

3.5 大数据战略与运营创新

大数据的发展，既包括科学问题，也存在产业价值和经济价值问题。互联网公司密切关注的是如何利用大数据形成新的产业链条。目前，百度、谷歌、阿里巴巴等公司正在积极研究如何利用大数据推动新的商业模式，产生新的商业链条，包括通过电子商务来建立产品的关联关系，利用大数据进行有效的电子商务分析等。

在探索大数据的经济价值时，产业界的逐利性决定了部分企业不会致力于研究大数据的技术应用问题，也不会去思考大数据的长远发展问题，聪明的投资者会对大数据的核心价值做出判断，审慎地分析大数据和自己的关系。

大数据能够有效分析海量非结构数据并整合各类资源带来创新机遇。根据信息科技调研公司 Gartner 的一份报告，若要获得信息的最高价值，首席信息官们必须认识到创新的必要性，而这里所指的创新并不仅仅局限在大数据管理技术方面。

这份研究指出，随着企业诸多问题的解决方案皆以大数据分析为重要参考，企业有必要鼓励创新，强化创新。大数据指的是大规模海量复杂数据的集合，由于其规模庞大，利用现

有数据库管理工具或传统的数据处理应用软件难以实现有效管理。

“大数据要求企业提高两个层面的创新水平”，Gartner研究副总裁Hung LeHong在一份声明中表示，“首先，技术本来就是一种创新。但除此之外，企业还必须要为创新决策制定支持与分析的流程与方式。其次，后者并非技术层面的挑战，而是流程与管理的挑战与创新。大数据技术改变了现有分析问题的方式，由此带来了诸多新的机遇。新数据源与新的分析方法能够显著提高企业的运行效率，这是过去任何转变都难以比拟的。”

这份报告指出，总的来讲，大数据为企业实现增值的先例有限，且过去从未有任何企业尝试通过这些新方法分析与访问数据。因此，对于任何一个企业而言，它需要时间来建立对新数据源以及分析方式的信任。这也是为什么，我们鼓励企业从小的试验项目着手，不断实现数据透明并改善数据观察与分析方式。

LeHong表示：“首席信息官们也许更乐意从内部数据源开始这场变革，原因是内部数据多数已由IT部门管理。但是，很多情况表明，这些内部数据源完全没有受到IT部门的有效管控。例如，呼叫中心记录、安全摄像头、生产设备的运营数据等都是内部数据源，但是它们不由企业IT部门管理。”

报告指出，利用大数据技术的企业有能力保留完整、原始的数据，建立丰富的数据源，不断提高信息的价值。但是，首席信息官们也需要确立一个明确的商业目标及新数据存储方式。尽管技术能够提高速度，但要使企业从速度提升中收获新的价值则要求流程的改革。Gartner指出，一些企业已经提高了数据分析的能力，现在正在革新各自的业务流程以收获速度，提升创造的最高价值。

“首席信息官们必须将流程再设计融入大数据项目中（通常大数据项目旨在提高数据分析速度），只有这么做，才能保证企业在速度提升中收获最多裨益。LeHong总结道，在对大数据进行投资前，要保证评估团队清楚了解数据分析速度提高对企业运行效率的影响，并将这一认识当作企业案例对待。”

大数据被誉为企业决策的“智慧宝藏”。面对大数据带来的不确定性和不可预测性，企业决策和运营模式正在发生颠覆性变革，传统的自上而下、依赖少数精英经验和判断的战略决策日渐式微，一个自下而上、依托数据洞察的社会化决策模式日渐兴起。

大数据被誉为科研第四范式。继实验归纳、模型推演和计算机模拟等范式之后，以大数据为基础的数据密集型科研从计算机模拟范式中分离出来，成为一种新的科研范式。以全样本、模糊计算和重相关关系为特征的大数据范式，不仅推动了科研方式的变革，也推动了人类思维方式的巨大变革。

大数据被誉为“21世纪的新石油”。据美国研究机构统计，大数据能够为美国医疗服务业每年带来3 000亿美元的价值，为欧洲的公共管理每年带来2 500亿欧元的价值，帮助美国零售业提升60%的净利润，帮助美国制造业降低50%的产品开发、组装成本。

在互联网行业，大数据成为精准营销的支持手段。淘宝OceanBase数据库满足高性能、高容量、高可靠性和低总体拥有成本（TCO）的需求，驱动海量结构化数据，助力淘宝成长为精准营销模式领路人。

在金融行业，大数据成为科学决策的有力支撑。中信银行信用卡中心通过部署大数据分析系统，实现了近似实时的商业智能（BI）和秒级营销，每次营销活动配置平均时间从2周缩短到2～3天，交易量增加65%。

在电信行业，大数据成为智能管道转型的有效途径。中国移动广东公司构建新一代详单账单查询系统，可为用户提供详单账单的实时查询，客户满意度大大提高。

在零售业，大数据成为实时掌控市场动态的必要手段。农夫山泉通过大数据分析技术使销售额提升了大约30%，并使库存周转从5天缩短到3天，同时其数据中心的能耗降低了约80%。

无论是国家大数据战略，还是企业决策的新模式，大数据无疑正在从理论逐步走向管理实践。

本章小结

本章介绍了大数据应用的基本策略。在需求驱动下，从理念共识上，企业在大数据上面主动升级，正在形成专门的大数据团队，期望对大数据进行挖掘分析，以做出更佳的商业决策。在大数据时代，我们往往需要SOA系统架构以适应不断变换的需求。大数据应用主要需要四种技术的支持：分析技术、存储数据库、NoSQL数据库、分布式计算技术。中国大数据市场规模在2014年就已经达到767亿元。预计到2020年，中国大数据产业市场规模将达到8228. 81亿元，以后每年都会高速增长。大数据来源有传感器数据、视频、音频、医疗数据、药物研发数据、大量移动终端设备数据等。关于多系统数据的规范化，最好的方式是建立数据仓库，让分散的数据统一存储。可以建立一个标准格式的数据转化平台，不同系统的数据经过数据转化平台的转化，转为统一格式的数据文件，便于采集。

一般地，可以通过机器学习方法建立预测模型。典型的机器学习方法包括：决策树方法、人工神经网络、支持向量机、正则化方法。多维数据分析与OLTP是两类不同的应用，OLTP面对的是操作人员和低层管理人员，多维数据分析面对的是决策人员和高层管理人员。本章最后介绍了数据相关性分析和多元回归分析。

思考题

1. 数据仓库包含三个维：time，doctor和patient；两个度量：count和charge；其中，charge是医生对一位病人的一次来访的收费。

(1) 列举三种流行的数据仓库建模模式。

(2) 使用(1)列举的模式之一，画出上面数据仓库的模式图。

（3）由基本方体［day，doctor，patient］开始，为列出2000年每位医生的收费总数，应当执行哪些OLAP操作？

（4）为得到同样的结果，写一个SQL查询。假定数据存放在关系数据库中，其模式如下：

fee（day，month，year，doctor，hospital，patient，count，charge）

2. 假定数据仓库包含4个维：date，spectator，location和game；2个度量：count和charge。其中，charge是观众在给定的日期观看节目的付费。观众可以是学生、成年人或老人，每类观众有不同的收费标准。

（1）画出该数据仓库的星形模式图。

（2）由基本方体［date，spectator，location，game］开始，为列出2000年学生观众在GM-Place的总代价，应当执行哪些OLAP操作？

（3）对于数据仓库，位图索引是有用的。以该数据方为例，简略讨论使用位图索引结构的优点和问题。

3. 在数据仓库技术中，多维视图可以用多维数据库技术（MOLAP），或关系数据库技术（ROLAP）或混合数据库技术（HOLAP）实现。

（1）简要描述每种实现技术。

（2）对每种技术，解释如下函数如何实现：

① 数据仓库的产生（包括聚集）。

② 上卷。

③ 下钻。

④ 渐增更新。

你喜欢哪种实现技术？为什么？

4. 为估计山上积雪融化后对下游灌溉的影响，在山上建立一个观测站，测量最大积雪深度X与当年灌溉面积Y，测得连续10年的数据如表1所示。

表1　10年中最大积雪深度与当年灌溉面积的数据

序号	X/m	Y/hm²	序号	X/m	Y/hm²
1	5.1	1 907	6	7.8	3 000
2	3.5	1 287	7	4.5	1 947
3	7.1	2 700	8	5.6	2 273
4	6.2	2 373	9	8.0	3 113
5	8.8	3 260	10	6.4	2 493

（1）试画出相应的散点图，判断Y与X是否有线性关系；

（2）求出Y关于X的一元线性回归方程；

（3）对方程作显著性检验；

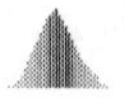

(4) 现测得今年的数据是 $X=7\text{m}$，给出今年灌溉面积的预测值和相应的区间估计（$\alpha=0.05$）。

5. 研究同一地区土壤含可给态磷的情况（Y），得到 18 组数据如表 2 所示。表中 X_1 为土壤内所含无机磷浓度，X_2 为土壤内溶于 K_2CO_3 溶液并受溴化物水解的有机磷，X_3 为土壤内溶于 K_2CO_3 溶液但不溶于溴化物水解的有机磷。

表 2　某地区土壤所含可给态磷的情况

序号	X_1	X_2	X_3	Y	序号	X_1	X_2	X_3	Y
1	0.4	52	158	64	10	12.6	58	112	51
2	0.4	23	163	60	11	10.9	37	111	76
3	3.1	19	37	71	12	23.1	46	114	96
4	0.6	34	157	61	13	23.1	50	134	77
5	4.7	24	59	54	14	21.6	44	73	93
6	1.7	65	123	77	15	23.1	56	168	95
7	9.4	44	46	81	16	1.9	36	143	54
8	10.1	31	117	93	17	26.8	58	202	168
9	11.6	29	173	93	18	29.9	51	124	99

(1) 求出 Y 关于 X 的多线性回归方程。

(2) 对方程作显著性检验。

(3) 对变量做逐步回归分析。

6. 分析培训课件里面的天气数据记录表，从中你看出了什么知识？

7. 为研究一些因素（如用抗生素、有无危险因子和实现是否有计划）对“剖腹产后是否有感染”的影响，表 3 给出的是某医院剖腹产后的数据，试用 logistic 回归模型对这些数据进行研究，分析感染与这些因素的关系。

表 3　某医院剖腹产后数据

抗生素	有无危险因子 / 有无感染 / 有无计划	事先有计划		临时决定	
		有感染	无感染	有感染	无感染
用抗生素	有危险因子没有	1	17	11	87
		0	2	0	0
不用	有危险因子没有	28	30	23	3
		8	32	0	9

第 2 篇　技术篇

4　大数据应用的相关技术

4.1　数据收集与预处理技术

4.1.1　数据收集技术

数据的收集是大数据应用的基础和核心，只有存储了大量数据信息，才能更好地实现信息的共享应用。而信息资源的收集涉及面宽、数量大、变化快，为了满足信息应用不断扩大的需求，建立一套符合实际情况的信息收集方案和方法很有必要。

1. 未电子化结构化的数据收集

未电子化结构化的数据是指目前依然存在于纸介质文件文档中的数据，主要是新产生的纸质的文件、报告和档案馆保存的历史档案、文件。需要按要求选择并录入计算机数据库。这类数据的录入基本上有两种方法：其一是电子扫描，其二是手工键入。

（1）手工录入文档数据。

手工录入文档数据就是把文档逐字键入计算机中。其中的插图需扫描，为保证准确率，录入过程需要多次检查。特点是：工作量大，差错率高且不易保持原貌，优点是文件格式可以设为 txt、doc 等，可以直接剪切、粘贴等编辑再利用。

编制数据录入程序直接把数据录入到数据库中，即由数据录入程序提供一个界面，让录入人员通过这个界面把数据录入到数据库中。一个优良的录入程序应当具备如下几个功能：

① 录入界面中字段出现的次序及排列要与被录入数据出现的次序一致。避免录入人员不断的前后翻阅、查找数据，降低录入速度和效率。

② 编程者要考虑录入数据的规律，尽可能提供数值选择，或通过下拉菜单、或通过栏目选择区，让录入者从中选取，避免出现不统一的简化名称、错别字、大小写等诸多差异。尤其是关键字段，一旦出现不同就会给今后的数据应用带来问题。

③ 对有上下关联的数据记录可以将上条记录带入新录入记录，以提供修改。比如：钻井液性能，钻时、井斜等数据，下一条记录和上一条记录有许多相同之处，在上条记录的基础

上修改就能很快形成新纪录，给录入人员减轻工作强度，提高工作效率。

④ 数据的自我校正功能。每一学科的数据都有其内在的规律，它们相互联系、相互制约，利用这些规律，在录入人员提交数据的时候，计算机程序自动校对，及时提出疑问，让录入人员马上复查更正，会大大节约工时，提高数据的准确率。

⑤ 好的适应性。一旦数据表出现调整，不用编程人员参与，数据录入人员自己重新定制一下界面就能解决问题。比如制作一个中间池，由使用人员自己定制所需字段和排列次序。这样也能及时调整程序编制时数据字段出现位置不当的问题，毕竟编程人员对数据的了解不及数据录入人员熟悉。编制数据录入程序的方法适用于数据还在前端页面，还没最终保存到后台计算机。此方法特点是便于推广，培训任务小，数据质量易于保证，缺点是增加了编程工作量。

⑥ 利用成熟工具，例如 Excel。该部分将数据键入 Excel 表后再导入数据库中。鉴于微软 Office 系统的普遍流行，将尚未录入计算机中的数据键入 Excel 表中，然后再编制相应程序将数据导入数据库就成了数据收集的一种方法。这种办法要求定义好 Excel 表格模板，每张表有几列，每列数据是什么格式，规定好数值型、文本型、日期型等。

录入数据时可以利用 Excel 的自带函数，设置两张表中相对单元格中数据的自动对比，用不同颜色显示两张表的数据异同，从而提高两人在同录相同的数据时数据录入质量。该办法编程量小，在录入人员熟悉 Excel 的前提下，培训工作量小，适合大批量集中录入数据，但是要求录入人员有自律性，不能改动数据列的数据格式。

(2) 电子扫描录入文档数据。

可以采用电子扫描录入文档数据：将原始文档用扫描仪扫描下来，整理后保存。方法是：首先根据文档的幅面（B5、A4、A3）选择扫描仪。当然颜色、分辨率也不是越高越好，经过试验，这里推荐：灰度模式、200DPI 、JPG 格式，而后转成 PDF 格式保存。扫描好的文件在保持清楚的前提下，其大小也算适中。如果用户追求真彩色、高分辨率，其扫描文件会几何级数变大，这不利于保存、管理和今后的查询调用。文档扫描和处理流程如图 4.1 所示。

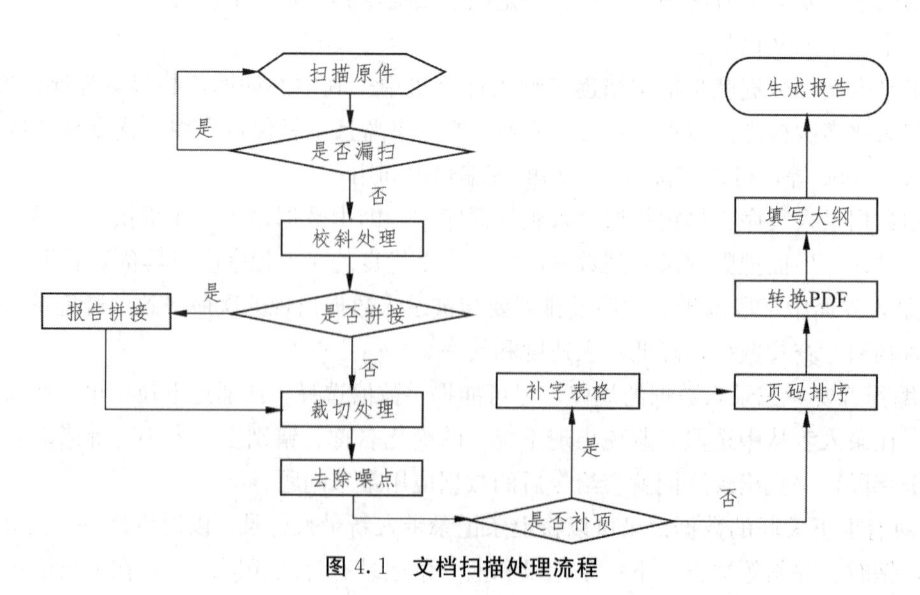

图 4.1　文档扫描处理流程

文档扫描后需要：校斜，对原始扫描件进行校斜处理；拼接，即对于插图等大幅面内容分开扫描再进行拼接；去噪、消蓝，去掉文档原稿中的蓝印、发黄等；填补缺失文字、表格，即老的、陈旧的档案，经常出现字迹不清、纸质破残、内容缺失等情况，需要有经验的专家进行补充处理。扫描处理的最终目标是：保持原貌，字迹、表格、图形能看清楚，不能出现错页、缺页。扫描处理的特点是保持原样，工作量相对较小，缺点是 PDF 等类型的文件格式不能做剪切、粘贴等编辑再利用。如果改成. doc 格式，则需要文字识别软件，但失去保持原貌的优势，增加了校对的工作量。

2. 电子化数据的收集

电子化文档数据是指那些保存在磁盘、光盘等非纸介质的文件、图形，其格式多为 . txt、. doc、. ppt、. pdf、. jpg 等。它们的收集就是要编目保存，大致字段包括：标题、生成日期、简要介绍（关键字）、作者和文档本身，以利于今后的查询和利用。

计算机信息化发展到今天，每个单位都有应用系统在运行。对工作对象进行描述的数据基本都已经进入计算机中，是电子化数据。新建系统是对已有系统的整合或扩充，除新增数据需要录入外，已有电子化数据只需导入即可。数据导入的前提是了解原库与目标库的结构，清楚两个数据库中的内容和格式，依据环境条件又分为以下几类：

（1）数据库之间导入数据，也就是说，数据源是一个在用的数据库，不管它是 Oracle、Sybase、Access、Fox pro 或其他类型，只要给出读取权限，主要任务就是了解其内容、结构，选取需要的表、字段，编程将数据读取过来，然后存入目标数据库中。因为数据在原库中就有确定的类型、长度及命名，所以只要不出现张冠李戴的程序错误，数据就会成功导入。

数据库之间的数据传导又分为一次性导入和持续性导入。顾名思义，一次性导入属于把所有数据一次导入到目标库，今后不再做导入工作。而持续性导入就是今后还会定期地做数据导入工作，这时程序就要设置触发点，要求根据具体情况设定手工执行，还是由计算机自动运行。自动运行需要设定每天还是每周的某个时刻开始由计算机自动运行导入程序，需要增加判断，判断哪些是新增加的需要导入的数据，哪些是已经有的老数据不需导入。

（2）Excel 表中数据的导入。将存在于 Excel 表中的数据导入指定的数据库中。考虑到 Excel 表中的数据有很大的随意性，即每个单元格的数据类型格式可以互不相同，不管是否同列、或同行，同一列中，上一单元格可能是数值型，下一单元格就可能是字符型，或者日期型，甚至会出现一个单元格中有两个数据，比如“XX. XX－XX. XX”。因为早先设计表时不可能考虑后期的数据传导，其表格就不会像新录数据一样设置统一、标准的模板，所以需要在数据导入前进行数据审查，人机联作，发现问题及时调整，直到每一列都统一成一个类型。其后的数据传导就是和数据库中数据的对接了。

如果不进行数据审查直接导入数据，程序运行中会经常报错，甚至将变形的数据导入数据库中，形成数据错误。审查数据应格外关注数值列出现字符，比如产量，平常是数值 XX 吨，突然出现一个“少量”字符等。

数据收集是与企业结合最紧密的工作之一，所以要尽可能地方便使用者，企业的组织和工序在这变革的年代也是经常变动的，所以程序一定要灵活、可调整。为了程序更有生命力，编程语言应当选用企业维护者更熟悉的，以方便企业人员自己修改、提升。

3. Packet sniffer 技术

Packet sniffer 即包嗅探技术，它是通过侦听从 Web 服务器发送的数据包来获得企业网站中蕴涵的数据。Packet sniffer 技术可以：

（1）通过侦听包可以还原每个 Web 服务器的内容，包括产品信息、用户访问过的信息、用户的基本信息等，因此可以获得比 Web 日志中更多的内容。

（2）可以作为独立的第三方应用程序部署在 Web 服务器端，不需要改动现有的应用架构。

4. 在应用服务器端收集数据

基于以上三种数据收集方法的缺陷，当前业界提出了一种新的方法，即在应用服务器端收集数据。首先应该先了解多层应用框架的概念，它是针对 C/S 模式两层应用框架提出的。在多层（四层）结构的 Web 技术中，数据库不是直接向每个客户机提供服务，而是与 Web 服务器沟通，实现了对客户信息服务的动态性、实时性和交互性。这种功能是通过诸如 CGI、ISAPI、NSAPI 以及 Java 创建的服务器应用程序实现的。基于四层应用框架示意图如图 4.2 所示。

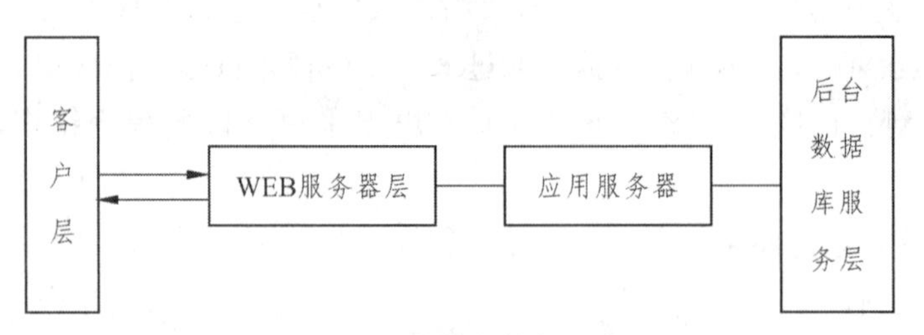

图 4.2　四层应用构架示意图

Web 服务器可以解析 HTTP 协议。当 Web 服务器接收到一个 HTTP 请求，会返回一个 HTTP 响应，例如送回一个 HTML 页面。为了处理一个请求，Web 服务器可以响应一个静态页面或图片进行页面跳转，或者把动态响应的产生委托给一些其他的程序，例如 CGI 脚本、JSP（Java Server Pages）脚本、Servlets，ASP（Active Server Pages）脚本、服务器端 Javascript，或者一些其他的服务器端技术。无论它们（脚本）的目的如何，这些服务器端的程序通常产生一个 HTML 网页反馈给客户层的浏览器。然后由应用程序服务器（The Application Server）通过各种协议，包括 HTTP 协议，把商业逻辑暴露给客户端应用程序。Web 服务器主要是处理向客户层浏览器发送 HTML 以供浏览，而应用程序服务器提供访问商业逻辑的途径以供客户端应用程序使用。应用程序使用该商业逻辑就像调用对象的一个方法（或过程语言中的一个函数）一样。在大多数情形下，应用程序服务器是通过组件的应用程序接口（API）把商业逻辑暴露给客户端应用程序。此外，应用程序服务器可以管理自己的资源，例如安全、事务处理、资源池和消息。

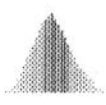

如图4.3所示构建了一个简单的基于用户会话的数据收集实现方法，它实现了从应用服务器端收集数据，以对用户的访问数据做出了全面的采集和分析。该模型包括数据收集、数据预处理、数据存储、模式发现、模式分析利用及客户6个层次。

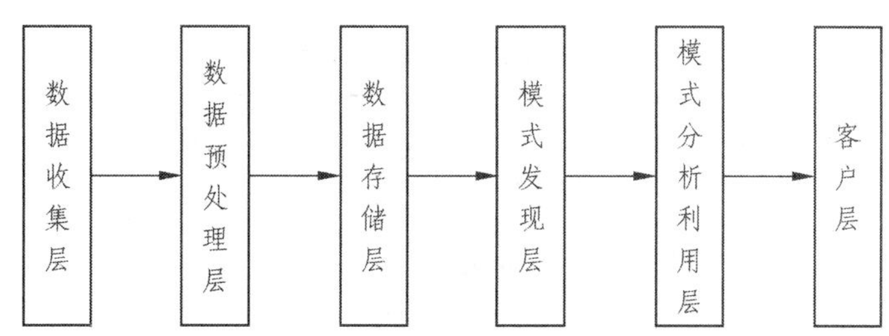

图4.3 基于用户会话的数据挖掘模型

（1）数据收集层：将数据收集机制和应用服务器相集成，在应用服务器端收集数据。需要收集的信息有：顾客的账号、姓名、电话、性别、等级等；顾客的购物订单数据；商品信息；购物车上商品信息；用户对产品的评价；访问路径信息；检索时的关键字信息等。

（2）数据预处理层：实现对数据收集层所采集的原数据进行处理，其中包括数据仓库的建立。数据预处理是为数据挖掘所做的前期准备，主要包括数据清理、数据集成、数据变换、数据归约等。

（3）数据存储层：经过处理后的数据由数据存储层进行保存和管理。面向企业网站的Web挖掘应用系统主要有三类存储方式，关系数据库、数据仓库和事务数据库。

（4）模式发现层：首先运用数据挖掘技术把顾客的购物习惯、兴趣和爱好等特征存入模型库，然后运用神经网络、决策树、统计学等方法来建立模型。

（5）模式分析利用层：它由个性化网站及商业智能两部分组成。其中商业智能常用的模式分析技术有：可视化技术、联机分析处理、数据挖掘查询语言。商业智能的服务对象是商家的决策层，数据挖掘的结果可以帮助他们了解客户，调整战略，改进促销手段，从而达到赢得竞争的目的。

（6）客户层主要实现用户浏览和商家决策支持，其结构简单。

4.1.2 数据存储技术

Internet的广泛应用和互联网技术的蓬勃发展，推动了全球化电子商务、大型门户网站和无纸化办公的大规模开展。在各种应用系统的存储设备上，信息正以数据存储的方式高速增长着，不断推进着全球信息化的进程。在这一进程中企业对于应用数据要尽可能实现365×24的高可用性，随之而来的是海量存储需求在不断增加。虽然文件服务器和数据库服务器存储容量在不断扩充，可还是会碰到空间在成倍增长，用户仍会抱怨容量不够用的情况，也正是用户对数据存储空间需求的不断增加，推动着海量数据存储技术发生革命性变化。

1. 海量数据存储种类

海量存储介质分为磁带、磁盘和光盘三大类，由这三种介质分别构成的磁带库、磁盘阵列、光盘库三种主要存储设备。三种不同的存储介质具有不同的数据存储特点，如表4.1所示。

表4.1 存储介质种类及特点

种类＼特点	介质优点	介质缺点	数据存取速度	应用环境
磁带	容量大、保存时间长	数据顺序检索，定位时间长	慢	海量数据的定期备份
磁盘	数据读取、写入速度快，操作方便	发热量大、噪声大、硬盘易损	很快	海量数据的即时存取
光盘	单位存储容量成本低、携带方便，数据查询时间短	表面易磨损、寿命短	快	海量数据的在线访问和离线存储

（1）磁带存储主要有数码音频磁带（Digital Audio Tape ，DAT）、先进智能磁带（Advanced Intelligent Tape，AIT）、开放线性磁带（Linea：Tape-Open，LTO）、数字线性磁带（Digital Linea r Tape，DLT）、超级数字线性磁带（Super Digital Linear Tape，SDLT）五种。

随着制造技术和生产工艺的不断改进，磁带将被做得越来越小，但存储能力越来越大，因此磁带库所占空间将不断减小。

（2）磁盘阵列海量存储。磁盘阵列又称为廉价磁盘冗余阵列（Redundant Array of Inexpensive Disks，RAID），是指使用两个或两个以上同类型、容量、接口的磁盘，在磁盘控制器的管理下按照特定的方式组成特定的磁盘组合，从而能快速、准确和安全地读写磁盘数据。磁盘阵列把多个硬盘驱动器连接在一起协同工作，提高了存取速度，同时把磁盘系统的可靠性提高到接近无错的等级，因此磁盘阵列是一种安全性高、速度快、容量大的存储设备。

磁盘阵列不仅提高数据的可用性及存储容量，而且使得数据存取速度快、吞吐量大，从而避免硬盘故障所带来的灾难后果，能够有效地避免出现一个或多个磁盘损坏时数据丢失，并能够在更换损坏磁盘后快速恢复原有数据，保证系统数据的高可靠性。

（3）光盘海量存储。光盘上的记录信息不易被破坏，具有存储密度高、容量大、检索时间短、易于拷贝复制、保存时间长、应用领域广等诸多优点，因此光盘海量存储技术被大量应用。

① 盘存储容量。12CM光盘的存储容量在数年内成倍增长，从CD700 M/ 80 Min音视频或数据内容到DVD存储的4.7 G或2小时15分钟的MPEG-2电影（见表4.2、表4.3），以及HD-DVD、Blue-ray可以存储至少22G的BS数字广播内容（见表4.4）。

表 4.2 CD 光盘容量

种类＼说明	存储音视频时长	容量	保存时间
CD-R	80 Min	700 M	70 年～100 年
CD-RW	74 Min	650 M	30 年～50 年

表 4.3 DVD 光盘容量

名称	激光种类	盘片种类	容量
DVD	红色激光	单面单层 DVD-5	4.7 GB
		单面双层 DVD-9	8.5 GB
		双面单层 DVD-10	9.4 GB
		双面双层 DVD-18	17 GB

表 4.4 下一代 DVD 光盘容量

说明＼种类	DVD	HD-DVD (Read-Only)	HD-DVD (Rewritable)	Blu-ray Disc (Rewritable)
波长	650 nm	405 nm	405 nm	405 nm
单层容量	4.7 G	15 G	20 G	25 G
双层容量	8.5 G	30 G	40 G	50 G

② 光盘海量存储形式。单张光盘的存储容量从 CD 盘片的几百兆到最新的蓝光 DVD 几十 G，这样的容量对于海量信息存储系统来讲是远远不够的，要想获得海量的数据存取，就必须将大量存储不同信息的几十、上百甚至上千张光盘组合起来使用。光盘存储的主要形式有以下几种：光盘塔（CD/DVD Tower）、SCSI 光盘塔（SCSI CD/DVD Tower）、网络光盘塔、光盘库（Optical Juke-box）、光盘镜像服务器（Network CD/DVD Mirror Server），如表 4.5 所示，其中光盘网络镜像服务器是一种网络附加存储设备，代表了光盘库的发展方向。

表 4.5 三种光盘设备的性能比较表

光盘类型	访问速度	容量	成本	同时共享使用的用户数	应用环境
光盘塔	中等	小	较高	少	片库
光盘库	慢	较大	最高	少	图书馆、信息检索中心
光盘镜像服务器	很快	最大	最低	多	多种网络环境

③ 光盘存储技术发展趋势。随着光存储技术的发展，光盘产品不断系列化，光盘产品从 CD-ROM 光盘，到 DVD-ROM 以及 DVD-RAM 光盘，其应用领域越来越广泛，不仅满足海量数据的存储，还能实现一些基本的离线备份功能。

2. 海量存储模式

海量的数据存储需要系统具有良好的数据容错性能和系统稳定性，在发生部分数据错误时，系统可以在线恢复和重建数据，而不影响系统的正常运行。存储早期采用大型服务器存储，基本都是以服务器为中心的处理模式，使用直连存储（Direct Attached Storage，DAS），而存储设备（包括磁盘阵列、磁带库、光盘库等）作为服务器的外设使用。

随着网络技术的发展，服务器之间交换数据或向磁带库等存储设备备份时，都是通过局域网进行，这时主要应用网络附加存储技术来实现网络存储，但这将占用大量的网络开销，严重影响网络的整体性能。为了能够共享大容量、高速度存储设备，并且不占用局域网资源的海量数据传输和备份，就需要专用存储网络来实现。这种网络不同于传统的局域网和广域网，服务器可以单独的或者以群集的方式接入存储区域网，它是将所有的存储设备连接在一起构成存储局域网络。

3. 海量数据虚拟存储技术

很多企业由于历史因素不得不面对各种各样的异构存储设备。由于生产存储系统的厂商不同，存储设备型号也会不同，同时服务器操作平台更不相同。虚拟存储就是整合各种存储物理设备为一个整体，从而实现在公共控制平台下集中存储资源，统一存储设备的管理，方便用户的数据操作，简化复杂的存储管理配置，使系统提供完整、便捷的数据存储功能。

虚拟存储技术是在用户操作系统看到的存储设备与实际物理存储设备之间搭建了一个虚拟的操作平台，这样从应用程序一直到最终的数据端都可以实施虚拟存储。虚拟化技术的最终功能可以在服务器、网络和存储设备这三个层面上实现，即主机、网络和存储设备三个部分都可实施虚拟存储。

虚拟存储将所有的存储资源在逻辑上映射为一个整体，对用户来说单个存储设备的容量、速度等物理特性可以被忽略，无论后台的物理存储是什么设备，服务器及其应用系统得到的都是客户熟悉的存储设备的逻辑映像，系统管理员不必关心后台存储过程，只需管理存储空间，这样所有的存储管理操作，如系统升级、改变 RAID 级别、初始化逻辑卷、建立和分配虚拟磁盘、存储空间扩容等均比从前更容易实现，这样存储管理的复杂性被极大简化。

4. 海量数据存储未来趋势

在存储介质方面，磁盘、光盘、磁带作为数据存储的主要载体，会向着小型化、大容量、高速读写、高可靠性发展。三种主要存储介质还可能同时存在一段时间，随着科技的进步与发展，全新的存储介质也许会很快出现。

随着数据容量的不断增长，海量存储功能的需求会不断出现，包括管理以及数据保护等等方面。但不论是采用何种存储介质和存储技术，数据存储发展的趋势都将是基于管理方便、简单易用和不断降低成本的原则来实现数据存储的更大容量、更高速度和更高的可靠性能。

4.1.3 数据预处理技术

从海量的数据中挖掘出有价值的信息，实现“普通数据→信息→知识”的飞跃，数据预处理技术发挥了不可或缺的作用。因为在数据挖掘过程中，数据库通常会因为数据量过大、来自异构数据源等原因，而使得挖掘的过程受到数据缺损、数据杂乱、数据含噪声等“脏数据”的影响，如表 4.6 所示。只有进行数据预处理，才能使数据挖掘的结果能够更加有效，为用户提供干净、准确、简洁的数据。

表4.6　“脏数据”产生的主要原因

原因	描　述
数据缺损	数据记录中的属性值丢失或不确定；缺少必要的数据；数据记录中的信息模糊
数据杂乱	原始数据缺乏统一标准和定义，数据结构也不尽相同，各系统之间的数据不能直接融合使用；各系统间存在大量的冗余信息
数据含有噪声	数据中包含很多错误或孤立点值，其中相当一部分孤立点值是垃圾数据

数据预处理主要理解用户的需求，确定发现任务，抽取与发现任务相关的知识源。根据背景知识中的约束性规则，对数据进行检查，通过清理和归纳等操作生成供挖掘核心算法使用的目标数据。数据预处理一般包括数据清洗、数据集成、数据变换和数据归约几个步骤。

1. 数据清洗

数据清洗是指去除源数据集中的噪声数据和无关数据，处理遗漏数据和清洗脏数据，去除空白噪声，考虑时间顺序和数据变化等。主要包括处理噪声数据、处理空值、纠正不一致数据等。

（1）处理噪声数据。数据挖掘中的噪声数据指的是因随机错误或偏差产生的一些不正确的数据。产生噪声数据的原因主要有错误的数据收集手段、数据输入问题、数据传输问题、技术限制以及命令习惯的不一致等。常见的噪声数据处理方法有分箱技术、聚类技术、计算机和人工结合、线性回归等。

（2）处理空值。很多原因都可能导致空值的产生。比如设备故障，与其他记录数据的不一致而导致被删除，数据因为被误解而未被输入，某些数据在输入的时刻被认为是不重要的，以及没有注册历史或者数据改变了等原因都可能导致空值的产生。常见的空值处理方法有忽略元祖，人工填写空值，使用属性的平均值填充空缺值，使用与给定元祖同类样本平均值填写空值，使用最可能的值填充空缺数据等。

（3）纠正不一致数据。用于挖掘的数据可能来自多个实际系统，因而存在异构数据转换问题。另外，多个数据源的数据之间还存在许多不一致的地方，如命名、结构、单位、含义等，这需要自动或手工加以规范，来将数据标准化成具有相同格式的结构或过程。常见的方法有：Sorted-Neighborhood：根据用户的定义对整个数据集进行排序，将可匹配的数据记录进行多次排序，以提高匹配结果的准确性；Fuzzy Match /Merge：将规范化处理后的数据记录进行两两比较，并根据一些模糊的策略合并两两比较的结果。

（4）数据简化。数据简化是在对噪声数据、无关数据等“脏数据”的清洗基础上，基于对挖掘任务和数据特征的理解，进一步优化数据项，以缩减数据规模，从而在尽可能保持原貌的前提下最大限度地精简数据量。数据简化的途径主要有如下两条。

① 通过寻找相关在取值无序且离散的属性之间依赖关系，确定某个特定属性对其他属性依赖的强弱并进行比较。通过属性选择能够有效地减少属性，降低知识状态空间的维数。主成分分析的属性选择方法如下：

根据事先指定的信息量（一般是方差最大的是第一主成分），确定主成分分析的层级属性。属性选择主要包括对属性进行剪枝、并枝、找相关等操作。通过剪枝去除对发现任务没有贡献或贡献率低的属性域；通过并枝对属性主成分分析，把相近的属性进行综合归并处理。

② 奇异值分解（Singular Value Decomposition，SVD），是线性代数中矩阵分解的方法。假如有一个矩阵 A，对它进行奇异值分解，可以得到三个简化矩阵：将数据集矩阵（$M*N$）分解成 U（$M*M$）、E（$M*N$）、V（$N*N$）。在相似度矩阵计算过程中，通过 SVD 把数据集从高维降到低维，能够简化数据，去除噪声，减少计算量，提高算法结果。

2. 数据集成

数据集成是将多文件或多数据库运行环境中的异构数据进行合并处理，将多个数据源中的数据结合起来存放在一个一致的数据存储中。常见的数据集成方法有模式集成、数据复制以及这两种方法的融合等。

（1）模式集成。模式集成的基本思想是：将各数据源的数据视图集成为全局模式，使用户能够按照全局模式透明地访问各数据源的数据。全局模式描述了数据源共享数据的结构、语义及操作等，用户直接在全局模式的基础上提交请求，由数据集成系统处理这些请求，转换成各个数据源在本地数据视图基础上能够执行的请求。模式集成方法的特点是直接为用户提供透明的数据访问方法。

模式集成要解决两个基本问题：一是如何构建全局模式与数据源数据视图间的映射关系；二是如何处理用户在全局模式基础上的查询请求。模式集成过程需要将原来异构的数据模式做适当地转换以消除数据源之间的异构性，以映射成全局模式。

（2）数据复制。数据复制方法是将各个数据源的数据复制到与其相关的其他数据源上，并维护数据源整体上的数据一致性，提高信息共享利用的效率。数据复制方法主要有以下两种：

① 数据传输方式。它是指数据在发布数据的源数据源和订阅数据的目标数据源之间的传输形式，可以分为数据推送和数据拉取。数据推送是指源数据源主动将数据推送到目标数据源上；数据拉取是指目标数据源主动向源数据源发出请求，从源数据源中获取数据到本地。

② 数据复制触发方式。集成系统通常预先定义一些事件，如对数据发布端引起的数据变化的某个操作、数据发布端数据缓存积累到一定批量、用户对某个数据源发送访问请求、具有一定间隔的时间点等。当这些事件被触发时执行相应的数据复制。常见的数据复制触发方式按事件定义的不同分为数据变化触发、批量触发、客户调用触发、定时触发等方式。

（3）两种数据集成方法的比较与融合。对比模式集成与数据复制两种方法，它们各有优缺点，适用于不同的情况，如表 4.7 所示。

表 4.7　两种数据集成方法的比较

说明 \ 集成方法	模式集成	数据复制
适用情况	被集成系统规模大；数据更新频繁；数据实时一致要求高；数据机密性要求较高	数据源相对稳定；数据源分布较广；网络延迟大；数据备份
优点	实时一致性好；透明度高	执行效率高；网络依赖性弱
缺点	执行效率低；网络依赖性强；算法复杂	实时一致性差

为了突破两种方法的局限性，将这两种方法混合在一起使用，称为综合方法。综合方法通常是想办法提高基于中间件的性能，该方法仍用虚拟的数据模式视图供用户使用，同时能够对数据源间常用的数据进行复制。对于用户简单的访问请求，综合方法总是尽力通过数据复制方式，在本地数据源或单一数据源上实现用户的访问需求；而对于那些复杂的用户请求，无法通过数据复制方式实现时，才使用虚拟视图方式。

3. 数据变换

数据变换是通过数学变换方法将数据转换成适合挖掘的形式。数据变换方法主要包括：① 平滑变换。主要通过采用分箱技术、聚类技术、线性回归等方法去除数据中的噪声。② 聚集变换。对数据进行汇总和聚集。③ 属性构造。通过现有属性构造新的属性。④ 数据泛化。使用概念分层，用高层概念替换低层或“原始”数据。⑤ 规范化。将属性数据按比例缩放，使之落入一个小的特定区间。常见的规范化方法有最小－最大规范化、z-score 规范化和按小数定标规范化。

4. 数据规约

数据规约就是在减少数据存储空间的同时，尽可能保证数据的完整性，从而获得比原始数据小得多的数据。对规约数据的挖掘所耗费的系统资源会明显减少，挖掘的效率也会更高。常见的规约方法有：① 维归约。通过删除不相关的属性（维）来减少数据量。如果用户在数据简化过程中已经做了属性选择操作，则此时的维归约操作可从简。② 数据压缩。通过对数据的压缩或重新编码，得到比原数据占用空间更小的新数据格式。③ 数值规约。通过选择数值较小或替代的表示方式来减少数据量。

4.2　常用数据挖掘方法

4.2.1　分　类

分类是一种重要的数据分析形式，它提取刻画重要数据并利用这些数据建立模型。这种模型称为分类器，预测分类的（离散的、无序的）类标号。例如，我们可以建立一个分类模型，把银行贷款申请划分为安全的或者危险的。这种分析可以让我们更好地规避风险。研究机器学习、模式识别和统计学方面的学者已经提出了很多分类和预测的方法。分类有大量的应用，如欺诈检测、目标营销、性能预测和医疗诊断等。

1. 分类的概念

银行贷款员需要分析数据，以便搞清哪些贷款申请者是“安全的”，银行的“风险”是什么。商店的销售经理需要分析数据，以便帮助他推测具有某些特征的顾客是否会购买计算机。医学研究人员希望分析乳腺癌数据，以便预测病人应当接受三种具体治疗方案中的哪种。在上面的每一个例子中，数据分析的任务都是分类（classification），都需要构建一个模型或分类器（classifer）来预测分类，如贷款申请数据是“安全的”或“危险的”，销售数据是“是”或“否”，医疗数据的“治疗方案 A”“治疗方案 B”或“治疗方案 C”。这些类别可以用离散值表示，其中值之间的次序没有意义。

2. 分类的一般方法

(1) 贝叶斯分类。

贝叶斯分类是利用贝叶斯公式，通过计算每个特征下分类的条件概率，来计算某个特征组合实例的分类概率，选取最大概率的分类作为分类结果。常见的贝叶斯分类器有 Naive Bayes、TAN、BAN、GBN 等方法。

下面介绍一种贝叶斯分类方法——朴素贝叶斯分类。

朴素贝叶斯分类定义如下：

① 设 $x=\{a_1, a_2, \cdots, a_m\}$ 为一个待分类项，而每个 a 为 x 的一个特征属性。

② 有类别集合 $C=\{y_1, y_2, \cdots, y_n\}$。

③ 计算公式：$P(y_1 \mid x)$，$P(y_2 \mid x)$，…，$P(y_n \mid x)$。

④ 如果 $P(y_k \mid x)=\max\{P(y_1 \mid x), P(y_2 \mid x), \cdots, P(y_n \mid x)\}$，则 $x \in y_k$。

那么现在的关键就是如何计算第 3 步中的各个条件概率。我们可以这么做：

① 找到一个已知分类的待分类项集合，这个集合叫作训练样本集。

② 统计得到在各类别下各个特征属性的条件概率估计：$P(a_1 \mid y_1)$，$P(a_2 \mid y_1)$，…，$P(a_m \mid y_1)$；$P(a_1 \mid y_2)$，$P(a_2 \mid y_2)$，…，$P(a_m \mid y_2)$；…；$P(a_1 \mid y_n)$，$P(a_2 \mid y_n)$，…，$P(a_m \mid y_n)$

③ 如果各个特征属性是条件独立的，则根据贝叶斯定理有如下推导：

$$P(y_i \mid x)=\frac{P(x \mid y_i)P(y_i)}{P(x)}$$

因为分母对于所有类别为常数，我们只要将分子最大化皆可。又因为各特征属性是条件独立的，所以有：

$$P(x \mid y_i)P(y_i)=P(a_1 \mid y_i)P(a_2 \mid y_i)\cdots P(a_m \mid y_i)P(y_i)=P(y_i)\prod_{j=1}^{m}p(a_j \mid y_i)$$

整个朴素贝叶斯分类分为三个阶段：

第一阶段——准备工作阶段：这个阶段是朴素贝叶斯分类的准备阶段。具体工作是确定特征属性并将每个特征属性划分到相应的分类里去，作为训练样本集合。人工分好类的文本就相当于这个训练样本集合。这一阶段需要人控制完成，并且特征属性、特征属性的划分和训练样本质量的好坏直接影响到最终分类的结果。

第二阶段——分类器训练阶段：这个阶段是生成分类器的机械性阶段，有很多的统计工作，不需要人控制。分类器自动计算每个类别在训练样本中的出现频率，以及每个特征属性划分对每个类别的条件概率估计，并记录其结果。整个过程可由机器通过相应公式自动计算完成。

第三阶段——应用阶段：这个阶段使用分类器对待分类项进行分类，直接输出最后的分类结果。该阶段由程序自动完成，不需要人控制。这个阶段需要对每个类别计算 $P(x \mid y_i)P(y_i)$ 并以 $P(x \mid y_i)P(y_i)$ 最大项作为 x 所属类别。

下面我们结合实际情况看一个例子。

某商店对于用户的个人资料与是否购买计算机有如下统计，如表 4.8 所示。

表 4.8　对用户是否购买计算机的结果统计表

ID	age	income	student	credit rating	Class：buys computer
1	youth	high	no	fair	no
2	youth	high	no	excellent	no
3	middle _ aged	high	no	fair	yes
4	senior	medium	no	fair	yes
5	senior	low	yes	fair	yes
6	senior	low	yes	excellent	no
7	middle _ aged	low	yes	excellent	yes
8	youth	medium	no	fair	no
9	youth	low	yes	fair	yes
10	senior	medium	yes	fair	yes
11	youth	medium	yes	excellent	yes
12	middle _ aged	medium	no	excellent	yes
13	middle _ aged	high	yes	fair	yes
14	senior	medium	no	excellent	no

这些用户可以被分为两个类别：设 y_1 对应于类 $buys\_computer=yes$，y_2 对应于类 $buys\_computer=no$。希望分类的元组为：

$$x=(age=youth,\ income=medium,\ student=yes,\ credit\_rating=fair)$$

需要最大化 $P(x \mid y_i)P(y_i)$，其中 $i=1, 2$。每个类的先验概率 $P(y_i)$ 可以根据训练元组计算：

$$P(buys\_computer=yes)=\frac{9}{14}=0.643$$

$$P(buys\_computer=no)=\frac{5}{14}=0.357$$

计算下面的条件概率：

$$P(age=youth \mid buys\_computer=yes)=\frac{2}{9}=0.222$$

$$P(age=youth \mid buys\_computer=no)=\frac{3}{5}=0.600$$

$$P(income=medium \mid buys\_computer=yes)=\frac{4}{9}=0.444$$

$$P(income=medium \mid buys\_computer=no)=\frac{2}{5}=0.400$$

$$P(student=yes \mid buys\_computer=yes)=\frac{6}{9}=0.667$$

P（$student=yes \mid buys\_computer=no$）$=\frac{1}{5}=0.200$

P（$credit\_rating=fair \mid buys\_computer=yes$）$=\frac{6}{9}=0.667$

P（$credit\_rating=fair \mid buys\_computer=no$）$=\frac{2}{5}=0.400$

利用上面的概率可以得出：

P（$x \mid buys\_computer=yes$）$=P$（$age=youth \mid buys\_computer=yes$）×
P（$income=medium \mid buys\_computer=yes$）×
P（$student=yes \mid buys\_computer=yes$）×
P（$credit\_rating=fair \mid buys\_computer=yes$）
$=0.222\times0.444\times0.667\times0.667=0.044$

同理可得：

P（$x \mid buys\_computer=no$）$=0.600\times0.400\times0.200\times0.400=0.019$

为了找出最大化 P（$x \mid yi$）P（yi）的类，计算：

P（$x \mid buys\_computer=yes$）$\mid P$（$buys\_computer=yes$）$=0.044\times0.643=0.028$

P（$x \mid buys\_computer=no$）$\mid P$（$buys\_computer=no$）$=0.019\times0.357=0.007$

因此，对于元组 x，朴素贝叶斯分类预测元组 x 的类别为 $buys\_computer=yes$。

（2）贝叶斯网络。

朴素贝叶斯分类假定类条件独立，即给定样本的类标号，属性的值可以条件地相互独立。这一假定简化了计算。当假定成立时，与其他所有分类算法相比，朴素贝叶斯分类是最精确的。然而，在实践中，变量之间的依赖可能存在。贝叶斯信念网络说明联合概率分布，它允许在变量的子集间定义类条件独立性。它提供一种因果关系的图形，可以在其上进行学习。这种网络也被称作信念网络、贝叶斯网络和概率网络。为简洁计，我们称它为信念网络。

信念网络由两部分定义。第一部分是有向无环图，其每个结点代表一个随机变量，而每条弧代表一个概率依赖。如果一条弧由结点 Y 到 Z，则 Y 是 Z 的双亲或直接前驱，而 Z 是 Y 的后继。给定其双亲，每个变量条件独立于图中的非后继。变量可以是离散的或连续值的。它们可以对应于数据中给定的实际属性，或对应于一个相信形成联系的"隐藏变量"（如医疗数据中的综合病症）。

图 4.4 给出了一个 6 个布尔变量的简单信念网络。弧表示因果知识。例如，得肺癌受其家族肺癌史的影响，也受其是否吸烟的影响。此外，该弧还表明：给定其双亲 FamilyHistory 和 Smoker，变量 LungCancer 条件地独立于 Emphysema。这意味，一旦 FamilyHistory 和 Smoker 的值已知，变量 Emphysema 并不提供关于 LungCancer 的附加信息。

定义信念网络的第二部分是每个属性一个条件概率表（CPT）。变量的 CPT 说明条件分布 P（$Z \mid Parents$（Z））。其中，$Parents$（Z）是 Z 的双亲。表 4.9 给出了 Lung Cancer 的每个值的条件概率。例如，由左上角和右下角，我们分别看到：

P（$LungCancer=$"yes"$\mid FamilyHistory=$"yes"）$=0.8$

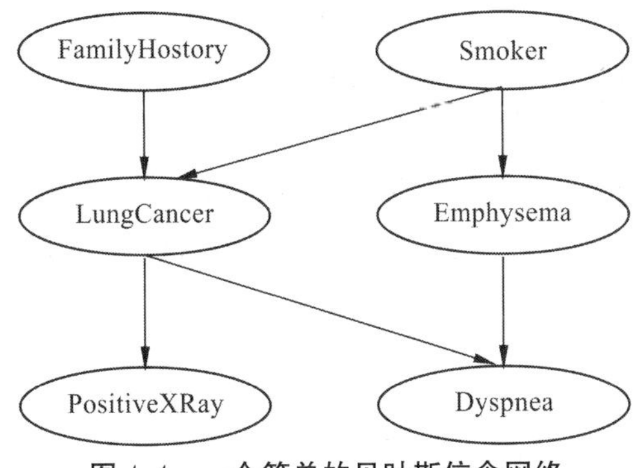

图 4.4 一个简单的贝叶斯信念网络

P（$LungCancer$ = "no" | $FamilyHistory$ = "no"，$Smoker$ = "no"）=0.9

表 4.9 变量 LungCancer（LC）值的条件概率表

值 变量	FH，S	FH，~S	~FH，S	~FH，~S
LC	0.8	0.5	0.7	0.1
~LC	0.2	0.5	0.3	0.9

对于属性或变量 Z_1，Z_2，…，Z_n 的任意元组（z_1，z_2，…，z_n）的联合概率由下式计算：

$$P(z_1, z_2, \cdots, z_n) = \prod_{i=1}^{n} P(z_i \mid parents(Z_i))$$

其中，$P(z_i \mid parents(Z_i))$ 的值对应于 Z_i 的 CPT 中的表目。

网络结点可以选作"输出"结点，对应于类标号属性。可以有多个输出结点。学习推理算法可以用于网络。分类过程不是返回单个类标号，而是返回类标号属性的概率分布，即预测每个类的概率。

在学习或训练信念网络时，许多情况都是可能的。网络结构可能预先给定，或由数据导出。网络变量可能是可见的，或隐藏在所有或某些训练样本中。隐藏数据的情况也称为遗漏值或不完全数据。

当网络结构给定，而某些变量是隐藏时，则可使用梯度下降方法训练信念网络。目标是学习 CPT 项的值。设 S 是 s 个训练样本 X_1，X_2，…，X_s 的集合，w_{ijk} 是具有双亲 $U_i = u_{ik}$ 的变量 $Y = y_{ij}$ 的 CPT 项。例如，如果 w_{ijk} 是表 5.11 左上角的 CPT 项，则 Y_i 是 LungCancer；y_{ij} 是其值"yes"；U_i 列出 Y_i 的双亲结点 {FamilyHistory，Smoker}；而 u_{ik} 列出双亲结点的值 {"*yes*"，"*yes*"}。w_{ijk} 可以看作权。权的集合记作 w。这些权被初始化为随机概率值。梯度下降策略采用贪心爬山法。在每次迭代中，修改这些权，并最终收敛到一个局部最优解。

基于 w 的每个可能设置都等可能的假定，该方法搜索能最好地对数据建模 w_{ijk} 值。目标是最大化 $p_w(S) = \prod_{d=1}^{s} P_w(X_d)$。这通过按 $\ln P_w(S)$ 梯度来做使得问题更简单。给定网络结构和 w_{ijk} 的初值，该算法按以下步骤处理：

① 计算梯度。

对每个 i、j、k 计算：

$$\frac{\partial \ln P_w(S)}{\partial w_{ijk}}=\sum_{d=1}^{s}\frac{P(Y_i=y_{ij},U_i=u_{ik}\mid X_d)}{w_{ijk}}$$

式右端的概率要对 S 中的每个样本 X_d 计算。为简洁计，我们简单地称此概率为 p。当 Y_i 和 U_i 表示的变量对某个 X_d 是隐藏时，则对应的概率 p 可以使用贝叶斯网络推理的标准算法，由样本的观察变量计算。

② 沿梯度方向前进一小步。

用下式更新权值：

$$w_{ijk}\leftarrow w_{ijk}+(l)\frac{\partial \ln P_w(S)}{\partial w_{ijk}}$$

其中，l 是表示步长的学习率，被设置为一个小常数。

③ 重新规格化权值。

由于权值 w_{ijk} 是概率值，它们必须在 0.0 和 1.0 之间，并且对于所有的 i、k，$\sum_j w_{ijk}$ 必须等于 1。在权值被上一步更新后，可以对它们重新规格化来保证这一条件。

（3）k-最临近分类。

k-最临近分类基于类比学习，其训练样本由 n 维数值属性描述，每个样本代表 n 维空间的一个点。这样，所有的训练样本都存放在 n 维模式空间中。给定一个未知样本，k-最临近分类法搜索模式空间，找出最接近未知样本的 k 个训练样本。这 k 个训练样本是未知样本的 k 个“近邻”。“临近性”用欧几里得距离定义。其中，两个点 $X=(x_1, x_2, \cdots, x_n)$ 和 $(y_1, y_2, \cdots, y_n)$ 的欧几里得距离是

$$d(X, Y)=\sqrt{\sum_{i=1}^{n}(x_i-y_i)^2}$$

未知样本被分配到 k 个最临近者中最公共的类。当 $k=1$ 时，未知样本被指定到模式空间中与之最临近的训练样本的类。

最临近分类是基于要求的或懒散的学习法；即，它存放所有的训练样本，并且直到新的（未标记的）样本需要分类时才建立分类。这与诸如判定树归纳和后向传播这样的急切学习法形成鲜明对比，后者在接受待分类的新样本之前构造一个一般模型。当与给定的无标号样本比较的可能的临近者（即，存放的训练样本）数量很大时，懒散学习法可能招致很高的计算开销。这样，它们需要有效的索引技术。正如所预料的，懒散学习法在训练时比急切学习法快，但在分类时慢，因为所有的计算都推迟到那时。与判定树归纳和后向传播不同，最临近分类对每个属性指定相同的权。当数据中存在许多不相关属性时，这可能导致混淆。

最临近分类也可以用于预测。即，返回给定的未知样本实数值预测。在此情况下，分类返回未知样本的 k 个最临近者实数值标号的平均值。

（4）支持向量机。

支持向量机是最大间隔分类器的一种，属于向量空间的机器学习方法。其基本原理是：如果训练数据是分布在二维平面上的点，它们按照其分类聚集在不同的区域。基于分类边界的分类算法的目标是，通过训练，找到这些分类之间的边界（直线的边界称为线性划分，曲线的边界称为非线性划分）。对于多维数据（如 N 维），可以将它们视为 N 维空间中的点，

而分类边界就是 N 维空间中的面，称为超面（超面比 N 维空间少一维）。线性分类器使用超平面类型的边界，非线性分类器使用超曲面。线性支持向量机是基于最大间隔法的。该问题是一个二次规划问题，使用拉格朗日函数合并优化问题和约束，再使用对偶理论，得到上述的分类优化问题。

方法描述如下：求分类面，使分类边界的间隔最大。分类边界是值从分类面分别向两个类的点平移，直到遇到第一个数据点。两个类的分类边界的距离就是分类间隔，如图 4.5 所示。

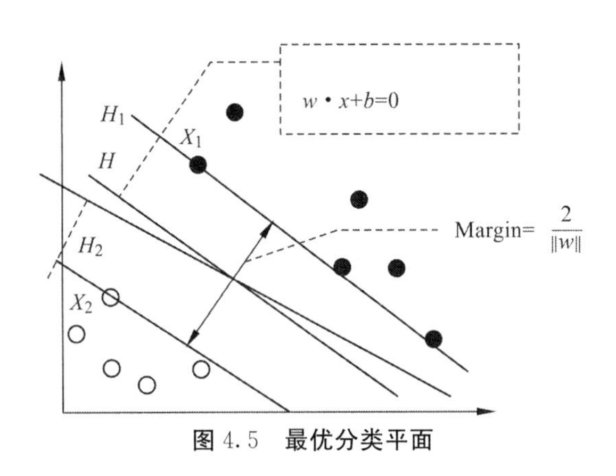

图 4.5　最优分类平面

分类平面表示为：$(w*x)+b=0$。注意，x 是多维向量。分类间隔的倒数为：$\frac{1}{2}\|w\|^2$。所以该最优化问题表达为

$$\min_{w,b}\frac{1}{2}\|w\|^2$$

$$\text{s.t.}\quad y_i((w*x_i)+b)\geqslant 1,\ i=1,2\cdots,l$$

其中的约束是指：要求各数据点 (x_i, y_i) 到分类面的距离大于等于 1。其中，y_i 为数据的分类。

4.2.2　主成分分析

1. 基本原理

主成分分析（Principal Component Analysis，PCA）是一种掌握事物主要矛盾的统计分析方法，它可以从多元事物中解析出主要影响因素，揭示事物的本质，简化复杂的问题。计算主成分的目的是将高维数据投影到较低维空间。给定 n 个变量的 m 个观察值，形成一个 $n\times m$ 的数据矩阵，n 通常比较大。对于一个由多个变量描述的复杂事物，可以用原有变量的线性组合来表示事物的主要方面，即 PCA。

PCA 的目标是寻找 r $(r<n)$ 个新变量，使它们反映事物的主要特征，压缩原有数据矩阵的规模。每个新变量是原有变量的线性组合，体现原有变量的综合效果，具有一定的实际含义。这 r 个新变量称为“主成分”，它们可以在很大程度上反映原来 n 个变量的影响，并

且这些新变量是互不相关的，也是正交的。通过主成分分析，压缩数据空间，将多元数据的特征在低维空间里直观地表示出来。例如，将多个时间点、多个实验条件下的基因表达谱数据（N维）表示为三维空间中的一个点，即将数据的维数从R^N降到R^3。

2. 计算步骤

PCA主要用于数据降维，假设将数据的维数从R^N降到R^3，具体的PCA分析步骤如下：

（1）第一步计算矩阵X的样本的协方差矩阵S：

$$S=\frac{1}{m-1}\sum_j (x_j-<x>)(x_j-<x>)^r$$

$$<x>=\frac{1}{m}\sum_j x_j$$

其中，$j=1, 2, \cdots, m$。

（2）第二步计算协方差矩阵S的本征向量e_1，e_2，…，e_N的本征值λ_i，$i=1, 2, \cdots, N$。本征值按大到小排序：$\lambda_1>\lambda_2>\cdots>\lambda_N$；

（3）第三步投影数据到本征矢量张成的空间（在线性代数中张成的空间，通常用$SPAN$（S）来表示。表示所有S的线性组合构成的集合。即S的张成空间，记作$SPAN$（S））之中，这些本征矢相应的本征值为λ_1，λ_2，λ_3。现在数据可以在三维空间中展示为云状的点集。

对于PCA，目标是减小r，降低数据的维数，以便于分析，同时尽可能少丢失一些有用的信息。

令λ_i代表第i个特征值，定义第i个主元素的贡献率为

$$\frac{\lambda_i}{\sum_{k=1}^{N}\lambda_k}=\frac{\lambda_i}{N}$$

前r个主成分的累计贡献率为

$$\frac{\sum_{k=1}^{r}\lambda_k}{\sum_{k=1}^{N}\lambda_k}=\frac{1}{N}\sum_{k=1}^{r}\lambda_k$$

贡献率表示所定义的主成分在整个数据分析中承担的主要意义占多大的比重，当取前r个主成分来代替原来全部变量时，累计贡献率的大小反映了这种取代的可靠性，累计贡献率越大，可靠性越大；反之，则可靠性越小。一般要求累计贡献率达到70%以上。

经过PCA分析，一个多变量的复杂问题被简化为低维空间的简单问题。

3. 实例分析——食品生产预测

为了对常用的100种食品的生产进行经营决策，需要就消费者对食品的嗜好程度进行调查。我们对785名消费者进行调查，要求每个消费者对100种食品进行评价，按对食品的喜好程度评分，最受欢迎的给予最高分9分，最不受欢迎的给予最低分1分。

假若你是该食品加工业决策部门的高级顾问，为了对食品生产做出合理决策，请你对调查资料进行分析，为决策者提供建议。

首先，将被调查者按性别与年龄分成10组。

以组为单位，在每组中每个成员都对100种食品给予评分，然后计算每组成员对每种食品评分的平均值，如表4.10所示。

表 4.10　每组成员对每种食品评分的平均值

食品	组号									
	1	2	3	4	5	6	7	8	9	10
1	7.8	5.4	3.9	3.5	3.0	8.1	6.0	5.4	3.8	2.5
2	1.6	2.8	4.4	4.0	3.5	6.2	7.2	7.5	7.0	9.0
3	⋮									
⋮	⋮									
⋮	⋮									
100	3.1	2.8	3.3	3.0	2.5	3.9	3.5	3.0	2.8	3.0

注：1～5 组表示男性，6～10 组表示女性。1～5，6～10 按年龄从小到大排序。

基于平均值，计算特征根、方差贡献率、累计方差贡献率，如表 4.11 所示。

表 4.11　特征根、方差贡献率、累计方差贡献率计算结果

特征向量	y_1	y_2	y_3
X_1	0.286	0.443	0.194
X_2	0.331	0.235	0.336
X_3	0.323	−0.172	0.442
X_4	0.299	−0.364	0.375
X_5	0.261	−0.509	0.123
X_6	0.309	0.409	−0.034
X_7	0.344	0.256	−0.171
X_8	0.348	0.036	−0.290
X_9	0.346	−0.164	−0.322
X_{10}	0.303	−0.267	−0.522
特征根	6.826	1.769	0.75
方差贡献率	68.26%	17.69%	7.5%
累计方差贡献率	68.26%	85.95%	93.45%

y_1 反映了公共平均嗜好程度，y_1 得分越大，表示大众越喜欢吃此食品。

y_2 反映了年龄的作用。y_2 得分为正时，表示孩子喜欢吃；y_2 得分为负时，表示孩子不喜欢吃。

y_3 反映性别的作用。y_3 得分为正时，表示男性喜欢吃；y_3 得分为负时，表示女性喜欢吃。表 4.12 显示了分析的结果。

表 4.12　统计分析结果表

<table>
<tr><td>特别喜欢吃的</td><td colspan="3">醋拌生鱼片、冰激凌</td></tr>
<tr><td rowspan="2">一般喜欢</td><td>人群</td><td>男性喜欢</td><td>女性喜欢</td></tr>
<tr><td>孩子
成人</td><td>咖喱饭
鸡蛋烩饭、炸猪排</td><td>炸肉饼、火腿面包
酸汤、大头鱼</td></tr>
<tr><td>一般不喜欢</td><td>孩子
成人</td><td>干咖喱、浓汤
煮牛肉、生蛋</td><td>饼干、带馅面包
酱面条、烧鱼</td></tr>
<tr><td>特别不喜欢</td><td colspan="3">菜粥、清汤</td></tr>
</table>

4.2.3　聚类分析

1. 基本概念

将物理或抽象对象的集合分组成为由类似的对象组成的多个类的过程被称为聚类。由聚类所生成的簇是一组数据对象的集合，同一个簇中的对象彼此相似，与其他簇中的对象相异。

在商业上，聚类能帮助市场分析人员从客户基本库中发现不同的客户群。在生物学上，聚类能用于推导植物和动物的分类，能对基因进行分类，获得对种群中固有结构的认识。

聚类分析多年来主要集中在基于距离的聚类分析，如基于 k-means（k-平均值）、k-medoids（k-中心）和其他一些方法。在机器学习领域，聚类是无指导学习的一个例子。与分类不同，聚类不依赖预先定义的类和训练样本。由于这个原因，聚类是通过观察学习，而不是通过例子学习。在概念聚类中，一组对象只有当它们可以被一个概念描述时才形成一个簇。这不同于基于几何距离来度量相似度的传统聚类。概念聚类由两个部分组成：发现合适的簇；形成对每个簇的描述。

2. 聚类算法的主要类型

主要的聚类算法可以划分为如下几类：

（1）划分方法：给定一个 n 个对象或元组的数据库，一个划分方法构建数据的 k 个划分，每个划分表示一个聚类，并且 $k \leqslant n$。也就是说，它将数据划分为 k 个组，同时满足如下的要求：每个组至少包含一个对象；每个对象必须属于且只属于一个组。

给定要构建的划分的数目 k，划分方法为：首先创建一个初始划分。然后采用一种迭代的重定位技术，尝试通过对象在划分间移动来改进划分。一个好的划分的一般准则是：在同一个类中的对象之间的距离尽可能小，而不同类中的对象之间的距离尽可能大。

（2）层次方法：层次方法是对给定数据集合进行层次分解。根据层次的分解如何形成，层次方法可以被分为凝聚的或分裂的方法。凝聚的方法，也称为自底向上的方法，一开始将每个对象作为单独的一个组，然后继续合并相近的对象或组，直到所有的组合并为一个（层次的最上层），或者达到一个终止条件。分裂的方法，也称为自顶向下的方法，一开始将所有的对象置于一个簇中。在迭代的每一步中，一个簇被分裂为更小的簇，直到最终每个对象

在单独的一个簇中，或者达到一个终止条件。

（3）基于密度的方法：绝大多数划分方法基于对象之间的距离进行聚类。这种方法只能发现球状的簇，而在发现任意形状的簇上遇到了困难。随之提出了基于密度的另一类聚类方法，其主要思想是：只要临近区域的密度（对象或数据点的数目）超过某个阈值，就继续聚类。也就是说，对给定类中的每个数据点，在一个给定区域中必须包含至少某个数目的点。这样的方法可以用来过滤“噪声”数据，发现任意形状的簇。

DBSCAN 是一个有代表性的基于密度的方法，它根据一个密度阈值来控制簇的增长。OPTICS 是另一个基于密度的方法，它为自动地、交互地聚类分析计算一个聚类顺序。

（4）基于网格的方法：基于网格的方法把对象空间量化为有限数目的单元，形成了一个网格结构。所有的聚类操作都在这个网格结构（即量化的空间）上进行。这种方法的主要优点是它的处理速度很快，其处理时间独立于数据对象的数目，只与量化空间中每一维的单元数目有关。

STING 是基于网格方法的一个典型例子。CLIQUE 和 WaveCluster 这两种算法既是基于网格的，又是基于密度的。

（5）基于模型的方法：基于模型的方法为每个簇假定了一个模型，寻找数据对给定模型的最佳匹配。一个基于模型的算法可能通过构建反映数据点空间分布的密度函数来定位聚类。它也基于标准的统计数字自动决定聚类的数目，考虑“噪声”数据和孤立点，从而产生健壮的聚类方法。

3. 常用聚类算法介绍

（1）典型的划分方法：k-means 和 k-medoids。

k-means 算法以 k 为参数，把 n 个对象分为 k 个簇，以使类内具有较高的相似度，而类间的相似度最低。相似度的计算根据一个簇中对象的平均值（被看作簇的重心）来进行。k-means 算法的处理流程：首先，随机地选择 k 个对象，每个对象初始地代表了一个簇中心。对剩余的每个对象，根据其与各个簇中心的距离，将它赋给最近的簇。然后，重新计算每个簇的平均值。这个过程不断重复，直到准则函数收敛。

k-medoids 聚类算法的基本策略是：首先为每个簇随意选择一个代表对象；剩余的对象根据其与代表对象的距离分配给最近的一个簇。然后反复地用非代表对象来替代代表对象，以改进聚类质量。聚类结果的质量用一个代价函数来估算，该函数评估了对象与其参照对象之间的平均相异度。为了判定一个非代表对象 Q_{random} 是否是当前一个代表对象 O_j 的好的替代，对于每一个非代表对象 p，下面的四种情况被考虑：

第一种情况：p 当前隶属于代表对象 O_j。如果 O_j 被 O_{random} 所代替，且 p 离 O_i 最近，$i \neq j$，那么 p 被重新分配给 O_i。

第二种情况：p 当前隶属于代表对象 O_j。如果 O_j 被 O_{random} 代替，且 p 离 O_{random} 最近，那么 p 被重新分配给 O_{random}。

第三种情况：p 当前隶属于 O_i，$i \neq j$。如果 O_j 被 O_{random} 代替，而 p 仍然离 O_i 最近，那么对象的隶属不发生变化。

第四种情况：p 当前隶属于 O_i，$i \neq j$。如果 O_j 被 O_{random} 代替，且 p 离 O_{random} 最近，那么

p 重新分配给 O_{random}。

（2）大规模数据库中的划分方法：从 k-medoids 到 CLARANS。

典型的 k-medoids 算法，如 PAM，它对小的数据集合非常有效，但对大的数据集合没有良好的可伸缩性。为了处理较大的数据集合，可以采用一个基于样本的方法 CLARA（Clustering Large Applications）。

CLARA 的主要思想是：不考虑整个数据集合，选择实际数据的一小部分作为数据的样本。然后用 PAM 方法从样本中选择代表对象。如果样本是以非常随机的方式选取的，它应当足以代表原来的数据集合。从中选出的代表对象很可能与从整个数据集合中选出的非常近似。CLARA 抽取数据集合的多个样本，对每个样本应用 PAM 算法，返回最好的聚类结果作为输出。如同人们希望的，CLARA 能处理比 PAM 更大的数据集合。每步迭代的复杂度现在是 $O(ks^2+k(n-k))$，s 是样本的大小，k 是簇的数目，而 n 是所有对象的总数。CLARA 的有效性取决于样本的大小。要注意 PAM 在给定的数据集合中寻找最佳的 k 个代表对象，而 CLARA 在抽取的样本中寻找最佳的 k 个代表对象。如果任何取样得到的代表对象不属于最佳的代表对象，CLARA 就不能得到最佳聚类结果。例如，如果对象 O_i 是最佳的 k 个代表对象之一，但它在取样的时候没有被选择，那 CLARA 将永远不能找到最佳聚类。

（3）CURE：利用代表点聚类。

绝大多数聚类算法或者擅长处理球形和相似大小的聚类，或者在存在孤立点时变得比较脆弱。CURE 解决了偏好球形和相似大小的问题，在处理孤立点上也更加健壮。CURE 采用了一种新的层次聚类算法，该算法选择了位于基于质心和基于代表对象方法之间的中间策略。它不用单个质心或对象来代表一个簇，而是选择了数据空间中固定数目的具有代表性的点。一个簇的代表点通过如下方式产生：首先选择簇中分散的对象，然后根据一个特定的分数或收缩因子向簇中心“收缩”或移动它们。在算法的每一步，有最近距离的代表点对（每个点来自一个不同的簇）的两个簇被合并。

每个簇有多于一个的代表点使得 CURE 可以适应非球形的几何形状。簇的收缩或凝聚有助于控制孤立点的影响。因此，CURE 对孤立点的处理更加健壮，而且能够识别非球形和大小变化较大的簇。对于大规模数据库，它也具有良好的伸缩性，而且没有牺牲聚类质量。

针对大数据库，CURE 采用了随机取样和划分两种方法的组合：一个随机样本首先被划分，每个划分被部分聚类。这些结果簇被聚类产生希望的结果。

下面的步骤描述了 CURE 算法的核心：

① 从源数据对象中抽取一个随机样本 S。

② 将样本 S 划分为一组分块。

③ 对每个划分局部聚类。

④ 通过随机取样剔除孤立点。如果一个簇增长得太慢，就去掉它。

⑤ 对局部的簇进行聚类。落在每个新形成的簇中的代表点根据用户定义的一个收缩因子 a 收缩或向簇中心移动。这些点描述和捕捉到了簇的形状。

⑥ 用相应的簇标签来标记数据。

（4）DENCLUE：基于密度分布函数的聚类。

DENCLUE（Density-based Clustering）是一个基于一组密度分布函数的聚类算法。该算法主要基于下面的想法：每个数据点的影响可以用一个数学函数来形式化模拟，该函数描述了一个数据点在邻域内的影响，被称为影响函数（influence function）；数据空间的整体密度可以被模拟为所有数据点的影响函数的总和；聚类可以通过确定密度吸引点（density attractor）来得到，这里的密度吸引点是全局密度函数的局部最大值。

（5）STING：统计信息网格（Statistical Information Grid）。

STING是一个基于网格的多分辨率聚类技术，它将空间区域划分为矩形单元。针对不同级别的分辨率，通常存在多个级别的矩形单元，这些单元形成了一个层次结构：高层的每个单元被划分为多个低一层的单元。关于每个网格单元属性的统计信息（如平均值、最大值和最小值）被预先计算和存储。这些统计变量可以方便查询处理使用。

（6）神经网络方法。

神经网络方法将每个簇描述为一个模型。模型作为聚类的“原型”，不一定对应一个特定的数据例子或对象。根据某些距离函数，新的对象可以被分配给与模型最相似的簇。被分配给一个簇的对象的属性可以根据该簇的模型的属性来预测。

4.2.4 关联规则

关联规则挖掘用于发现大量数据中项集之间有趣的关联或相关联系。关联规则挖掘的一个典型例子是购物篮分析。关联规则研究有助于发现交易数据库中不同商品（项）之间的联系，找出顾客购买行为模式，如购买了某一商品对购买其他商品的影响。分析结果可以应用于商品货架布局、货存安排以及根据购买模式对用户进行分类。

1. 基本概念

设 $I=\{i_1, i_2, \cdots, i_m\}$ 是项集，其中 i_k（$k=1, 2, \cdots, m$）可以是购物篮中的物品，也可以是保险公司的顾客。设任务相关的数据 D 是事务集，其中每个事务 T 是项集，使得 $T\subseteq I$。设 A 是一个项集，且 $A\subseteq T$。

关联规则是如下形式的逻辑蕴涵：$A\Rightarrow B$，$A\subset I$，$B\subset I$，且 $A\cap B=\phi$。关联规则具有如下两个重要的属性：

支持度：$P(A\cup B)$，即 A 和 B 这两个项集在事务集 D 中同时出现的概率。

置信度：$P(B|A)$，即在出现项集 A 的事务集 D 中，项集 B 也同时出现的概率。

同时满足最小支持度阈值和最小置信度阈值的规则称为强规则。给定一个事务集 D，挖掘关联规则问题就是产生支持度和可信度分别大于用户给定的最小支持度和最小可信度的关联规则，也就是产生强规则的问题。

2. 经典的频集算法

Agrawal等于1994年提出了一个挖掘顾客交易数据库中项集间的关联规则的重要方法，其核心是基于两阶段频集思想的递推算法。该关联规则在分类上属于单维、单层、布尔关联规则。

所有支持度大于最小支持度的项集称为频繁项集，简称频集。

该算法首先找出所有的频集，这些项集出现的频繁性至少和预定义的最小支持度一样。然后由频集产生强关联规则，这些规则必须满足最小支持度和最小可信度。

为了生成所有频集，得使用递推方法。其核心思想简要描述如下：

(1) L_1= {large 1-itemsets}；

(2) for (k=2；$L_{k-1} \neq \phi$；k++) do begin

(3) C_k=aprior-gen (L_{k-1})；//新的候选集

(4) for all transactions $t \in D$ do begin

(5) C_t=subset (C_k，t)；//事务 t 中包含的候选集

(6) for all candidates $c \in C_t$ do

(7) c. count++；

(8) end

(9) L_k= $\{c \in C_k \mid c.count \geq minsup\}$

(10) end

(11) Answer=$\cup_k L_k$；

首先产生频繁 1-项集L_1，然后是频繁 2-项集L_2，直到有某个 r 值使得L_r 为空，这时算法停止。这里在第 k 次循环中，过程先产生候选 k-项集的集合C_k，C_k 中的每一个项集是对两个只有一个项不同的属于L_{k-1}的频集做一个 ($k-2$) -连接来产生的。C_k 中的项集是用来产生频集的候选集，最后的频集 L_k 必须是 C_k 的一个子集。C_k 中的每个元素需在交易数据库中进行验证来决定其是否加入L_k，这里的验证过程是算法性能的一个瓶颈。这个方法要求多次扫描可能很大的交易数据库，即如果频集最多包含 10 个项，那么就需要扫描交易数据库 10 遍，这需要很大的 I/O 负载。

可能产生大量的候选集，以及可能需要重复扫描数据库，是 Apriori 算法的两大缺点。

为了提高算法的效率，Mannila 等引入了修剪技术来减小候选集 C_k 的大小，由此可以显著地改进生成所有频集的算法的性能。算法中引入的修剪策略基于这样一个性质：一个项集是频集当且仅当它的所有子集都是频集。那么，如果 C_k 中某个候选项集有一个 (k-1) -子集不属于 L_{k-1}，则这个项集可以被修剪掉不再被考虑，这个修剪过程可以降低计算所有的候选集的支持度的代价。

3. 多层关联规则挖掘

对很多应用来说，由于数据分布的分散性，因此很难在数据最细节的层次上发现一些强关联规则。引入概念层次后，就可以在较高的层次上进行挖掘。虽然较高层次上得出的规则可能是更普通的信息，但是对于一个用户来说是普通的信息，而对于另一个用户却未必如此。所以数据挖掘应该提供这样一种在多个层次上进行挖掘的功能。

多层关联规则的分类：根据规则中涉及的层次，多层关联规则可以分为同层关联规则和层间关联规则。

多层关联规则的挖掘基本上可以沿用“支持度-可信度”的框架。同层关联规则可以采用两种支持度策略：

(1) 统一的最小支持度。对于不同的层次，都使用同一个最小支持度。这样对于用户和

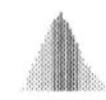

算法实现来说都比较容易，但是弊端也是显然的。

（2）递减的最小支持度。每个层次都有不同的最小支持度，较低层次的最小支持度相对较小。同时还可以利用上层挖掘得到的信息进行一些过滤工作。

层间关联规则考虑最小支持度的时候，应该根据较低层次的最小支持度来定。

4.2.5　时序模式

1. 时序数据基本概念

时序数据广义上是指所有与时间相关，或者说含有时间信息的数据。但在具体的应用中，时序数据往往是指用数字或符号表示的时间序列，但有的时候特指由连续的实值数据元素组成的序列。当然连续的实值数据元素在实际处理时可以通过一定的离散化手段，转换成离散的值数据再进行处理。在大部分情况下，时序数据一般都以时间为基准呈序列状排列，因而，对时序数据的挖掘也可以看作一种比较特殊的序列数据挖掘。

时序数据是随着时间连续变化的数据，因而其反映的大都是某个待观察过程在一定时期内的状态或表现。其研究的目的主要是以下两个方面：其一是学习待观察过程过去的行为特征，比如顾客的消费习惯等；其二是预测未来该过程的可能状态或表现，比如顾客是否会在短时间内进行大规模购物等。这两个目的带来了时序数据挖掘中的两个重要问题：

（1）查找相似的行为模式。

（2）异常活动检测。

例如：在辽阔的草原上，借助远程传感器网络，我们可以通过动物迁移路线挖掘来发现某些类型动物的迁移模式；在运动领域，可以通过对优秀运动的运动轨迹进行挖掘，发现其有价值的运动模式；在银行监视系统，通过对顾客运行轨迹挖掘，发现可疑的运动模式，以辅助报警系统报警。

2. 时序模式挖掘技术

从知识发现的观点来看，时序主题是指以前不知道的频繁发生的模式。目前，已经出现了许多基于时序数据的主题发现技术。为了说明时序主题概念，我们先给出一个无意义匹配（trivial match）概念。无意义匹配是指与某个子序列 C（不包括自己）具有最好匹配的子序列 M，但 M 的位置仅是从 C 的开始位置左边或右边的几个点开始的。

非自匹配（Non-self Match）指给定一条时序 T，它包含一条长度为 n 位置从 p 开始的子序列 C，如果一匹配的子序列 M 位置从 q 开始，如果条件 $|p-q| \geq n$ 满足，则 M 是 C 的一个在距离 $Dist$（M，C）下的非自匹配。

非正常子序（Time Series Discord）指给定一条时序 T，一条位置从1开始的长度为 n 的子序列 D，如果 D 与它的最近邻非自匹配有最大的距离，那么 D 为 T 的非正常子序。形式化定义为：对于 $\forall$ 时序 T 的子序 C 的非自匹配 M_C 以及子序 D 的非自匹配 M_D，如果 $\min(Dist(D, M_D)) > \min(Dist(C, M_C))$，则子序 D 为非正常子序。相应地，也可以将所有的非自匹配距离按从大到小排序，那么第 k 个对应子序称为 k^{th} 时序非正常子序。

非正常子序具有如下特性：

（1）不可通过分解计算然后合并结果求得。

（2）也不能通过映射到 n 维空间中，然后使用通常的时序异常检测算法在稀疏区域发现。

非正常模式发现技术在数据挖掘中有很重要的作用，如提高时序聚类的质量、清洗数据以及检测异常等。我们可以将其用于医学诊断、非正常行为监视以及工业检测等领域。

要发现非正常子序一种比较直接的方法是穷举所有可能的子序列来计算与它的非自匹配子序列的距离，保持最大距离的子序列即是非正常子序列。这种算法的时间复杂度是 $O(m^2)$，m 为时序 T 的长度。

4.2.6　决策树

1. 基本概念

决策树（decision tree）是一个树结构（可以是二叉树或非二叉树）。其每个非叶节点表示一个特征属性上的测试，每个分支代表这个特征属性在某个值域上的输出，而每个叶节点存放一个类别。使用决策树进行决策的过程就是从根节点开始，测试待分类项中相应的特征属性，并按照其值选择输出分支，直到到达叶子节点，将叶子节点存放的类别作为决策结果。

决策树的决策过程非常直观，容易被人理解。目前决策树已经成功运用于医学、制造产业、天文学、分支生物学以及商业等诸多领域。

2. 决策树的构造

构造决策树的关键步骤是分裂属性。所谓分裂属性就是在某个节点处按照某一特征属性的不同划分构造不同的分支，其目标是让各个分裂子集尽可能地“纯”。也就是尽量让一个分裂子集中待分类项属于同一类别。分裂属性分为三种不同的情况：

（1）属性是离散值且不要求生成二叉决策树。此时用属性的每一个划分作为一个分支。

（2）属性是离散值且要求生成二叉决策树。此时使用属性划分的一个子集进行测试，按照“属于此子集”和“不属于此子集”分成两个分支。

（3）属性是连续值。此时确定一个值作为分裂点，按照“大于分裂点”和“小于等于分裂点”生成两个分支。

构造决策树的关键性内容是进行属性选择度量，属性选择度量算法有很多，一般使用自顶向下递归分治法，并采用不回溯的贪心策略。这里介绍 ID3 和 C4.5 两种常用算法。

3. ID3 算法

从信息论知识中我们看到，期望信息越小，信息增益越大，从而纯度越高。所以 ID3 算法的核心思想就是以信息增益度量属性选择，选择分裂后信息增益最大的属性进行分裂。下面先定义几个概念。

设 D 为用类别对训练元组进行的划分，则 D 的熵（entropy）表示为

$$info(D) = -\sum_{i=1}^{m} p_i \log_2(p_i)$$

其中，p_i 表示第 i 个类别在整个训练元组中出现的概率，可以用属于此类别元素的数量除以

训练元组元素总数量作为估计。熵的实际意义表示是 D 中元组的类标号所需要的平均信息量。

现在我们假设将训练元组 D 按属性 A 进行划分，则 A 对 D 划分的期望信息为

$$info_A(D)=\sum_{j=1}^{v}\frac{|D_j|}{|D|}Info(D_j)$$

而信息增益即为两者的差值：

$$gain(A)=Info(D)-Info_A(D)$$

ID3 算法就是在每次需要分裂时，计算每个属性的增益率，然后选择增益率最大的属性进行分裂。下面我们继续用 SNS 社区中不真实账号检测的例子说明如何使用 ID3 算法构造决策树。为了简单起见，我们假设训练集合包含 10 个元素，如表 4.13 所示。

表 4.13 SNS 社区中不真实账号检测

日志密度	好友密度	是否使用真实头像	账号是否真实
s	s	no	no
s	L	yes	yes
l	m	yes	yes
m	m	yes	yes
l	m	yes	yes
m	l	no	yes
m	s	no	no
l	m	no	yes
m	s	no	yes
s	s	yes	no

其中，s、m 和 l 分别表示小、中和大。设 L、F、H 和 R 表示日志密度、好友密度、是否使用真实头像和账号是否真实，下面计算各属性的信息增益。

$$info(D)=-0.7\log_2 0.7-0.3\log_2 0.3=0.7*0.51+0.3*1.74=0.879$$

$$info_L(D)=0.3*\left(-\frac{0}{3}\log_2\frac{0}{3}-\frac{3}{3}\log_2\frac{3}{3}\right)+0.4*\left(-\frac{1}{4}\log_2\frac{1}{4}-\frac{3}{4}\log_2\frac{3}{4}\right)+$$
$$0.3*\left(-\frac{1}{3}\log_2\frac{1}{3}-\frac{2}{3}\log_2\frac{2}{3}\right)$$
$$=0+0.326+0.277=0.603$$

$$gain(L)=0.879-0.603=0.276$$

因此日志密度的信息增益是 0.276。

用同样方法得到 H 和 F 的信息增益分别为 0.033 和 0.553。

因为 F 具有最大的信息增益，所以第一次分裂选择 F 为分裂属性，分裂后的结果如图 4.6 所示。

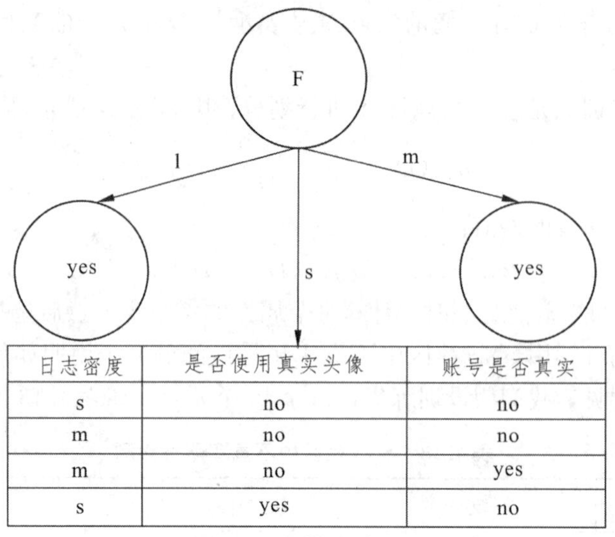

日志密度	是否使用真实头像	账号是否真实
s	no	no
m	no	no
m	no	yes
s	yes	no

图 4.6　属性分裂结果

在图 4.6 的基础上，再递归使用这个方法计算子节点的分裂属性，最终就可以得到整个决策树。

上面为了简便，将特征属性离散化了，其实日志密度和好友密度都是连续的属性。对于特征属性为连续值，可以这样使用 ID3 算法：

先将 D 中元素按照特征属性排序，则每两个相邻元素的中间点可以看作潜在分裂点，从第一个潜在分裂点开始，分裂 D 并计算两个集合的期望信息，具有最小期望信息的点称为这个属性的最佳分裂点，其信息期望作为此属性的信息期望。

4. C4.5 算法

ID3 算法存在一个问题，就是偏向于多值属性。例如，如果存在唯一标识属性 ID，则 ID3 会选择它作为分裂属性，这样虽然使得划分充分纯净，但这种划分对分类几乎毫无用处。ID3 的后继算法 C4.5 使用增益率（gain ratio）的信息增益扩充，试图克服这个偏倚。

C4.5 算法首先定义了“分裂信息”，其定义可以表示成：

$$split\_info_A(D) = -\sum_{j=1}^{v}\frac{|D_j|}{|D|}\log_2\left(\frac{|D_j|}{|D|}\right)$$

其中各符号意义与 ID3 算法相同，然后，增益率被定义为

$$gain\_ration(A) = \frac{gain(A)}{split\_info(A)}$$

C4.5 选择具有最大增益率的属性作为分裂属性，其具体应用与 ID3 类似，不再赘述。

5. 剪　枝

当数据中有噪声或训练样例的数量太少时，决策树归纳算法会出现过度拟合。另外，决策树可能很大，很复杂，难以理解。因此需要修剪决策树。

两种常用的剪枝方法：先剪枝（即提前停止树增长）和后剪枝。

对于先剪枝来说，精确地估计何时停止树增长非常困难，一般进行统计测试来估计扩展一个特定的节点是否可能改善质量，如用卡方测试统计显著性，另外可以使用信息增益、

Gini 指标及预定义的阈值。

后剪枝有如下几种方法：

（1）代价复杂度后剪枝（CART 使用）。代价复杂度是树叶结点个数与错误率的函数，使用与训练和测试集合完全不同的修剪验证集合来评估。

（2）悲观剪枝（C4.5 使用）。不需要剪枝集，使用训练集评估错误率，但是需假定此估计精度为二项分布，得计算标准差，对于一个给定的置信区间，采用下界来估计错误率。虽然这种启发式方法不是统计有效的，但是它在实践中是有效的。

（3）规则后修剪。将决策树转化为等价的 IF-THEN 规则（如何提取另述），并尝试修剪每个规则的每个前件（preconditions）。这样的好处是使对于决策树上不同的路径，关于一个属性测试的修剪决策可以不同。另外避免了修剪根结点后如何组织其子节点的问题。

4.2.7　常用的异常数据挖掘方法

1. 基于统计的方法

利用统计学方法处理异常数据挖掘的问题已经有很长的历史了，并有一套完整的理论和方法。统计学的方法对给定的数据集合假设了一个分布或者概率模型（如正态分布），然后根据模型采用不一致性检验来确定异常点数据。不一致性检验要求事先知道数据集模型参数（如正态分布），分布参数（如均值、标准差等）和预期的异常点数目。

一个统计学的不一致性检验检查两个假设：一个工作假设（即零假设）以及一个替代假设（即对立假设）。工作假设是描述总体性质的一种想法，它认为数据来自同一分布模型即 $H: O_i \in F$，$i=1, 2, \cdots, n$，不一致性检验验证 O_i 与分布 F 的数据相比是否显著地大（或者小）。如果没有统计上的显著证据支持拒绝这个假设，它就被保留。根据可用的关于数据的知识，不同的统计量被提出来用作不一致性检验。假设某个统计量 T 被选择用于不一致性检验，对象 O_i 的该统计量的值为 V_i，则构建分布 T，估算显著性概率 $SP(V_i)=Prob(T>V_i)$。如果某个 $SP(V_i)$ 足够的小，那么检验结果不是统计显著的，则 O_i 是不一致的，拒绝工作假设。反之，不能拒绝假设。对立假设是描述总体性质的另外一种想法，认为数据 O_i 来自另一个分布模型 G。对立假设在决定检验能力（即当 O_i 真的是异常点时工作假设被拒绝的概率）上是非常重要的，它决定了检验的准确性等。

用统计学的方法检测异常点数据的一个主要缺点是绝大多数检验是针对单个属性的，而许多数据挖掘问题要求在多维空间中发现异常点数据。而且，统计学方法要求关于数据集合参数的知识，例如数据分布。但是在许多情况下，数据分布可能是未知的。当没有特定的分布检验时，统计学方法不能确保所有的异常点数据被发现，或者观察到的分布不能恰当地被任何标准的分布来模拟。

2. 基于距离的方法

为了解决统计学带来的一些限制，引入了基于距离的异常点检测的概念。

如图 4.7 所示，如果数据集合 S 中独享至少有 p 部分与对象 o 的距离大于 d，则对象 o 是一个带参数的 p 和 d 的基于距离的（DB）的异常点，即 $DB(p, d)$。换句话说，不依赖

于统计检验，我们可以将基于距离的异常点看作是那些没有“足够多”邻居的对象，这里的对象是基于给定对象的距离来定义的。与基于统计的方法相比，基于距离的异常点检测拓广了多个标准分布的不一致性检验的思想。基于距离的异常点检测避免了过多的计算。

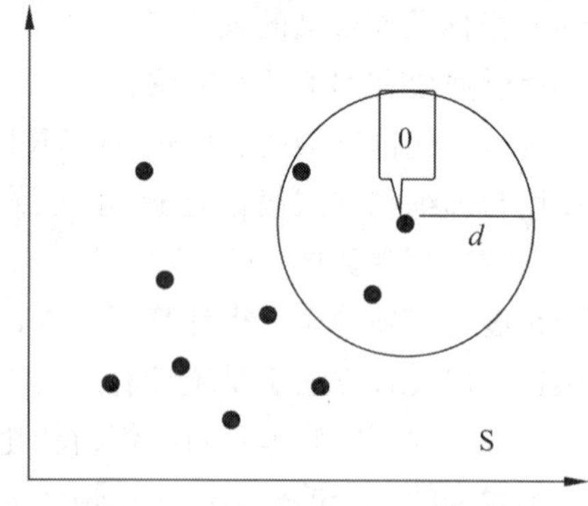

图 4.7　基于距离的方法图解

3. 基于偏差的方法

基于偏差的异常数据挖掘方法不采用统计检验或者基于距离的度量值来确定异常对象，它是模仿人类的思维方式，通过观察一个连续序列后，迅速发现其中某些数据与其他数据明显的不同来确定异常点对象，即使不清楚数据的规则。基于偏差的异常点检测常用两种技术：序列异常技术和 OLAP 数据立方体技术。我们简单介绍序列异常的异常点检测技术。

序列异常技术模仿了人类从一系列推测类似的对象中识别异常对象的方式，它利用隐含的数据冗余。给定 n 个对象的集合 S，它建立一个子集合的序列，即 $\{S_1, S_2, \cdots, S_m\}$，这里 $2 \leqslant m \leqslant n$，由此，求出子集间的偏离程度，即“相异度”。该算法从集合中选择一个子集合的序列来分析。对于每个子集合，它确定其与序列中前一个子集合的相异度差异。

4. 基于密度的方法

基于密度的异常数据挖掘是在基于密度的聚类算法基础之上提出来的。它采用局部异常因子来确定异常数据的存在与否。它的主要思想是：计算出对象的局部异常因子，局部异常因子愈大，就认为它更可能异常；反之则可能性小。示意如图 4.8 所示。

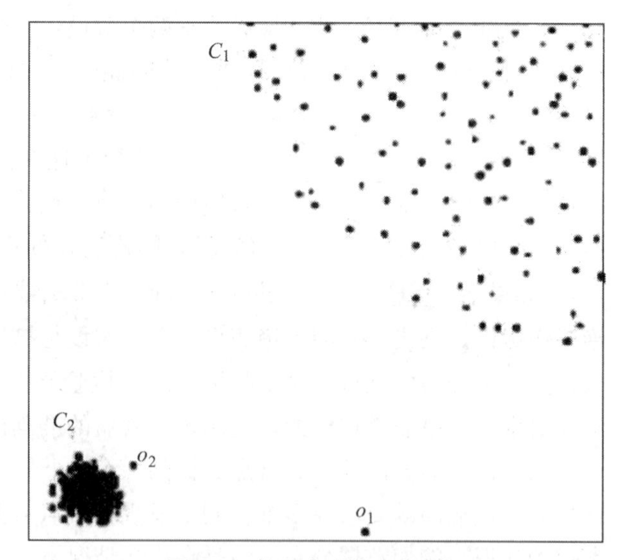

图 4.8　基于密度的方法图解

4.2.8　可拓数据挖掘

1. 可拓数据挖掘的基本特点

传统的数据挖掘所提取的知识具有静态性。以某网站公司的客户数据挖掘为例，虽然进行了数据挖掘，但得到了 245 条规则，一方面产生的规则的数量过载很难识别出有用的知识。另一方面，更为重要的是，数据挖掘的真正目的并不只是对用户进行识别，而是希望将流失用户、冻结用户通过一定的方式转化为现有用户，同时防止现有用户的流失。而这些可直接供决策用的知识，无法从模式中直接获取。因此进行深层次的挖掘，结合领域知识挖掘模式之间的变换规律，变静态知识挖掘为动态知识挖掘是深层次挖掘中重要的内容之一。

可拓数据挖掘与传统数据挖掘的差异之一是传统数据挖掘是知识的发现，而可拓数据挖掘不但可以挖掘知识，而且可以挖掘知识之间相关规则和变换的规律，挖掘的是变化的知识。

可拓数据挖掘是挖掘变化的知识有效方法，可用于数据挖掘产生的原始衍生知识的深层次知识发现，结合领域知识，找到不同衍生原始之间相互变换的策略（可拓策略生成作为解决矛盾转化问题的重要方法，是可拓工程研究的重点之一），通过研究知识之间的变换关系，挖掘变化的规则，获取变化的知识，为科学决策提供辅助依据。下面以可拓转化规则挖掘为例简要说明可拓数据挖掘的实现技术。

2. 可拓转化规则挖掘的实现步骤

决策树（ Decision Tree）是一个类似于流程图的树结构，其中每个内部节点表示在一个属性上的测试，每个分枝代表一个测试的输出，而每个树叶节点代表一个类别。决策树主要是基于数据的属性值进行归纳分类，从树的最顶层节点（根节点）到存放该样本预测的叶节点遍历，可以将决策树转换成“if－then”形式的分类规则。以 see5 方法挖掘得到的规则知识为例，其形式如下：

rule2：(198/14，lift 2 7)

是否使用随身邮服务=0

POINT<=6

使用时间长短>92

Type=6

-> class 0 [0.925]

其中，rule 2 中的 198 表示训练集中符合该规则的记录条数，14 表示训练集中不符合该规则的记录条数，预测准确率=（198－14＋1）/（198＋2）=0.925，提升度 lift=预测准确率/训练集中该类出现相对频率=0.925/0.343=2.7。

（1）读入原规则集。

以 See5 决策树软件为例，初始规则集以文本文件的形式保存在 .out 文件中，规则格式如上面例子所示，其中，rule 2 中的 198 表示训练集中符合该规则的记录条数，14 表示训练集中不符合该规则的记录条数，预测准确率=（198－14＋1）/（198＋2）=0.925，提升度 lift 2.7=预测准确率/训练集中该类出现的相对频率。将分类规则依次读入数据库，存入规则表中。

（2）规则集预处理。

剔除重复读入过程中产生的相同规则，建立关键词全文索引等。

（3）设定挖掘参数。

由用户设定如下参数：

类别选择：选择条件类别和目标类别，如由 class __A__ 向 class __B__ 转化的规则等。

设定规则重合度，即“规则内容相同的条数>=________条”，如示例中 rule2 和 rule3 中有“POINTS <=6”“92<使用时间长短<=795”两条相同。

设定规则差异度，即“规则内容不相同的条数<=________条”，如示例中 rule2 和 rule3 中有“是否使用随身邮服务”1 条规则前件的值不相同。

设定预期转化率，即“可拓规则预期转化率>=________%”，应用可拓规则预期的转化率：

$t_{TA \to B}$=符合转化规则的记录数/规则集中所有满足前件条件的记录数。

（4）规则挖掘。

在规则库中寻找规则重合度和差异度符合条件的规则，通过置换变换、增加变换及组合变换等产生转化策略的规则输出。

（5）规则评价指标计算。

为评价可拓规则的实用性和新颖性，分别计算预期转化率、支持度和可信度等指标。

（6）显示结果报告。

挖掘结束提供转化规则列表以及挖掘结果的总结报告。

3. 转化规则挖掘的算法

下面以对属性相同的规则做量值的置换变换为例，简要说明转化策略挖掘的主要算法如下：

输入：基于决策树数据挖掘生成的结果集（两类分别以 A，B 表示），以及两个集合中元素可以变换的最小匹配记录数 n。

输出：A 类客户变换到 B 类客户的变换策略

算法描述：

（1）将 A，B 中元素分别以多维物元 W1 和 W2 表示，R1m，R2m 分析表示 W1，W2 中第 m 个物元；

（2）for i=0 to nA//A 类别的规则条数

（3）for j=0 to nB//B 类别的规则条数

（4）int total=0//初始化

（5）设 R1i 的维数为 iN，R2j 的维数为 jN；

（6）for k=0 to iN

（7）for l=0 to jN

（8）if R1i 第 k 维特征、量值与 R2j 第 l 维特征、量值分别都相同

（9）total=total+1

（10）结束 k，l 循环

（11）if total 大于等于系统输入值 n，then 将 R1i 与 R2j 输出一条变换策略

（12）结束 i，j 循环，程序结束。

4. 转化规则挖掘的应用案例

某公司拥有大量的收费邮箱注册用户，但随着激烈的竞争以及市场变化，有些用户到期停止缴费也在流失。通过运用决策树数据挖掘算法，对用户分为“正常用户、冻结用户和流失用户”，并预测用户类型，得到了 240 余条静态规则。实际业务中冻结用户和正常用户在一定的变换条件下是可以相互转化的，为了从这些规则中直接获取促使用户转化的策略，实现冻结用户向正常在用用户之间的变换，首先将所有决策树规则导入规则库，然后设定从冻结用户到正常用户转化的参数，进行策略规则的挖掘，得到了几十条转化策略，如图 4.9 所示。

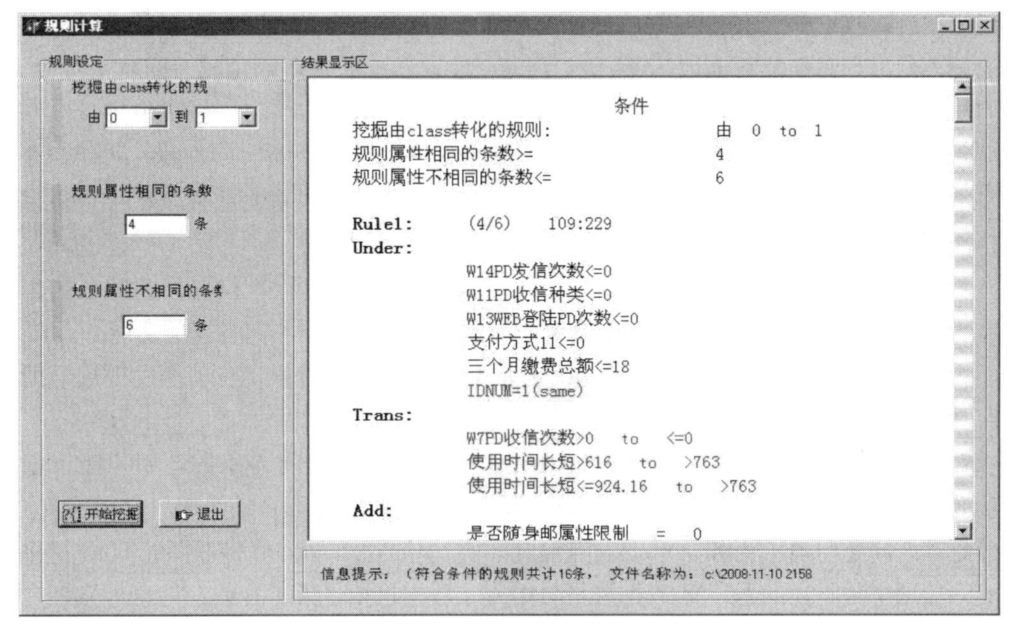

图 4.9　**转化规则生成界面**

可以看出，对缴费点数 POINTS<=6 且使用时间长短在 92 和 795（时间已经做区间变换）之间的用户，只要不推荐他们使用随身邮服务，或者取消其随身邮服务，就可以减少其流失的机率。这种直观的转化策略为采取有效的业务措施发挥了很好的作用。

利用可拓集合和可拓变换理论，可以变静态知识挖掘为动态知识挖掘，以满足挖掘变化知识的需求。可以重点研究基于各种数据挖掘模型所得规则的可拓转化策略获取方法，利用可拓集合和可拓变换理论，在领域知识的约束和指导下，对挖掘出来的规则进行二次挖掘和可拓变换（利用可拓集的思想对事物进行的一种变化分类，这种分类不是简单地把信息元域分为“属于”和“不属于”两类，而是可以通过变换使不具有某些性质的信息元变为具有这些性质的信息元），从中获取“不行变行，不是变是”的策略，为制定预防客户流失的转化措施提供有针对性的决策参考。

4.3　半结构化大数据挖掘

本节主要介绍半结构化大数据挖掘的两种主要类型：Web 挖掘和文本挖掘。

4.3.1　Web 挖掘

1. Web 数据类型及 Web 挖掘简介

近年来，由于电子商务的快速发展，许多公司借助 Internet 进行在线交易，企业管理者需要分析大量的在线交易数据，从而发现用户的兴趣爱好及购买趋势，为商业决策风险投资等提供依据。Web已成为信息发布、交互及获取的主要工具，Web上的信息正以惊人的速度增加，人们迫切需要能自动地从Web上发现、抽取和过滤信息的工具。同时，具体来讲，当我们与Web交互时，常面临如下问题：

（1）查询相关信息。可以用搜索引擎如Yahoo，搜狐等进行关键字查找，然而，今天的搜索引擎都有两个严重问题：低查准率会返回很多不相关的结果；而低查全率导致很多相关的文档找不到。

（2）从Web数据发现潜在的未知信息。这是数据触发的过程，仅仅用关键字的查找是不能实现的，需要机器学习和数据挖掘技术，而现在的搜索引擎不具备这些功能。

（3）了解用户的兴趣爱好。Web Sever能根据用户的浏览信息，自动地发现用户的兴趣爱好。

（4）信息个性化。不同人访问Web的目的、兴趣、爱好是有差别的，用户能依据自己的兴趣爱好定制网页，甚至Web Server能根据已发现的用户特征自动为用户定制网页。

最后三个问题与电子商务、Web站点设计、自适应Web站点紧密联系。Web挖掘则能直接或间接地解决上述问题。Web挖掘是数据库、数据挖掘、人工智能、信息检索、自然语言理解等技术的综合应用。由于Web是异质分布且不断增长的信息系统，对其挖掘并不是上述技术的简单综合，它需要有新的数据模型、体系结构和算法等。

Web挖掘分成四步：

（1）资源发现：在线或离线检索Web的过程，例如用爬虫（crawler）或蜘蛛（spider）在线收集Web页面。

（2）信息选择与预处理：对检索到的Web资源的任何变换都属于此过程。如英文单词的词干提取，高频低频词的过滤，汉语词的切分，索引库的建立甚至把Web数据变换成关系。

（3）综合过程：自动发现Web站点的共有模式。

（4）分析过程：对挖掘到的模式进行验证和可视化处理。

Web挖掘与信息检索、机器学习是紧密联系的，但又有所区别。信息检索是根据用户的需求描述，从文档集中自动地检索与用户需求相关的文档，同时使不相关的尽量少。它是目标驱动，查询触发的过程，主要任务是对于给定的文档怎样建索引、怎样检索。现代信息检索研究的领域包括：建模、文档预处理、文档分类聚类、用户需求描述（查询语言）、用户界面和数据可视化等。Web挖掘使用信息检索技术对Web页面进行预处理、分类聚类、建索引，从这一点讲，Web挖掘是信息检索的一部分。但Web挖掘要处理的页面是海量、异质、分布、动态、变化的，要求Web挖掘采取更有效的存取策略、更新策略，同时，Web挖掘是一个数据触发的过程，它发现的知识是潜在的用户以前未知的。

机器学习被广泛应用于数据挖掘中，而Web挖掘是对Web在线数据的知识发现，所以机器学习是一种有效的方法。研究表明CZ与传统IR（In formation Retrieve）相比，用机器学习对文档分类，其效果更好。但有些Web上的机器学习并不属于Web挖掘，如搜索引擎使用机器学习技术来判断下一步最佳路径。

Web数据有三种类型：通常所说的Web数据，如HTML标记的Web文档，Web结构数据如 Web 文档内的超链，用户访问数据如服务器 log 日志信息。相应地，Web 挖掘也分成三类：Web 内容挖掘，Web 结构挖掘和 Web 访问挖掘。在不引起混淆的情况下，第一种类型数据仍简称为 Web 数据。

2. Web 内容挖掘

Web 内容挖掘是从 Web 数据中发现信息和知识。随着信息技术的进一步发展，Web 数据越来越庞大，种类繁多。这些数据既有文本数据，也有图像、声频、音频等多媒体数据；既有来自数据库的结构化数据，也有用 HTML 标记的半结构化数据及无结构的自由文本。对于多媒体数据的挖掘称为多媒体数据挖掘；对于无结构自由文本的挖掘称之为文本的知识发现。Web 内容挖掘分成两大类：IR 方法和数据库方法。

（1）IR 方法主要评估改进搜索信息的质量，可以处理无结构数据和 HTML 标记的半结构化数据。

① 处理无结构数据。一般采用词集（bags of words）方法，用一组组词条来表示无结构的文本。首先用 IR 技术对文本预处理，然后采取相应的模型进行表示。若某词在文本中出现为真，否则为假，就是布尔模型；若考虑词在文本中出现的频率即为向量模型；若用贝叶斯公式计算词的出现频率，甚至考虑各个词不独立地出现，这就是概率模型。另外，还可以用最大字序列长度、划分段落、概念分类等方法来表示文本。

对于词集表示，采用的处理方法有：TFIDF、Hidden Markov Model、统计方法、判决树（Decision Tree ）和最大熵（Maximum entropy）等。主要应用有：文本分类、层次聚类和预测词的出现关系等。当然也可以综合运用上述的表示和处理方法。如文用词集和段落表示文本，文用 TF-IDF（Term Frequency-Inverse Document Frequency，词频一逆文件频率)、判决树、朴素贝叶斯分类（Naive Bayes)，贝叶斯网络（Bayes nets）方法进行文本分类，而文用聚类算法、K－最近邻算法（K-Nearest Neighbor）和判决树进行事件探测。用长度不超过 n 的词条表示文本，采用无监督层次聚类、判决树、统计分析方法，对文本进行分类和层次聚类。

② 处理半结构化数据。半结构化数据指 Web 中由 HTML 标记的 Web 文档，同无结构数据相比，由于半结构化数据增加了 HTML 标记信息及 Web 文档间的超链结构，使得表示半结构化数据的方法更丰富。如词集、URL、元信息概念、命名实体，句子、段落、命名实体等。

（2）数据库方法是指推导出 Web 站点的结构或者把 Web 站点变成一个数据库以便进行更好的信息管理和查询。在文中把数据库管理分成三个方面：

① 模型化与查询 Web。研究 Web 上的高级查询语言，而不仅仅是现有的基于关键字查询。

② 信息抽取与集成。把每个 Web 站点及其包装程序（wrapper program）看成一个 Web 数据源，研究多数据源的集成，可通过 Web 数据仓库（data ware-house）或虚拟 Web 数据库实现。

③ Web 站点的创建与重构。研究如何建立维护 Web 站点的问题，可以通过 Web 上的查询语言来实现。

数据库方法的表示法不同于 IR 方法，一般用 OEM（Object Exchange Model）表示半结构化数据。

OEM 使用带标记的图来表示，对象为结点，标记为边。对象由唯一的对象标记符和值组成，值可以是原子的，如整数、字符串等，也可以是引用别的对象的复杂对象。

应用主要集中在模式发现或建立数据向导，也用来建立多层数据库，低层为原始的半结构化数据，较高层为元数据或从低层抽取的模式，在高层被表示成关系或对象等。另外，还有一些 Web 上的查询系统。早期的查询系统是把基于搜索引擎的内容查询与数据库的结构化查询结合起来，如 W 3QL、Web SQL 等。近来的查询语言强调支持半结构化数据，能够存取 Web 对象，用复杂结构表达查询结果。

3. Web 结构挖掘

Web 结构挖掘研究的是 Web 文档的链接结构，揭示蕴含在这些文档结构中的有用模式，处理的数据是 Web 结构数据。文档间的超链反映了文档间的某种联系，如包含、从属、引用等。可使用一阶学习的方法对 Web 页面超链进行分类，以判断页面间的 department of persons 等关系；也可分别使用 HITS 和 Page rank 算法计算页面间的引用重要性，基本思想是对于一个 Web 页面，如果有较多的超链指向它，那么该页面是重要的，此重要性可作为 Web 页面评分（rank）的标准。这方面的算法有 HITSC、Page rank 及改进的 HITS 把内容信息加入链接结构中。成型的应用系统有 Clever system、Google 等。Web 页面内部也有或多或少的结构，也研究了 Web 页面的内部结构，提出了一些启发式规则，用于寻找与给定的页面集合相关的其他页面；可使用 HTML 结构树对 Web 页面进行分析，得到其内部结构，从而学习公司的名称和地址等信息在页面内的出现模式。另外，在 Web 数据仓库中可以用 Web 结构挖掘检测 Web 站点的完整性。

4. Web 访问挖掘

Web 访问挖掘是通过挖掘 Web 服务器 log 日志，通过获取知识以预测用户浏览行为的技术。由于 Web 自身的异质、分布、动态、无统一结构等特点，使得在其上进行内容挖掘较困难，因为它需要在人工智能自然语言理解等方面有突破性进展。然而，Web 服务器的 log 日志却有完美的结构，每当用户访问 Web 站点时，所访问的页面、时间、用户 ID 等信息，在 log 日志中都有相应记录。因而对其进行挖掘，是切实可行的，也是很有实践意义的。

Web 的 log 数据包括：server log、proxy server log 及 client 端的 cookie log 等。一般先把 log 数据映射成关系或对其进行预处理，然后才能使用挖掘算法。进行预处理包括清除与挖掘不相关的信息，如用户、会话、事务的识别等。对 log 数据可靠性影响最大的是局部缓存和代理服务器。为了提高性能，降低负载，很多浏览器都缓存用户访问的页面，当用户返回浏览时，浏览器只从其局部缓存取得，服务器却没有用户返回动作的记录。代理服务器提供间接缓存，它比局部缓存带来的问题更严重，从代表服务器来的所有请求，即使用户不同，它们在服务器的 log 中也有相同的 ID。目前解决的主要方法是 cookies 和远程 Agent 技术。

对 log 数据挖掘采用的算法有：路径分析、关联规则和有序模式的发现、聚类分类等。为了提高精度，Web 访问挖掘也用到站点结构和页面内容等信息。

Web 访问挖掘可以自动发现用户存取 Web 的兴趣爱好及浏览的频繁路径。一方面，Web 用户希望 Web 服务器能了解他们的爱好，提供他们感兴趣的东西，要求 Web 具有个性化服务的功能；另一方面，信息提供者希望依据用户的偏好和浏览模式，改进站点的组织性能。Web 访问挖掘获得的知识，可以帮助我们进行自适应站点设计、信息组织、个性化服务、商业决策等。

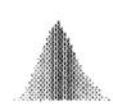

4.3.2　文本分类挖掘

1. 文本分类简介

文本分类是指在给定分类体系下，根据文本内容（自动）确定文本类别的过程。自动文本分类是机器学习的一种，它通过给定的训练文本学习分类模型，新的文本通过该分类模型进行分类。也就是说，根据给定的训练样本求出某系统输入、输出之间的依赖关系的估计，使得它能够对未知分类做出尽可能准确的预测。

到目前为止，已经研究出的经典文本分类方法主要包括 Rocchio 方法、决策树方法、贝叶斯分类、K-NN 算法和支持向量机等。

根据文本所属类别多少可以将文本分类归为以下几种模式：二类分类模式，即给定的文本属于两类中的一类；多类分类模式，给定的文本属于多个类别中的一类；属多类模式，给定的文本属于多个类别。

2. 文本分类过程

文本分类主要包括三个部分：文本表示、特征抽取、分类模型构建，如图 4.10 表示。

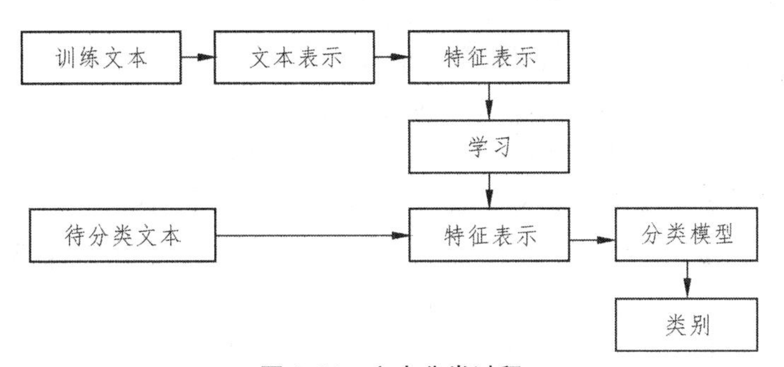

图 4.10　文本分类过程

文本表示主要是抽取文本的基本信息，比较常用的是特征向量空间方法，应用一些特征词或者词组描述文本。在不影响分类准确度的情况下，减少文本描述空间的高维特征数量是很有必要的，这个过程也称为特征选取。模型学习根据抽取的特征信息，构建分类模型，比如神经网络分类模型、决策树分类模型等，最后用构建好的分类模型为一些新的、未知的文档分类。下面介绍几个主要步骤。

（1）文本表示。

每个特征词对应特征空间的一维，将文本表示成欧氏空间的一个向量。常用的文本表示模型有：向量空间模型（Vector Space Model，VSM）、布尔逻辑模型及概率模型（Probabilistic Model）等。其中向量空间模型是最重要的一种表现方法。该模型是将一份文档看作是由一定代表性的特征项组成，而特征项是指出现在文档中能够代表文档性质的基本语言单位，如字、词等，也就是通常所指的检索词。

（2）文本特征抽取。

由于文本表示的特征太多，而这些特征之间可能是冗余的或者不相关的，造成高维空间处理的不便，容易出现过学习（over-fitting）现象，同时造成时间与空间的巨大开销，所以在不影响分类精度情况下，需要将高维特征空间转化为低维特征空间，该过程称为降维。目前常用的降维方法有：

① 消除禁用词。在文本中经常会出现“and”“the”“of”等词，这些词对于文本分类不起任何作用，应该从特征中去除。

② 阈值消除。设定一个阈值 m，如果某词在少于 m 个文档中出现，则将其删除。

③ 特征选择法。常用方法有：

• 信息增益（Information Gain ，IG）：信息增益以统信息论（Shannon）思想为基础，估计一个词项 t 相对于类别体系 c 所带来的“信息增益”G，留下那些具有较大增益的词项。

• 互信息（Mutual Information，MI）：评估两个随机变量 X，Y 相关程度的一种度量；X2 统计考察词项与类别属性的相关情况，该值越大说明词项与类别的相关性越大，独立性就越低。

• 模拟退火算法。模拟退火算法（Simulating Anneal，SA）将特征选取看成是一个组合优化问题，使用解决优化问题的方法来解决特征选取的问题。

• 二次信息熵（QEMI）。用二次熵函数取代互信息中的 Shannon 熵，形成了基于二次熵的互信息评估函数，包含更多的信息。

• 独立成分分析（ICA）。目的是把混合信号分解为相互独立的成分，强调分解出来的各分量是尽可能地相互独立的，而不是 PCA 所要求的不相关性，因此 ICA 比 PCA 能更好地利用信号间的统计信息，独立成分分析可以用来进行特征提取。

• 粗糙集方法。粗糙集理论（Rough Set）是波兰大学 Pawlak 教授于 1982 年提出的，它不需要任何先验信息，能有效分析和处理不完备、不一致、不精确的数据，已经在知识获取、规则提取、机器学习、决策分析、数据挖掘等方面有了广泛的应用。基于粗糙集的特征选择方法主要分为文本预处理、二维决策表的建立、特征重要性标定、特征选择。

此外，还有期望交叉熵（Expected Cross Entropy，ECE）、机率比（Odds Ratio，OR）等特征选取法。

（3）特征重构法。

① 词根还原法。很多词源于同一个词根，如“computing”“computable”“computer”等都是由同一词根“comput”组成，所以可以“comput”为特征替代前面几个特征词。

② 潜在语义索引（Latent Semantic Indexing，LSI）。潜在语义索引是一种比较特殊的主成分分析法（Principal Component Analysis，PCA），该方法将原来变量转化为一组新的变量表示，新变量数目少于原先变量数目。该方法采用降维技术，当中可能会有一些信息丢失，但很大程度上会简化问题处理。

3. 经典文本分类方法

（1）Rocchio 方法——相似度计算方法。

Rocchio 是情报检索领域经典的算法。在算法中，首先为每一个类 C 建立一个原型向量（即训练集中 C 类的所有样本的平均向量），然后通过计算文档向量 D 与每一个原型向量的距离来给 D 分类。可以通过点积或者 Jaccard 近似来计算这个距离。这种方法学习速度非常快。

（2）Naive Bayes（NB）贝叶斯方法。

朴素贝叶斯分类器是以贝叶斯定理为理论基础的一种在已知先验概率与条件概率的情况下得到后验概率的模式分类方法，用这种方法可以确定一个给定样本属于一个特定类的概率。目前基于朴素贝叶斯方法的分类器被认为是一个简单、有效而且在实际应用中很成功的分类器。

（3）K-NN 方法。

K-NN 是一种基于实例的文本分类方法。首先，对于一个待分类文本，计算它与训练样本集中每个文本的文本相似度，根据文本相似度找出 k 个最相似的训练文本。这最相似的 k 个文本按其和待分类文本的相似度高低对类别予以加权平均，从而预测待分类文本的类别。其中最重要的是参数 k 的选择，k 过小，不能充分体现待分类文本的特点；而 k 过大，会造成噪声增加而导致分类效果降低。

K-NN 是一种有效的分类方法，但它有两个最大的缺陷：第一，由于要存储所有的训练实例，所以对大规模数据集进行分类是低效的；第二，K-NN 分类的效果在很大程度上依赖于 k 值选择的好坏。针对 K-NN 的两个缺陷，一种新颖的 K-NN 类型的分类方法，称为基于 K-NN 模型的分类方法被提出了。新方法构造数据集的 K-NN 模型，以此代替原数据集作为分类的基础，而且新方法中 k 值根据不同的数据集自动选择，这样减少了对 k 值的依赖，提高了分类速度和精确度。

（4）决策树方法。

决策树方法是从训练集中自动归纳出分类树。在应用于文本分类时，决策树方法基于一种信息增益标准来选择具有信息的词，然后根据文本中出现的词的组合来判断类别归属。

（5）多分类器融合（fusion）方法。

多分类器的融合技术分为以下几类：投票机制、行为知识空间方法、证据理论、贝叶斯方法和遗传编程等。采用投票机制的方法主要有装袋（bagging）和推进（ boosting）。

用贝叶斯方法进行分类器融合有两种情况：一种是有独立性假设的贝叶斯方法；另一种是没有独立性假设的贝叶斯方法。

（6）基于模糊-粗糙集的文本分类模型。

文本分类过程中由于同义词、多义词、近义词的存在导致许多类并不能完全划分开来，造成类之间的边界模糊。此外，随交叉学科的发展，使得类之间出现重叠，于是造成许多文本信息并非绝对属于某个类。这两种情况均会导致分类有偏差，针对上述情形，可利用粗糙-模糊集理论结合 K-NN 方法来处理在文本分类问题中出现的这些偏差。模糊-粗糙集理论有机结合了模糊集理论与粗糙集理论在处理不确定信息方面的能力。粗糙集理论体现了由于属性不足引起集合中对象间的不可区分性，即由于知识的粒度而导致的粗糙性；而模糊集理论则对集合中子类边界的不清晰定义进行了模型化，反映了由于类别之间的重叠体现出的隶属边界的模糊性。它们处理的是两种不同类别的模糊和不确定性。将两者结合起来的模糊-粗糙集理论能更好地处理不完全知识。

（7）基于群的分类方法（ swarm-based approaches）。

这种方法模拟了生物界中蚁群、鱼群和鸟群在觅食或者逃避敌人时的行为。用蚁群优化来进行分类规则挖掘的算法称为 Ant-Miner，Ant-Miner 是将数据挖掘的概念和原理与生物界中蚁群的行为结合起来形成的新算法。目前在数据挖掘中应用的研究仍处于早期阶段，要将这些方法用到实际的大规模数据挖掘中还需要做大量的研究工作。

（8）基于RBF网络的文本分类模型。

基于RBF网络的文本分类模型把监督方法和非监督方法相结合，通过两层映射关系对文本进行分类。首先利用非监督聚类方法根据文本本身的相似性聚出若干个簇，使得每个簇内部的相似性尽可能高而簇之间的相似性尽可能低，并由此产生第一层映射关系，即文本到簇的映射。然后通过监督学习方法构造出第二层映射关系，即簇集到目标类集合的映射。最后为每一个簇定义一个相应的径向基函数（Radial Basis Function，RBF），并确定这些基函数的中心和宽度，利用这些径向基函数的线形组合来拟合训练文本，利用矩阵运算得到线性组合中的权值，在计算权值时，为了避免产生过度拟合的现象，采用了岭回归技术，即在代价函数中加入包含适当正规化参数的权值惩罚项，从而保证网络输出函数具有一定的平滑度。

（9）潜在语义分类模型LSC。

潜在语义索引方法LSI，已经被证明是对传统的向量空间技术的一种改良，可以达到消除词之间的相关性，简化文档向量的目的，然而LSI在降低维数的同时也会丢失一些关键信息。LSI基于文档的词信息来构建语义空间，得到的特征空间会保留原始文档矩阵中最主要的全局信息。

潜在语义分类模型（Latent Semantic Classification，LSC）与LSI模型类似，希望从原始文档空间中得到一个语义空间。不同的是，通过第二类潜在变量的加入，把训练集文档的类别信息引入到了语义空间中。也就是在尽量保留训练集文档的词信息的同时，通过对词信息和类别信息联合建模，把词和类别之间的关联考虑进来。这样，就可以得到比LSI模型的语义空间更适合文本分类的语义空间。

（10）基于投影寻踪回归的文本模型。

基于投影寻踪回归的文本分类模型的思想是：将文本表示为向量形式，然后将此高维数据投影到低维子空间上，并寻找出最能反映原高维数据的结构和特征的投影方向，然后将文本投影到这些方向，并用岭函数进行拟合，通过反复选取最优投影方向，增加岭函数有限项个数的方法使高维数据降低维数，最后采用普通的文本分类算法进行分类。

4.4 大数据应用中的智能知识管理

4.4.1 大数据应用面临的困难

作为来源于数据和信息的知识获取的主要渠道，数据挖掘产生的知识往往无法从专家经验中获得，其特有的不可替代性、互补性为辅助决策带来了新的机遇，成为后信息化时代获取知识的关键技术和商业智能的关键要素。经过十多年的发展，数据挖掘在国外已经形成一个非常成熟的研究领域，学者们提出许多经典和改进算法，已经取得了很多研究成果，并且已在银行、超市、保险公司等领域得到了实际应用。

然而，目前在实际应用也发现了一些重要问题阻碍了其商业应用，从用户的角度看主要表现为：规则过载、脱离情境、忽略已有知识和专家经验，这些问题使得传统数据挖掘提取出来的知识往往与现实偏差较大，难以用于决策支持，是难以采取行动的知识。

从知识管理的角度看，来源于数据的知识发现和数据挖掘呈现出下列特点：

第一，数据挖掘和知识发现的主要目的是找到知识为决策提供支持，但从知识管理的角度看，目前只是关注数据挖掘的过程，大部分学者将注意力集中在如何获取准确的模型上，过于重视数据挖掘算法的精确性，在针对海量数据进行数据挖掘得到粗糙的模式规则后便戛然而止，而不能对挖掘出的结果进行有效、合理地分类、评价或对企业决策提供准确的支持。主要的问题是知识冗余、过载，不能用于现实世界活动，不是用户感兴趣的、可行动的知识。导致其结果离实际的商业应用还有较大的距离。

在数据挖掘获取知识的过程中也发现了很多问题：

（1）规则过载导致很难找到用户真正感兴趣的知识，主要表现为深度上的过载和数量上的过载。数据挖掘算法可能会发现数以千计的模式。对于给定用户，许多模式未必是其感兴趣的，这些模式也许表示了公共的知识，或缺乏新颖性的知识。业务人员往往无法从规则中获取直接行动的知识。

（2）表达解释困难使可理解性及实用性差。数据挖掘所获得的知识要以不同的形式来表示，并以容易理解的形式展现给用户，重要的是提供给用户能够理解的知识。这就要求知识的表达不仅限于数字或符号，而且要以更容易理解的方式，如图形、自然语言和可视化技术等以便于使用者理解使用。但是不同的数据挖掘算法得到的知识表现形式差别很大，质量参差不齐，知识之间存在不一致、甚至冲突，表达起来比较困难，目前数据挖掘在这方面的研究还不够深入。

（3）时效性差：无法预知知识的时效性，数据挖掘获取的知识是根据某一时刻的数据集得到的，而现实数据在不断变化中，无法及时更新数据变化到何种程度，原有挖掘得到的知识就需要更新，才能符合实际。

（4）集成性差：挖掘用的数据集往往来自不同的部门，挖掘得到的知识也分散在各个不同的部门，由于结构的多样化等难以得到集成应用，无法反映系统的整体规律。

上述问题导致知识发现过程发现的可能不是用户真正感兴趣的、可行动、用户现实世界的知识。需要在数据挖掘获得的结果上进行“二次”挖掘以符合实际决策的需要。

第一，目前的数据挖掘和知识发现过程是以数据为驱动，技术为导向（过于重视计算机技术和算法）的，过于关注技术的完美而忽视了实用性和对决策的支持，也忽视了领域知识、专家经验、用户意图和情景等因素的影响。

第二，从上述分析可以看出，通过数据挖掘获取的知识是伴随新技术产生的。通过机器学习产生的一种新知识，具有来源确定、多样性、粗糙性、时效性和分散性等特点，与目前知识管理中主要的分类方式中的隐性和显性知识不一致，很难直接用成熟的知识管理理论进行提取、存储、共享和利用，也很难套用信息论的管理理论。目前的研究很少涉及该领域，企业界则简单将其归类于分析性（如 CRM，Customer Relationship Management）内容，缺乏针对其特性的管理和应用。

从上面的分析可以看到，利用数据挖掘等工具，对数据库、数据仓库、文本、互联网等知识源实施挖掘，产生大量的模式和规则，一般得到的只是初步的结果，仍然是一些数据或信息。面对如此众多的潜在模式和规则，用户不能很好地去理解它们，从而无法把精力集中在其中真正感兴趣的子集上，为决策提供支持。这就需要结合知识管理的研究成果，从人机结合的角度对产生的潜在规则进行二次分析、挖掘以产生更好的决策支持。

4.4.2 智能知识管理定义与框架

为了更好地说明要研究的问题及智能知识管理的研究思想，需要介绍及定义一些基本概念。

智能知识管理的研究涉及许多基本概念，如原始数据、信息、知识、智能知识、智能知识管理以及由此关联到的几个重要概念：先天知识、经验知识、常识知识、情境知识等。为了使这一新的科学研究命题从一开始就走上比较规范和严谨的道路，有必要重新给出这些基本概念的定义。而且，解释这些概念的同时也进一步理解数据、信息、知识、智能知识的内在含义。本节结合信息论、人工智能对智能知识管理相关定义界定如下。

定义 1：原始数据。某个客体（事物）的原始数据是该事物关于自身所处状态以及所处状态随时间变化的方式的自我表述，是离散、互不关联的客观事实，用符号 D_n 表示。原始数据的集合用集合 D_0 表示。

这里的原始数据的特点：粗糙性（原始的，粗糙的，具体的，局部的，个别的，表面的，分散的，甚至是杂乱无章的）、广泛性（涵盖范围广）、可处理性（可通过数据技术进行处理）、真实性（事物的真实数据）。

定义 2：衍生原始知识（信息）。为了应用方便，需要对原始数据进行必要的数据处理，处理之后得到的初步结果（Hidden Pattern、规则、权重等）称为衍生原始知识（信息）。

由原始数据到衍生原始知识的转换是“数据-知识-智能”转换系列中的一类初级转换，若记 K_r 为衍生原始知识，这类转换可表示为

$$T1: D_0 \rightarrow K_r$$

定义 3：知识（规范知识）。某种事物的知识（规范知识），是认识主体关于这种事物的运动状态及其变化规律的表述。任何知识所表述的运动状态及其变化方式，都具有形式、内容、价值三个基本要素，可以分别称为形式性知识、内容性知识、价值性知识。形式、内容、价值构成了知识要素的三位一体[5]。

定义 4：智能知识。智能知识是在衍生原始知识的基础上，在给定问题和问题求解环境的约束下，针对特定的目标，结合相关的信息和知识（本能知识、经验知识、规范知识、常识知识、情境知识）进行“二次”处理所生成的智能知识表达。

定义 5：智能策略。策略是在给定问题和问题求解的环境约束下，针对特定的目标，基于相关智能知识所生成求解问题的工作程序。

定义 6：智能行为。行为通常是指主体发出的动作和动作系列。智能行为是通过主体的执行机构把主体生成的智能策略转换而来的行为。

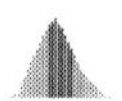

定义7：智能知识管理。智能知识管理是针对数据分析得到的衍生原始知识，结合规范知识（专家经验、领域知识、用户偏好、情境等因素），利用数据分析和知识管理的方法，对衍生原始知识进行提取、存储、共享、转化和利用，以产生有效的决策支持。智能知识管理的框架如图4.11所示。

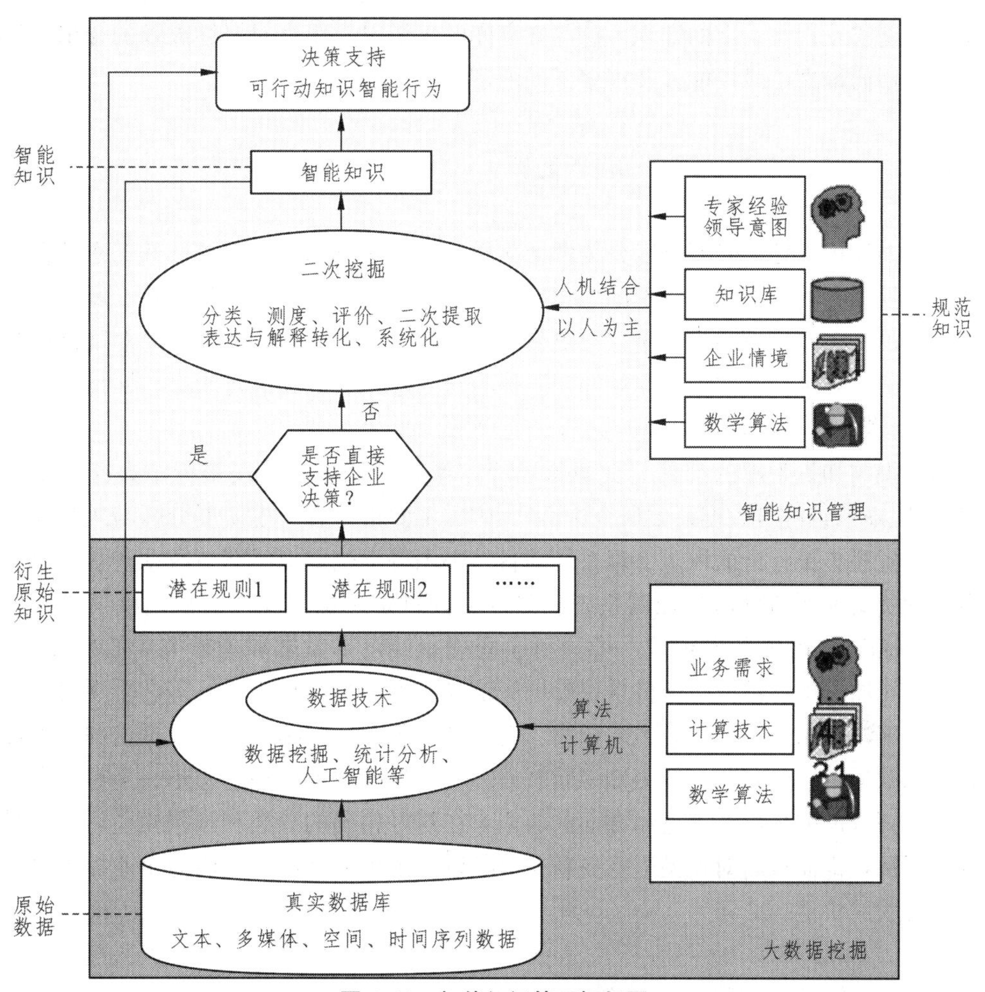

图4.11 智能知识管理框架图

智能知识管理具有如下特征：

（1）智能知识管理的源头是通过数据挖掘获取的衍生原始知识，希望通过对原始衍生知识的系统处理，发现深层次的知识，具体而言是在已有关系基础上进一步发现其上的关系，从逻辑角度上说是发现谓词间的关系或涵词间的关系。

（2）智能知识管理的目的是实现决策支持，从而促进数据挖掘获取的知识的实用性，减少知识过载，提高知识管理水平，为智能决策和智能行为服务。

（3）智能知识管理的另一个重要目的是实现基于组织的，来源于数据的知识发现工程，实现组织知识资产的积累和升华。

（4）它将是一个复杂的多方法多途径的过程。智能知识管理过程中结合技术与非技术因素，结合规范知识（专家经验、领域知识、用户偏好、情境等因素），因此发现的知识应该是有效的、有用的、可行动的、用户可理解的、智能的。

（5）其本质应该说是一种机器学习与传统的知识管理结合的过程，其本质目的在于获取知识，学习源是知识库，学习手段是归纳结合演绎的方法，其最终结果是既能够发现事实上的知识，也能够发现关系上的知识。它与知识库的组织以及用户对最终寻求的知识类型都紧密相关，采用的推理手段可能涉及很多不同的逻辑领域。

4.4.3 智能知识管理的研究和应用现状

目前智能知识管理的研究可以分为两个大类——领域驱动的数据挖掘和二次挖掘。领域驱动的数据挖掘指的是将知识管理的思想融入数据挖掘的建模过程，强调将专家经验、情境等软性因素加入知识发现的过程中，以更好地支持现实中的决策。而二次挖掘则是以数据挖掘获得的“隐含规则”即“衍生原始知识”作为研究起点，对其进行测度、评价、加工与转化来获得支持智能决策的智能知识。

数据挖掘与知识管理的交叉研究成果已经广泛运用到中国人民银行个人征信系统项目（中国科学院虚拟经济与数据科学研究中心）、中国工商银行客户忠诚度分析与风险偏好分析项目、江苏省民丰银行全面风险管理系统项目（中国科学院虚拟经济与数据科学研究中心）、中国金融期货交易所结算风险控制系统项目（中国科学院虚拟经济与数据科学研究中心）、网易 VIP 邮箱客户流失预警项目（中国科学院虚拟经济与数据科学研究中心）、澳大利亚 BHPB 公司石油勘探项目（中国科学院虚拟经济与数据科学研究中心）等多个项目，在个人信用评分、客户关系管理、结算风险预警、石油勘探预测等实际应用上数据挖掘技术都取得了非常好的效果。与此同时，智能知识管理研究一再强调数据挖掘过程是一个螺旋上升的过程，注重知识资产的积累。无论哪方面的应用，在建好精确的分类和预测模型后，经过一定时期的积累后，都需重新对模型进行更新、改善以发现新的动向，从而为企业提供更多的信息，产生更大的价值。

4.4.4 大数据背景下智能知识管理未来发展方向

1. 数据技术与智能知识管理的系统理论框架

数据、信息、知识、智慧这几者是依次递进的关系，代表着人们认知的转化过程。数据指的是未经加工的原始素材，表示的是客观的事物。而我们通过对大量的数据的分析，可以从中提取出信息，帮助我们决策。当人们有了大量的信息的时候，我们对信息再进行总结归纳，将其体系化，就形成了知识。而智慧，则是在我们有了大量的理论知识，加上我们的亲自实践，得出的人生经验或者对世界的看法，这就带有很多人的主观色彩了。

（1）将已知的数据技术，包括数据挖掘、人工智能、统计学等按处理数据的能力和特性分类描述并整理，从分析数据—信息—知识的基本内涵入手，在系统研究数据挖掘与知识管

理相关理论及国内外研究现状的基础上，提出有关智能知识及其管理的概念、原理和理论。

（2）将数据挖掘产生的结果作为一类特殊的知识，探讨智能知识与传统知识结构之间的逻辑关系，建立数据技术与智能知识内在联系的数学模式，并用此模式解释由数量分析结果产生的智能知识特征。

（3）从来源于数据的知识创造的角度，研究其知识创造过程，建立来源于数据的知识创造理论。建立一个数据挖掘与智能知识管理的系统框架。

（4）将智能知识作为一类“特殊”的知识，研究其在特定应用环境下提取、转化、应用、创新的过程管理理论。其中不仅涉及数据挖掘知识本身，而且要考虑决策者和使用者的隐性知识及其他非技术因素，如领域知识、用户偏好、情景等，其中将用到人工智能、心理学、复杂系统、综合集成等理论知识以及一些实证研究方法。

2. 智能知识复杂性研究

数据挖掘获得的“衍生原始知识”在一定程度上仍然属于结构化的知识。随着人类知识的不断加入，智能知识呈现出半结构化和非结构化的特征。非结构化的知识表现在形式变异大、表达形式复杂和随机性强。

未来智能知识复杂性研究应立足于宏观角度，通过数学、经济学、社会学、计算机科学、管理科学等学科的交叉角度，从本质上研究智能知识半结构化和非结构化特征的个体表现、一般性特征及科学规律。将从代表性的半结构化知识或非结构化知识中，逐一考虑其可分析性知识模型，探讨个体复杂性、不确定性特征描述的数学结构，建立统一的智能知识复杂性基础理论模型。其根本价值在于在智能知识的基本结构上把握结构化、半结构化或非结构化转化的核心规律。通过数学方式来描述抽象化的智能知识，通过计算机科学的逻辑关系来模拟智能知识的规律；通过经济学、社会学的基本观点来解释产生智能知识的社会行为；通过管理科学，特别是最优化数据挖掘理论来刻画智能知识发现的一般性方法和规律。主要研究内容应包括：

智能知识基本元素空间的公理化和结构；智能知识测度抽象表达、关联度量、分类标准、收敛条件；智能知识社会元素的拓扑结构及形式化理论；智能知识基本原理、定理及运算规则。

3. 可拓数据挖掘

可以利用可拓集合和可拓变换理论，研究衍生知识转化的理论、技术和方法，尤其是如何变静态知识挖掘为动态知识挖掘，以满足挖掘变化知识的需求。重点研究基于各种数据挖掘模型所得规则的可拓转化策略获取方法，利用可拓集合和可拓变换理论，在领域知识的约束和指导下，对挖掘出来的规则进行二次挖掘和可拓变换（利用可拓集的思想对事物进行的一种变化分类，这种分类不是简单地把信息元域分为“属于”和“不属于”两类，而是可以通过变换使不具有某些性质的信息元变为具有这些性质的信息元），从中获取“不行变行，不是变是”的策略，为制定预防客户流失的转化措施提供有针对性的决策参考。

4. 大数据环境下的智能知识管理与决策结构变异

随着计算机技术的普遍应用，当今各种社会活动产生了海量的数据。近几年，随着 Web 2.0 和 Web 3.0 的发展，让网民更多地参与信息产品的创造、传播和信息分享，通过更加简洁的方式为用户提供更为个性化的互联网信息资讯定制。论坛、博客、微博、社交网络等社会化媒体（Social Media）得到了迅猛发展，更导致了形形色色数据的急增，人类已经进入了大数据时代。截至 2017 年 12 月，我国网民规模达 7.72 亿，互联网普及率为 55.8%，创造大数据的速度正在接近甚至超过发达国家，大数据也在迅速膨胀。

我们已有的科研成果表明，若将数据挖掘的结果（潜在模式）定义为“一次挖掘”的粗糙知识（Rough Knowledge），将主观知识（如经验知识、情境知识、客户偏好等）通过量化的方法进一步与粗糙知识融合，上升为决策者所需要的智能知识（Intelligent Knowledge）。它则可以作为有用知识为智能性的决策提供支持。

从理论意义上来说，大数据下的智能知识管理、决策结构变异研究与传统研究有以下三点不同。一是知识机理的重构：与传统知识不同，基于大数据的知识发现过程是数据——信息——知识——决策。二是决策模式的改变：传统是基于因果关系的决策，大数据下的决策是基于相关分析的决策。三是决策与管理模式的改变：传统是依赖于业务知识的学习和实践经验的积累，大数据是基于数据分析的反映，即从事结构化决策的决策者不需要掌握很多业务知识，一样可以做结构化的决策。

在大数据环境下，决策是以大数据挖掘产生的结构化知识为起点，不断经由人的主观知识的加入和加工处理，从半结构化知识到非结构化知识的过程。所得到的半结构化知识和非结构化知识能够有效科学地支持高层决策，是“智能知识”。

大数据带来了决策与管理的改变，它不再完全依赖于业务知识的学习和实践经验的积累，而是更多地基于数据分析的反映。高层决策者不需要掌握很多的业务知识，也同样可以通过对大数据挖掘结果的感知，进行更进一步的判断和处理，做出科学、迅速、准确的决策。对于已经结合了主观知识进行加工后的智能知识，如何进行可视化呈现，需要进一步的探索，这对支持高层管理决策有至关重要的意义。

5. 智能知识管理的新方法

智能知识的表达：基于数据技术与智能知识的理论框架，寻找运用一类适当的“关系测度”去衡量数据、信息和智能知识之间的相互依存性，研究合适的智能知识分类表达方式。这个问题的突破有助于建立一般性的数据挖掘理论，这正是数据挖掘领域长期未能解决的问题。

智能知识的分类与评价：分析由数据挖掘产生的智能知识的特性，对智能知识进行分类，对不同类型的智能知识选取合适的指标进行有效性评估，构建智能知识分类和评价体系。

智能知识的测度：研究智能知识的主、客观测度理论与方法，从数据挖掘模型的区分能力、所能提供的信息量等多个角度研究智能知识价值测度的数学模型方法。

智能知识结构有效性评估：给定应用目标和信息源，数据挖掘系统必须要做的是评估智能知识结构的有效性，这一评估结果不仅可以量化已有的智能知识的有用性，也能决定是否有必要采用其他的智能知识。这一领域的探索需要在以下三方面进行深入研究：智能知识复杂性分析；智能知识复杂性和模型有效性关联分析；跨异构模型的智能知识有效性分析。

智能知识保存、转化与应用：将智能知识作为一类“特殊”的知识，进一步研究其保

存、转化和应用的数学和管理上的含义与结构。

研究智能知识与智能行为、智能决策、可行动之间的关联，以及智能知识的应用如何提高决策智能及决策行为的效率。

6. 典型行业的实证研究展望

深入分析行业的智能知识管理系统与管理信息系统（MIS）、知识管理系统（KMS）的共性与特性。在此基础上，将数据挖掘和智能知识管理结合应用于支持企业管理决策。在具备海量数据基础的金融、医疗、电信、审计、能源等行业，通过数据挖掘和智能知识管理的分析，建立适合于特定行业、企业的智能知识管理系统，提高其知识管理能力和综合竞争力。

智能知识管理的过程是一个各环节紧密相连、逐步推进、逐渐接近目标，不断螺旋上升的过程。在系统设计中，要对整个智能知识发现的过程进行管理，才能使智能知识管理系统具备实践价值和效果。

与传统的数据挖掘平台关注于数据与技术，强调挖掘过程的自动化不同，智能知识管理系统强调专家在挖掘中的作用，并将领域知识（专家的经验、兴趣和偏好等）动态地整合到数据挖掘全过程中，开发界面友好的用户接口，以便专家与系统之间进行充分交互。同时智能知识管理系统强调知识资产的沉淀，使得每一次挖掘过程都有先前获得的知识积累，不再从零开始。

以上多个问题的解决，将极大地丰富智能知识管理领域的内容并将该学科研究推向更高的发展阶段。

4.5　大数据处理的开源技术工具

4.5.1　数据流处理工具 Storm 和 Kafka

Storm 和 Kafka 是未来数据流处理的主要方式，它们已经在一些大公司中使用，包括 Groupon（欧美网络折扣店）、阿里巴巴和 The Weather Channel（一款开气预报软件）等。Storm，诞生于 Twitter，是一个分布式实时计算系统。Storm 用于处理实时计算，而 Hadoop 主要用于处理批处理运算。Kafka 是一种高吞吐量的分布式订阅消息系统，它可以处理消费者在网站中的所有动作流数据。一起使用它们，就能实时地和线性递增地获取数据。

使用 Storm 和 Kafka 使得数据流处理线性的，确保每条消息获取都是实时的，可靠的。前后布置的 Storm 和 Kafka 能每秒流畅地处理 10 000 条数据。像 Storm 和 Kafka 这样的数据流处理方案使得很多企业引起关注并想达到优秀的 ETL（抽取转换装载）的数据集成方案。

Storm 和 Kafka 也很擅长内存分析和实时决策支持。在企业的大数据解决方案中，实时数据流处理是一个必要的模块，因为它能有效处理“3v”—volume，velocity 和 variety（容量，速率和多样性）。Storm 和 Kafka 这两种技术将成为大数据应用平台中的一个重要组成部分。

4.5.2 查询搜索工具 Drill 和 Dremel

Drill 和 Dremel 实现了快速低负载的大规模、即时查询数据搜索。它们提供了秒级搜索 P 级别数据的可能，可以应对即席查询和预测，同时提供强大的虚拟化支持。Drill 和 Dremel 提供强大的业务处理能力，不仅仅只是为数据工程师提供。业务端的用户都喜欢 Drill 和 Dremel。Drill 是 Google 的 Dremel 的开源版本。Dremel 是 Google 提供的支持大数据查询的技术。Drill 和 Dremel 相比 Hadoop 具有更好的分析即时查询功能。

4.5.3 开源统计语言 R

R 是开源的强大的统计编程语言。自 1997 年以来，超过 200 万的统计分析师使用 R。这是一门诞生自贝尔实验室的在统计计算领域的现代版的 S 语言，迅速成为新的标准的统计语言。R 使得复杂的数据科学变得更廉价。R 是 SAS 和 SPASS 的重要领头者，并作为最优秀的统计师的重要工具。R 在大数据领域是一个超棒的不会过时的技术。而且，R 和 Hadoop 协同得很好，它作为一个大数据的处理的部分已经被证明了。

4.5.4 图形分析工具 Gremlin 和 Giraph

Gremlin 和 Giraph 帮助增强图形分析，并在一些图数据库中使用。图数据库是富有魅力的边缘化的数据库。它们和关系型数据库相比，有着很多有趣的不同点，这个是当你在开始的时候总是想用图理论而不是关系型理论来考虑解决问题。另一个类似的图基础的理论是 Google 的 Pregel，相比来说，Gremlin 和 Giraph 是 pregel 的开源替代品。也就是说，Gremlin 和 Giraph 是 Google 技术的山寨实现的例子，图在计算网络建模和社会化网络方面发挥着重要作用，能够连接任意的数据。另外一个经常的应用是映射和地理信息计算，如从 A 到 B 的地点，计算最短距离。图在生物计算和物理计算领域也有广泛应用，例如，运用图绘制不寻常的分子结构。海量的图、图数据库及分析语言和框架都是一种现实世界上实现大数据中的一部分。

4.5.5 全内存的分析平台 SAP Hana

SAP Hana 是一个全内存的分析平台，它包含了一个内存数据库和一些相关的工具软件，用于创建分析流程和用规范正确的格式进行数据的输入/输出。SAP 开始反对为固化的企业用户提供强大的产品供开发免费使用。

4.5.6 可视化类库 D3

D3 是一个 Javascript 面向文档的可视化的类库。它让用户能直接看到信息并进行正常交

互。例如，可以使用 D3 来从任意数量的数组中创建 HTML 表格，或使用任意的数据来创建交互进度条等。程序员使用 D3 能方便地创建界面，组织所有的各种类型的数据。

4.6　知名公司的大数据技术方案

英特尔：作为与 Linux 一样具有革命性意义的 Hadoop，英特尔推出了基于该平台的发行版（包括免费发行版），如图 4.12 所示，以帮助用户更轻松地构建架构和使用分布式计算平台，开发和处理海量数据。Hadoop 是一个能够对大量数据进行分布式处理的软件框架。Hadoop 项目包括三部分，分别是 Hadoop Distributed File System（HDFS）、Hadoop MapReduce 编程模型，以及 Hadoop Common。

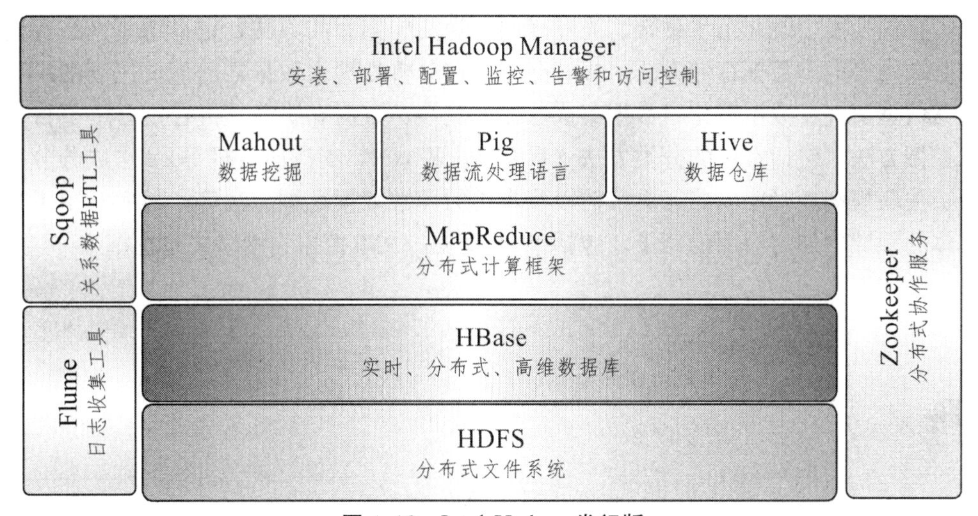

图 4.12　Intel Hadoop **发行版**

微软：为帮助企业快速采用其大数据解决方案，微软将在 Microsoft Windows Azure 平台上提供基于云端的 Hadoop 服务，同时在 Windows Server 上提供基于本地的 Hadoop 版本。

EMC：Greenplum 统一分析平台（UAP）是结合 Greenplum DB 和 Greenplum Hadoop 为企业构建高效处理结构化、半结构化、非结构化数据的大数据分析平台。并且客户可以以此平台为基础利用 Greenplum 行业和数学统计方面的专家，充分挖掘自身数据价值，实现数据资产从成本中心到利润中心的转变，以数据驱动业务。

甲骨文：提供了大数据软硬一体优化集成解决方案 Exadata，其行业解决方案包括移动应用用户行为统计分析，基于日志和访问内容的用户画像，机顶盒用户使用习惯和精准营销，语义分析和搜索引擎实时处理，海量指纹识别以及人脸识别查询系统，分布式大数据存储和管理系统，海量历史数据分析平台，基于互联网的舆情监控系统等。Exadata 就是一个预配置的软硬件结合体，可提供高性能的数据读写操作。

IBM：提供了功能全面的大数据解决方案 InfoSphere 大数据分析平台，它包括 BigInsights 和 Streams。Streams 采用内存计算方式分析实时数据，可以动态地分析大规模的结构化和非结构化数据。BigInsights 基于 Hadoop，增加了文本分析、统计决策工具，同时在可靠性、安全性、易用性、管理性方面提供了工具，并且可与 DB2、Netezza 等集成。

SAP：和甲骨文 Exadata 类似，SAP 提供了一个具有高性能的数据查询功能，用户可以直接对大量实时业务数据进行查询和分析的软硬一体化解决方案 HANA。

本章小结

本章首先介绍了大数据应用的基础——数据的收集存储技术，在数据收集技术中既包括手工录入这类简单直接的方式，也包括 Web 日志挖掘、Packet Sniffer 等自动化快速的方式；在数据的存储技术中既介绍了磁带、光盘存储等生活中熟悉的方法，也介绍了网络存储、光纤存储区域网等大型数据存储方法。接着介绍了在分析处理大数据之前需要用到的预处理技术，包括数据清洗、数据简化、数据集成、数据变换、数据规约等。再着重介绍了目前常用的数据挖掘方法，包括常用的分类方法（贝叶斯、K-NN，支持向量机等）、主成分分析、聚类分析、关联规则、时序模式、决策树以及常用的异常数据挖掘方法等；最后介绍了数据挖掘在具体的领域中如何应用的例子，包括 Web 挖掘、文本挖掘、网络关系挖掘等。

思考题

1. 归一化与标准化有何区别，分别适用于什么情形？
2. 简述决策树分类的主要步骤。
3. 为什么朴素贝叶斯分类称为“朴素”？简述朴素贝叶斯分类的主要思想。
4. 在文本分类中，TF-IDF 已经用作有效的度量。

(1) 给出一个例子表明 TF-IDF 在文本分类中并非总是一种很好的度量。

(2) 定义另一种可以克服这个困难的度量。

5. 垃圾电子邮件是基于网络的事务或个人通信中最烦人的事情之一。设计一种有效的策略（可能由一系列方法组成），可以用来有效过滤垃圾邮件，并讨论这个方法怎样随着时间而演变。
6. 简述数据挖掘常用的方法及主要算法，分析哪些算法在大数据挖掘中需要升级？
7. 结合公司业务需要，设计一套在自己所在公司实施大数据分析的方案。

5　主要数据挖掘工具及平台简介

5.1　数据挖掘工具平台 Clementine

Clementine 是原本 ISL（Integral Solutions Limited）公司开发的数据挖掘工具平台。1999 年 SPSS 公司收购了 ISL 公司，对 Clementine 产品进行了重新整合和开发，现在 Clementine 已经成为 SPSS 公司的又一亮点。作为一个数据挖掘平台，Clementine 结合商业技术可以快速建立预测性模型，进而应用到商业活动中帮助人们改进决策过程。强大的数据挖掘功能和显著的投资回报率使得 Clementine 在业界久负盛誉。

这里以利用神经网络对数据进行欺诈探测的例子，说明 Clementine 的具体使用：利用 Clementine 系统提供的数据来进行挖掘，背景是关于农业发展贷款的申请。每一条记录描述的是某农场对某种具体贷款类型的申请。本案例主要考虑两种贷款类型：土地开发贷款和退耕贷款。使用虚构的数据来说明如何使用神经网络来检测偏离常态的行为，重点为标识那些异常和需要更深一步调查的记录。要解决的问题是找出那些就农场类型和大小来说申请贷款过多的农场主。

1. 定义数据源

使用一个“变相文件”节点连接到数据集 grantfraudN. db。在“变相文件”节点之后增加一个“类型”节点到数据流中，双击“类型”节点，打开该节点，观察其数据字段构成，如图 5.1 所示。

图 5.1　查看数据源字段类型

2. 理解数据

在建模之前，需要了解数据中有哪些字段，这些字段如何分布，它们之间是否隐含着某种相关性信息。只有了解这些信息后才能决定使用哪些字段，应用何种挖掘算法和算法参数。

3. 准备数据

为了更直观地观察数据，以便于分析哪些数据节点有用，哪些数据对建模没用，可以使用探索性的图形节点进行分析，这有助于形成一些对建模有用的假设。

首先考虑数据中有可能存在欺诈的类型，有一种可能是一个农场多次申请贷款援助，对于多次的情况，假设在数据集上每个农场主有一个唯一的标识符，那么计算出每个标示符出现的次数是件容易的事。

第一步：在数据流中选定字数，如 name 字段，如图 5.2 所示。

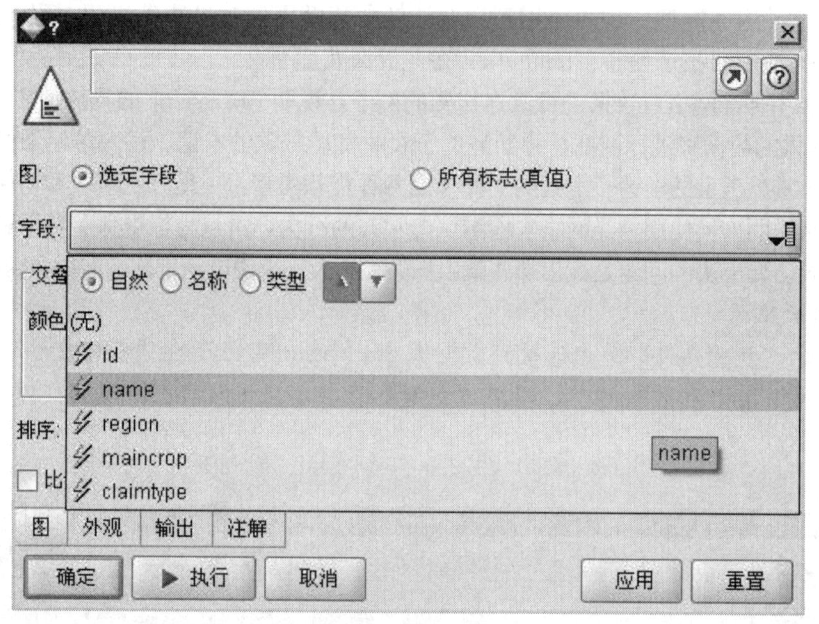

图 5.2 字段选择

第二步：选择 name 字段后，单击“执行”按钮，结果如图 5.3 所示。为了探索其他可能的欺诈形式，可以先不考虑多次申请的情况。先关注那些只申请一次的记录。

第三步：在数据流区域中添加一个选择节点，把该节点连接到数据流中，该节点的目的是为了删除相应的记录。双击该节点，如图 5.4 所示。模式选择“丢弃”单选按钮，条件文本框中输入“name== ‘name618’ or name== ‘name777’”。

第四步：以农场大小、主要作物类型、土壤质量等为自变量建立一个回归模型来估计一个农场的收入是多少。在建模以前，还需要添加一个导出节点，以便使用 clem 语言来生成一个新的字段，如图 5.5 所示，图中的表达式“farmsize * rainfall * landquality”的作用是估计农场收入，导出字段为 estincome。

name 的分布

文件　编辑　生成　视图

值	比例	%	计数
name601		0.33	1
name602		0.33	1
name603		0.33	1
name604		0.33	1
name605		0.33	1
name606		0.33	1
name607		0.33	1
name608		0.33	1
name609		0.33	1
name610		0.33	1
name611		0.33	1
name612		0.33	1
name613		0.33	1
name614		0.33	1
name615		0.33	1
name616		0.33	1
name617		0.33	1
name618		1.33	4
name619		0.33	1
name620		0.33	1
name621		0.33	1

表　图形　注解

确定

图 5.3　字段记录显示

图 5.4　删除部分记录

第五步：为了发现那些偏离估计值的农场，可以生成一个字段 diff，代表估计值与实际值偏离的百分数。在数据流中增加一个导出节点，如图 5.6 所示。

第六步：流中增加一个直方图节点，目的是希望能从 diff 的直方图帮助发现偏离特征。双击直方图节点，将直方图按照 claimtype 进行层叠。

estincome
导出为: 公式
模式: 单个 多个
导出字段:
estincome
导出为: 公式
字段类型: <默认>
公式:
farmsize * rainfall * landquality
设置 注解
确定 取消 应用 重置

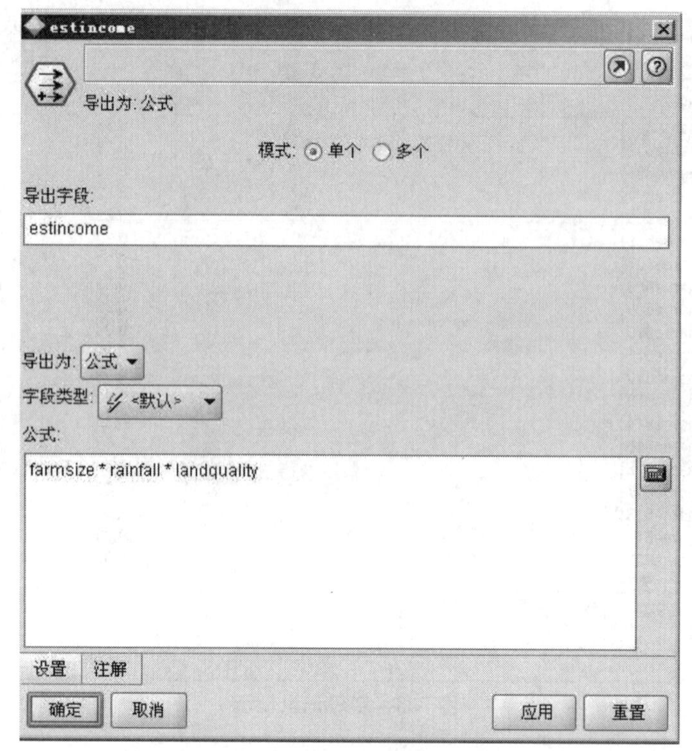

图 5.5　定义导出字段

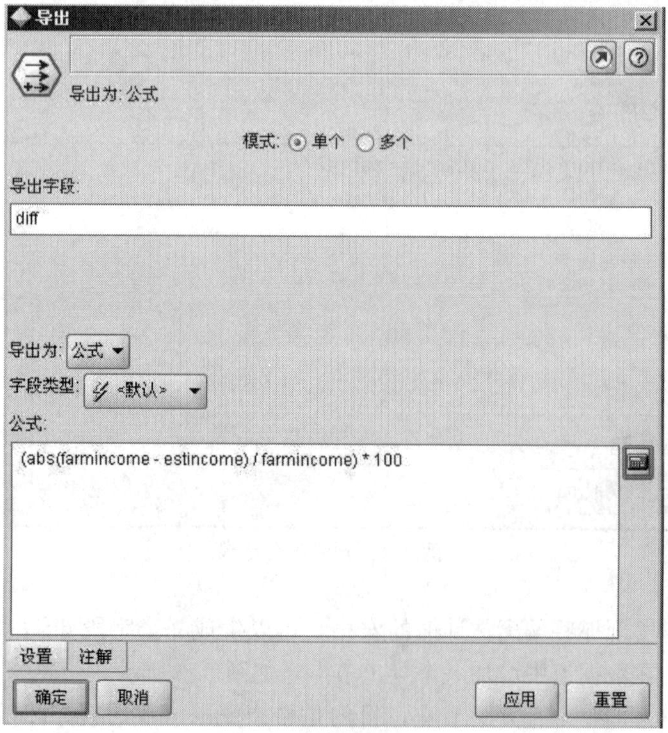

导出
导出为: 公式
模式: 单个 多个
导出字段:
diff
导出为: 公式
字段类型: <默认>
公式:
(abs(farmincome - estincome) / farmincome) * 100
设置 注解
确定 取消 应用 重置

图 5.6　定义偏离字段

第七步：设置完成之后，单击“执行”按钮，显示如图 5.7 所示。

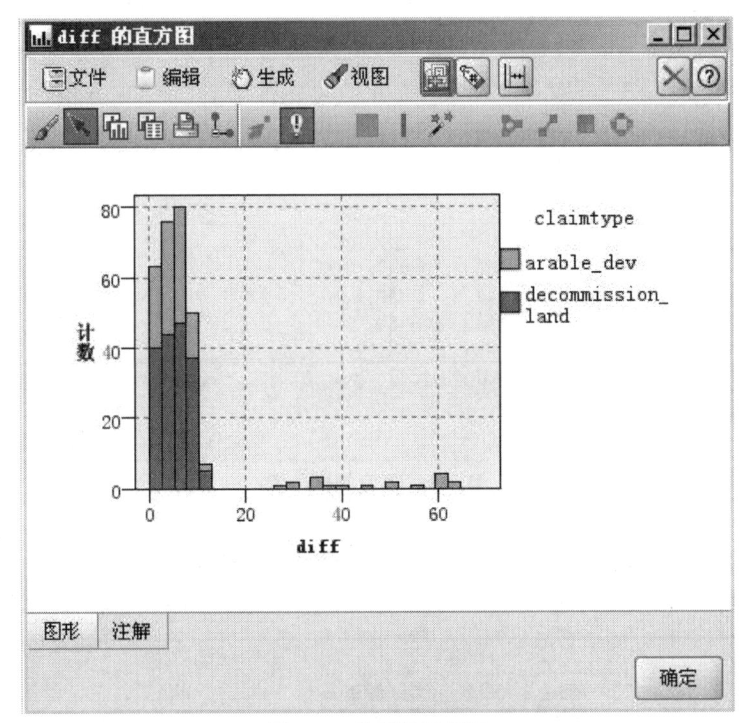

图 5.7　分析结果显示

第八步：从图 5.7 可以看出，较大的偏差都发生在 arable _ dev 类型的申请上。因此我们可以只选择 arable _ dv 类贷款申请作为研究对象。为此，选择一个选择节点添加到导出节点 diff 的后面，使用 clem 表达式“claimtype== ‘arable _ dev’”来进行筛选，设置如图 5.8 所示。

4. 建　模

经过数据准备阶段，发现将真实值和通过一系列因变量的期望值进行比较似乎是有用的。神经网络也可以用来处理此类问题。神经网络使用数据中的变量对目标变量或响应进行预测。使用预测的结果，我们可以探索偏离正常值的记录或记录组。

第一步：将一个类型节点添加到数据流中，对数据集中数据进行设置。因为需要用数据集中的变量来预测所申请的贷款金额，所以将 claimtype 的方向设置为输出，id、name、farmincome 的方向设置为无，其他字段设置为输入，如图 5.9 所示。

第二步：单击“确定”按钮之后，下一步就可以添加模型节点了。双击神经网络节点，在数据流上添加一个神经网络节点。添加完成之后，执行此数据流。神经网络经过训练后，会产生一个模型。将产生的模型加入数据流中。然后在数据流中再增加一个散点图节点，对散点图节点进行设置，如图 5.10 所示。

第三步：设置完成之后，单击“执行”按钮，得出预测值与真实声明值的对照图，如图 5.11 所示。

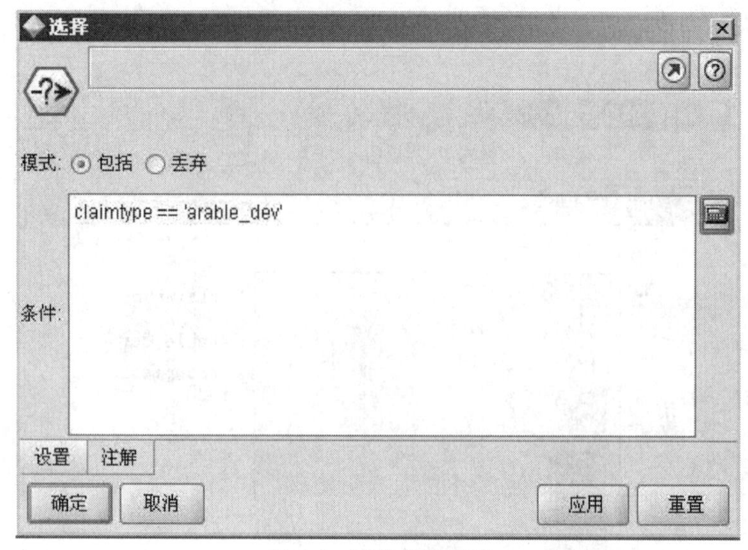

图 5.8　字段筛选设置

图 5.9　字段类型查看

第四步：从图 5.11 可以看出，对大多数的样本来说，拟合效果看上去不错。不过，需要进行深一步的分析。在该数据流中增加一个导出节点，双击该节点，对该节点进行设置，如图 5.12 所示。在导出字段框中给字段命名为“claimdiff”，导出为下拉列表中选择公式。在下面公式框中输入 clem 表达式“（abs（claimvalue-‘$N-claimvalue’）/‘claimvalue’）＊100”。为了说明真实值和估计值之间的差距，可以参考 claimdiff 的直方图，主要对那些由神经网络得出的申请人感兴趣。

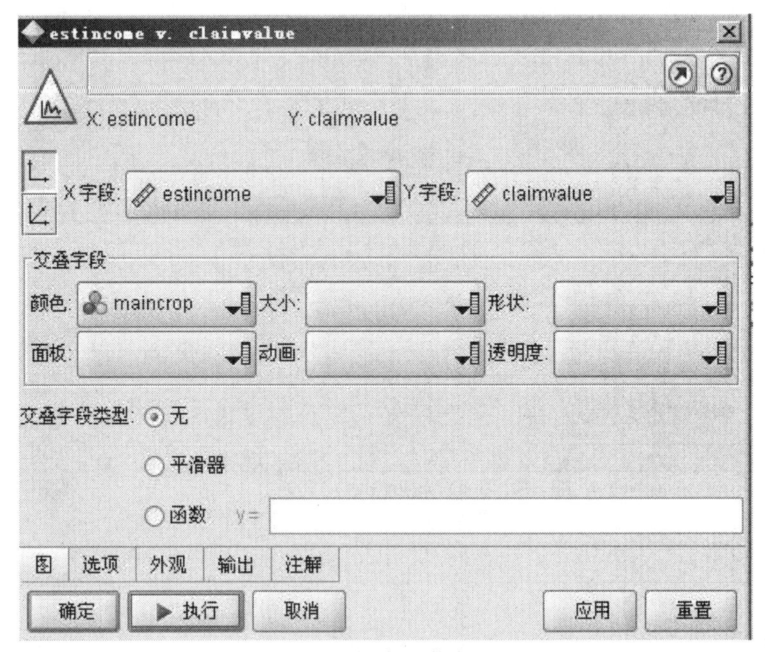

图 5.10　散点图节点设置

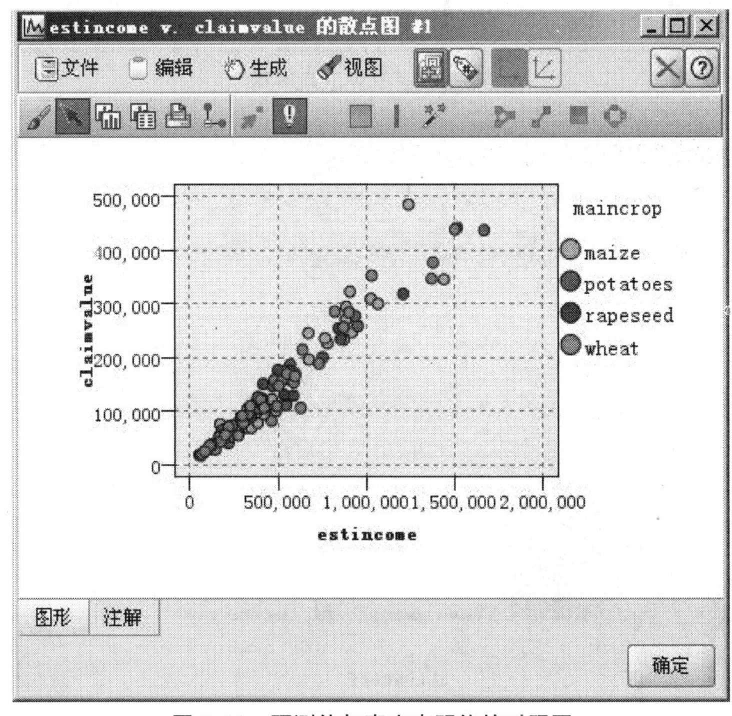

图 5.11　预测值与真实声明值的对照图

第五步：在数据流中加入一个直方图节点。双击打开该节点，在字段下拉列表框中选择 “claimdiff”，单击 “执行” 按钮，运行结果如图 5.13 所示。

图 5.12　导出节点设置

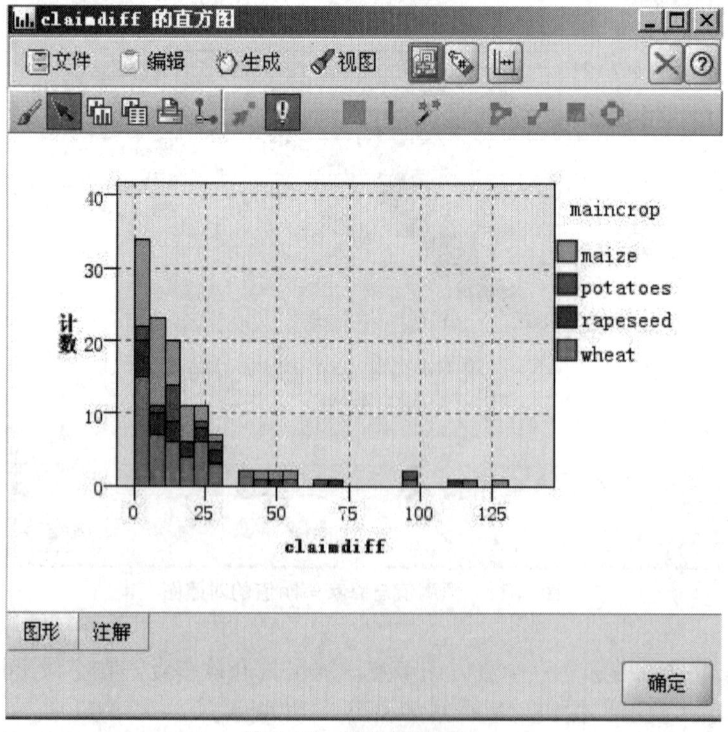

图 5.13　运行结果显示

第六步：增加一个分隔带到直方图中，右击带区生成一个选择节点以进一步查看那些 claimdiff 值较大的数据，如图 5.14 所示。

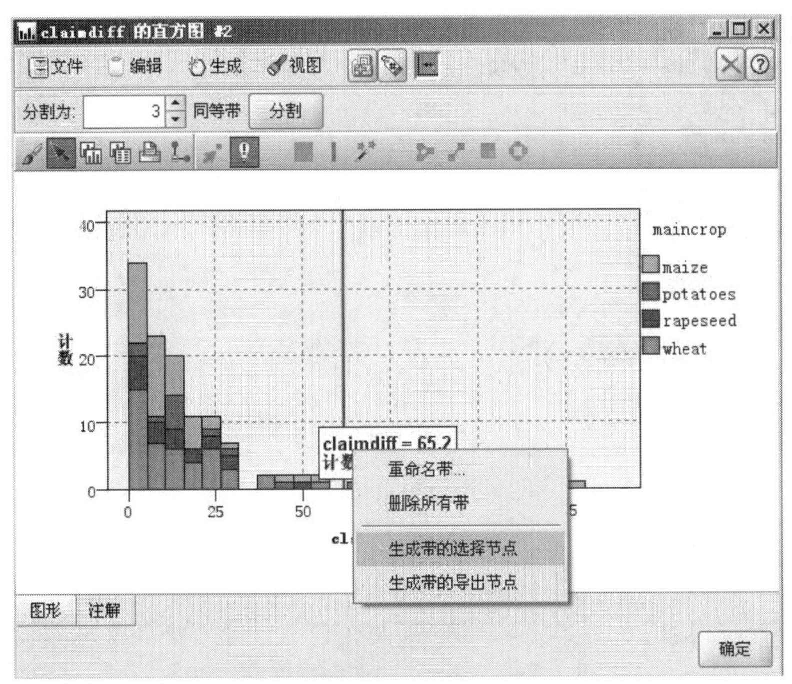

图 5.14　查看差别值较大的节点

第七步：选择生成带状区域的选择节点命令后，在数据流区域就会出现一个带状区域 1 的选择节点。把它添加到 claimdiff 节点后，双击该节点，如图 5.15 所示。

图 5.15　添加节点

第八步：在该数据流中再增加一个条形图节点，双击该节点，在字段下拉列表中选择 name 字段，单击“执行”按钮，效果如图 5.16 所示。

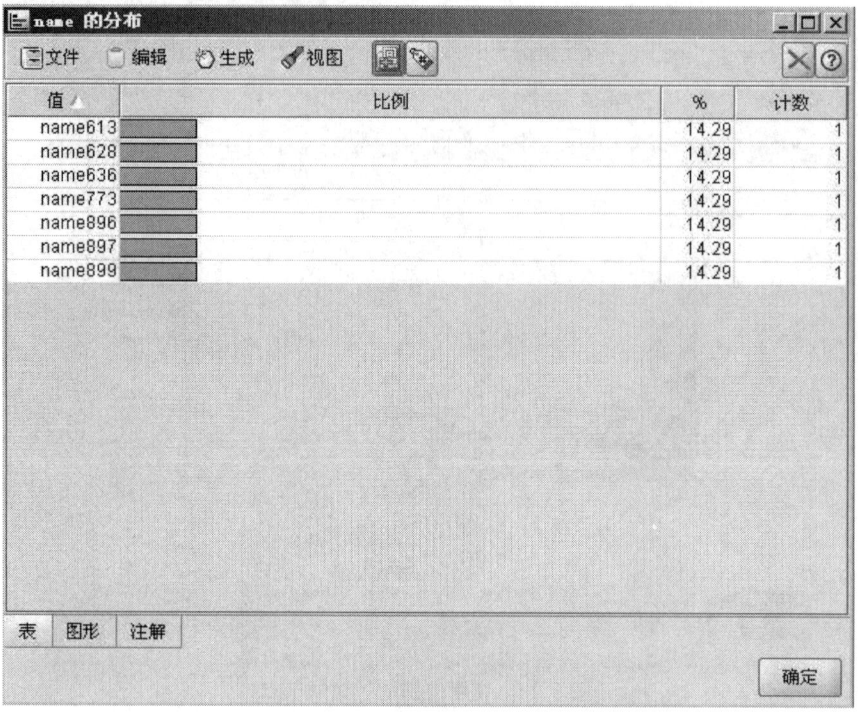

name 的分布

文件 编辑 生成 视图

值	比例	%	计数
name613		14.29	1
name628		14.29	1
name636		14.29	1
name773		14.29	1
name896		14.29	1
name897		14.29	1
name899		14.29	1

表 图形 注解

确定

图 5.16　字段 name 记录统计

本例中建立的数据流图如图 5.17 所示。

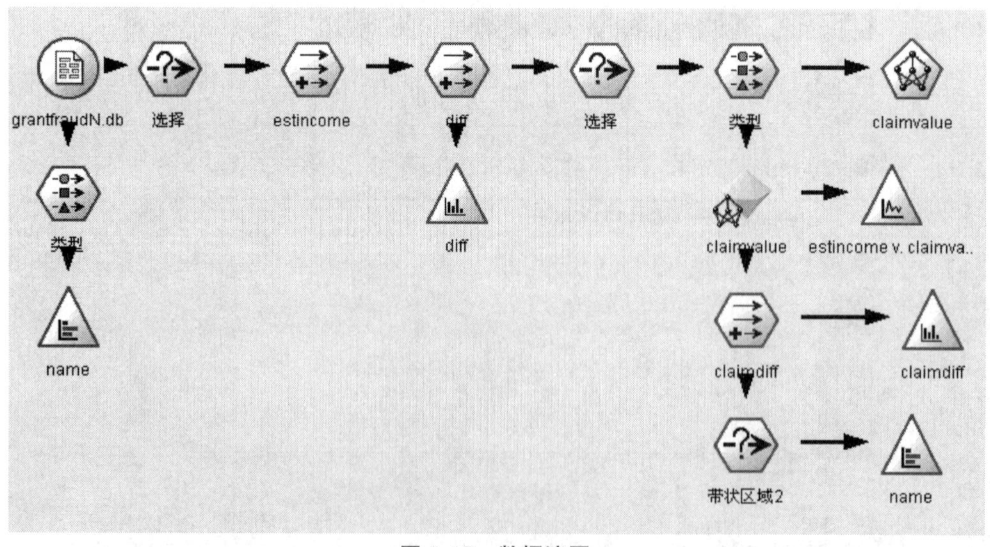

图 5.17　数据流图

Clementine内含功能强大的数据挖掘算法，使数据挖掘贯穿业务流程的始终，因此在缩短投资回报周期的同时极大地提高了投资回报率。

5.2 SAS（Statistical Analysis System）/EM（Enterprise Miner）

SAS完全以统计理论为基础，其功能强大，有完备的数据探索功能。它针对专业用户进行设计的，需要用户有一定的统计基础。其软件价格也极其昂贵，但可以采用租赁模式。软件租赁是软件即服务（SaaS）思想的一个体现。软件租赁的实现途径可以有很多种，目前，较为通用的是通过ASP（Application Service Provider）模式实现，这种模式可用于基于开源软件的应用服务供应商。ASP作为一种业务模式，是指在共同签署的外包协议或合同的基础上，企业将其部分或全部与业务流程的相关应用委托给服务提供商，由服务商通过网络管理和质量保证实现交付服务的商业运作模式。

SAS是一个模块化、集成化的大型应用软件系统。功能包括数据访问、数据储存及管理、应用开发、图形处理、数据分析、报告编制、运筹学方法、计量经济学与预测等。

基本部分是BASE模块。BASE模块是SAS系统的核心，承担着主要的数据管理任务，并管理用户使用环境，进行用户语言的处理，调用其他SAS模块和产品。也就是说，SAS系统的运行，首先必须启动BASE模块，它除了本身所具有的数据管理、程序设计及统计计算功能以外，还是SAS系统的中央调度室。它可单独存在外，也可与其他产品或模块共同构成一个完整系统。

在BASE的基础上，还可以增加如下功能：SAS/STAT（统计分析模块）、SAS/GRAPH（绘图模块）、SAS/QC（质量控制模块）、SAS/ETS（经济计量学和时间序列分析模块）、SAS/OR（运筹学模块）、SAS/IML（交互式矩阵程序设计语言模块）、SAS/FSP（快速数据处理的交互式菜单系统模块）、SAS/AF（交互式全屏幕软件应用系统模块）、SAS/EM（企业数据挖掘）等。

下面主要介绍SAS/EM模块。

SAS使用它的SEMMA（Sample、Explore、Modify、Model、Assess）方法学以提供一个能支持包括关联、聚类、决策树、神经网络和统计回归在内的广阔范围的模型数据挖掘工具。SAS EM被设计为能被初学者和有经验的用户方便使用。它的GUI界面是数据流驱动的，因此易于理解和使用。它允许分析者通过构造一个使用链接连接数据结点和处理结点，以可视化的数据流图来构造一个挖掘模型。另外，此界面允许把处理结点直接插入到数据流中。由于支持多种模型，所以SAS/EM允许用户比较（评估）不同模型并利用评估结点选择最适合的。另外，SAS/EM提供了一个能产生被任何SAS应用程序所访问的评分模型的评分结点。

用户配置方面，SAS /EM能运行在客户/服务器上或（计算机的外围设备）独立运行。此外，在客户/服务器模式下，EM允许把服务器配置成一个数据服务器、计算服务器或两者的综合。EM被设计成能在所有SAS支持的平台上运行。该结构支持胖客户机配置以及瘦客户机（浏览器）版本。

SAS/EM 是在强大的统计分析软件基础上开发出的一个易于使用、可靠和易于管理的商业数据挖掘系统。模型选项和所覆盖的算法范围、设计良好的用户界面和在统计分析市场所占的巨大份额（允许一个公司获得一个增加的 SAS 部件而不是一个新的工具）都可能使 SAS 在数据挖掘市场上取得领先位置。总的来说，此工具适合于企业在数据挖掘方面的应用以及 CBM 的全部决策支持应用。

5.3 IBM Intelligent Miner

IBM 的 Enterprise Miner 简单易用，是理解数据挖掘好的开始。虽然能处理大数据量的挖掘，但功能一般，可能仅满足要求，没有数据探索功能。它与其他软件接口差，只能用 DB2，连接 DB2 以外的数据库时，如 Oracle、SAS、SPSS 需要安装 DataJoiner 作为中间软件，而且难以发布，虽然结果美观，但同样不好理解，但 Intelligent Miner for Text 可以提供一定程度的定制，具有可扩展性，索引速度很快，具有先进的语言分析能力、聚集和过滤能力。而且 Intelligent Miner 有强大的 API 函数库，可以创建定制的模型。能够处理巨大的数据量，同时支持并行处理，查询速度很快。但是图形界面 GUI 不友好，spider 和 indexing 管理需要对 UNIX 非常熟悉。对一个挖掘对象将多个挖掘操作一起执行（批处理）比较困难；元数据不开放，结构复杂；文档缺乏错误代码的详细解释；没有对算法的详细说明。Intelligent Miner 的数据挖掘操作流程并不是完全傻瓜式操作，在培训完全没有数据挖掘基础的人员使用该软件较耗费时间，并且还需要掌握 DB2 数据库基本知识。

总的来说，IntelligentMiner 是市场上最强大和最有可伸缩性的工具之一。公布的对用户进行调查得到的基准测试显示工具总的性能良好，并且在不同的应用环境下一些算法比别的算法运行得更好。IBM 已投入大量财力把此工具定位在为企业规模的数据挖掘的一个主要解决方案。应用的主要算法有单变量曲线、双变量统计、线性回归、因子分析、主变量分析、分类、分群、关联、相似序列、序列模式、预测等。适合处理的数据类型包括结构化数据（如数据库表、数据库视图、平面文件）和半结构化或非结构化数据（如顾客信件、在线服务、传真、电子邮件、网页等）。它采取客户/服务器（C/S）架构，并且它的 API 提供了 C++类和方法。

Intelligent Miner 通过其独有的世界领先技术（例如自动生成典型数据集、发现关联、发现序列规律、概念性分类和可视化呈现），可以自动实现数据选择、数据转换、数据挖掘和结果呈现这一整套数据挖掘操作。若有必要，对结果数据集还可以重复这一过程，直至得到满意结果为止。

现在，IBM 的 Intelligent Miner 已形成系列，它帮助用户从企业数据资产中识别和提炼有价值的信息。它包括分析软件工具——Intelligent Miner for Data 和 Intelligent Miner for Text，帮助企业选取以前未知的、有效的、可行的业务知识（如客户购买行为、隐藏的关系和新的趋势），数据来源可以是大型数据库和企业内部或 Internet 上的文本数据源。然后企

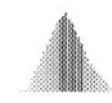

业可以应用这些信息进行更好、更准确的决策，以获得竞争优势。

下面用一个客户细分的数据挖掘案例来说明 IBM Intelligent Miner 的使用。

（1）商业需求：客户细分。

（2）数据理解：根据用户基本信息（实际上还包括客户消费行为，人口统计信息等，本示例为简单起见，只在这个表的数据基础上进行挖掘）进行客户细分。

（3）数据准备。

（4）建模。

挖掘模型选择神经网络聚类技术。神经网络聚类技术使用了一个 Kohonen 特征映射神经网络。Kohonen 特征映射使用一个称作自组织的进程来将相似的输入记录组合在一起。用户可以指定群集的数目和遍数。这些参数控制进程时间和将数据记录分配到群集时使用的粒度程度。分群的主任务是为每个群集查找中心，此中心也称为原型。对于每个在输入数据中的每条记录，神经分群发掘函数计算和记录计分最近的群集原型。

每条数据记录的计分是用到群集原型的欧几里得距离表示的。计分越靠近 0，与群集原型的相似性程度就越高。计分越高，记录与群集原型就越不相似。输入数据的每个遍历，中心被调整来达到更好的整个分群模型质量。在发掘函数运行时，进度指示器显示每次遍历的质量改进状况。

模型选择如图 5.18 所示：

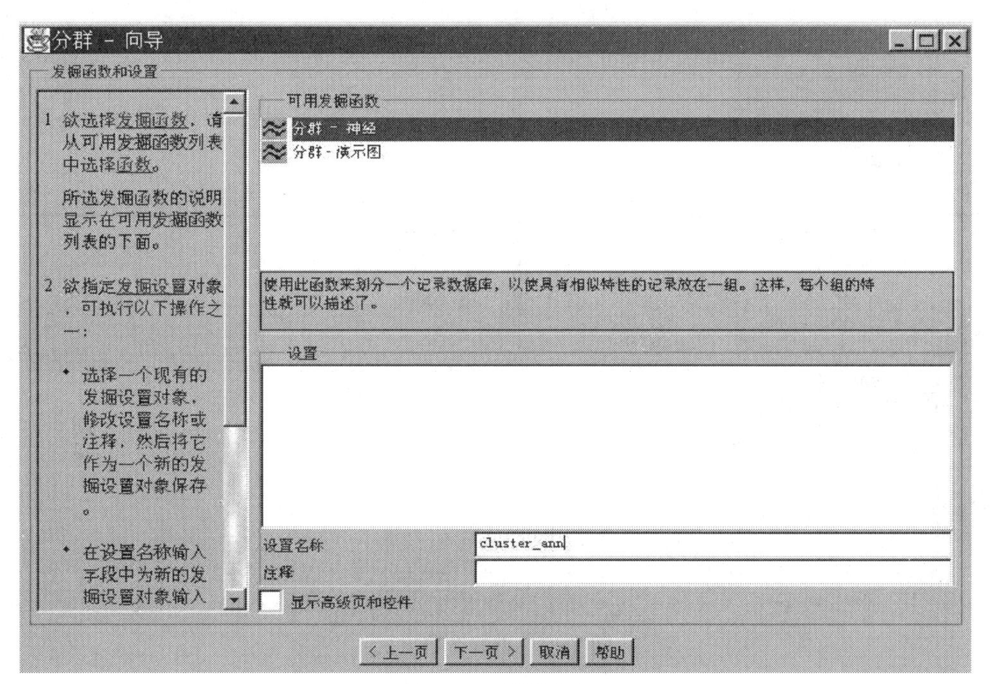

图 5.18　模型选择

指定输入数据，如图 5.19 所示。

选择分群方式及分群字段设置如图 5.20、图 5.21 所示。

图 5.19　**指定输入数据**

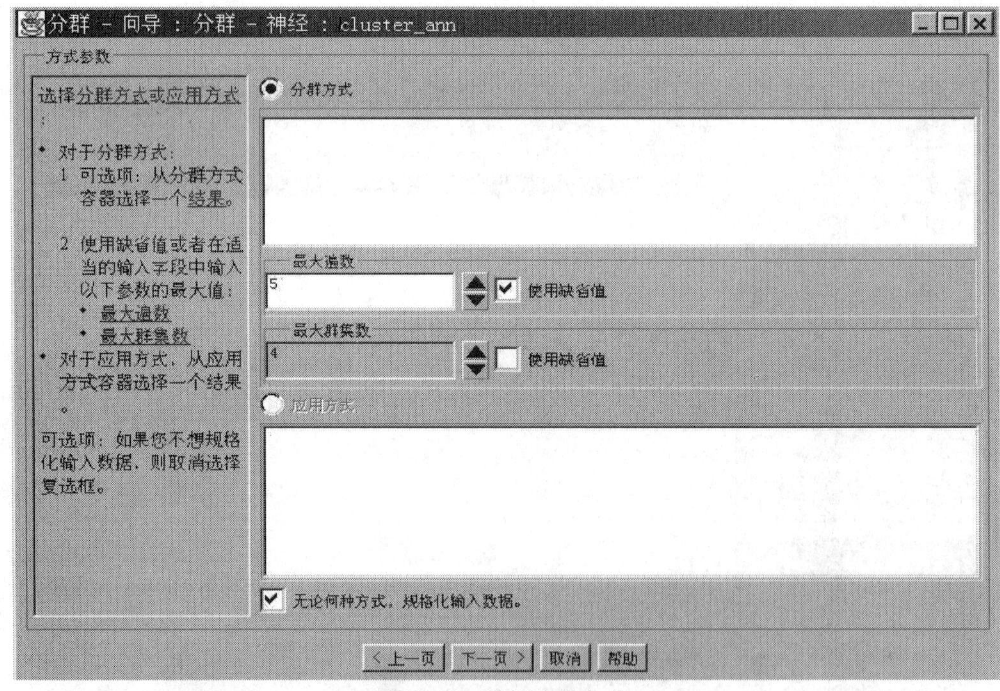

图 5.20　**选择分群方式**

分群模型设置概要如图 5.22 所示。

(5) 运行模型。点击蓝色按钮运行模型，模型运行进程，如图 5.23 所示。

(6) 模型结果分析。运行结果（群）如图 5.24 所示。运行结果统计如图 5.25 所示。

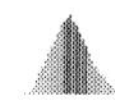

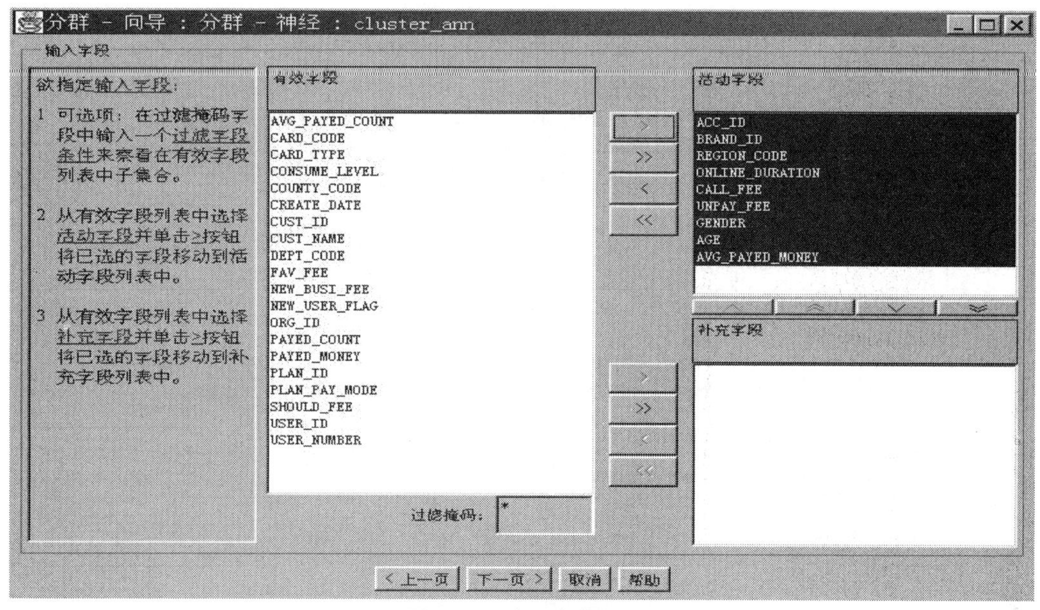

图 5.21　分群字段设置

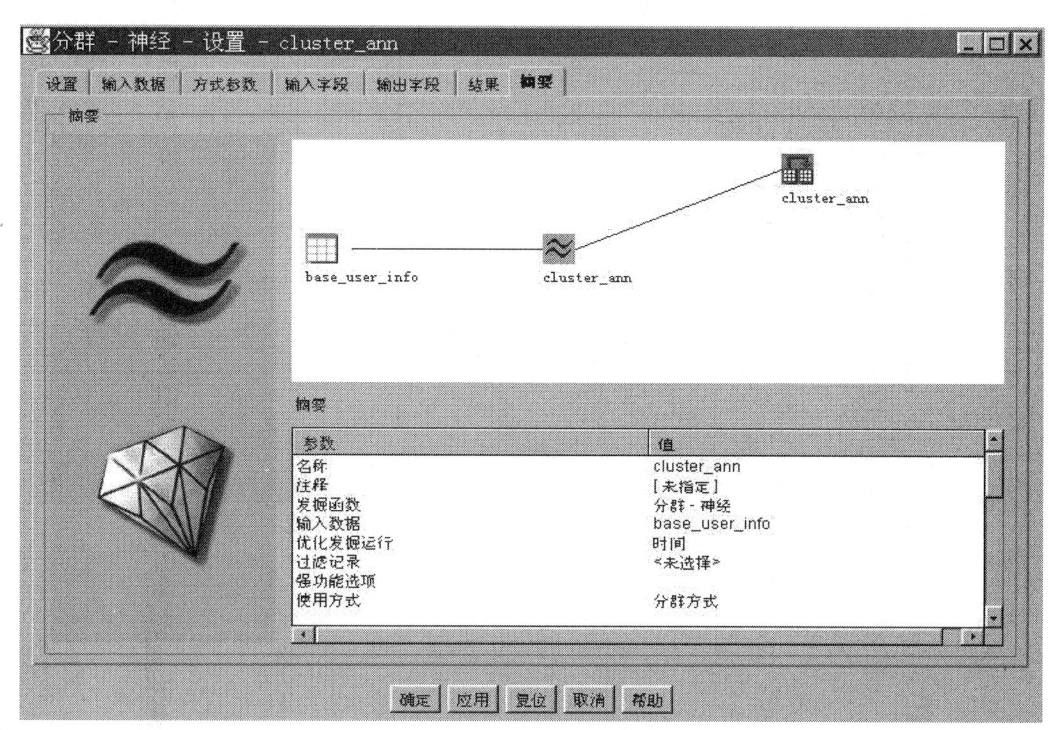

图 5.22　分群模型设置

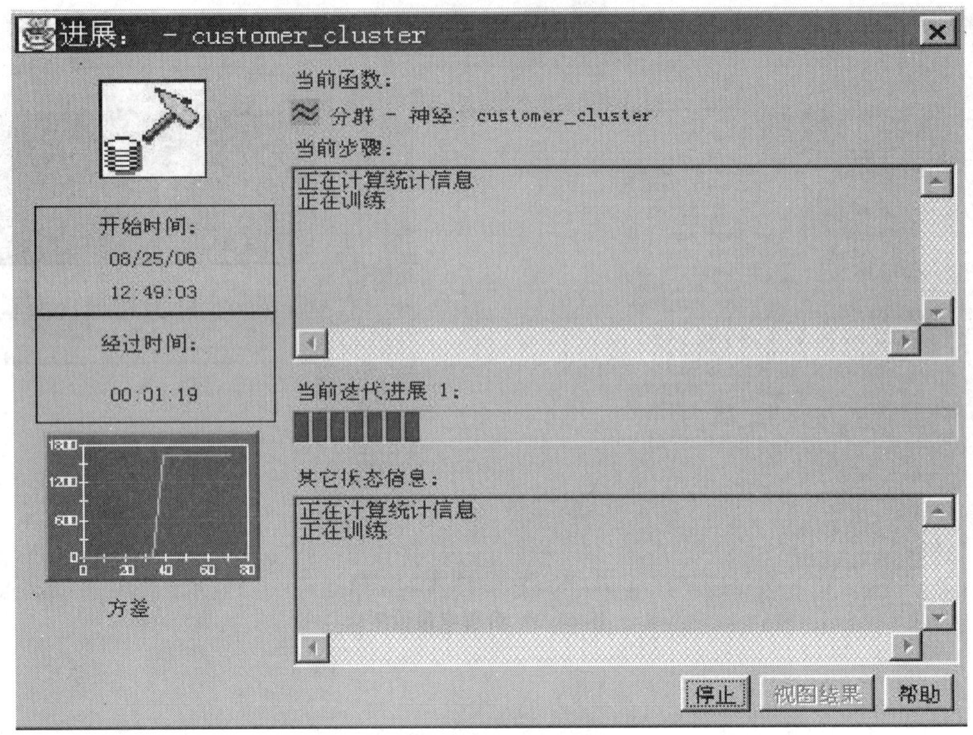

图 5.23　模型运行进程

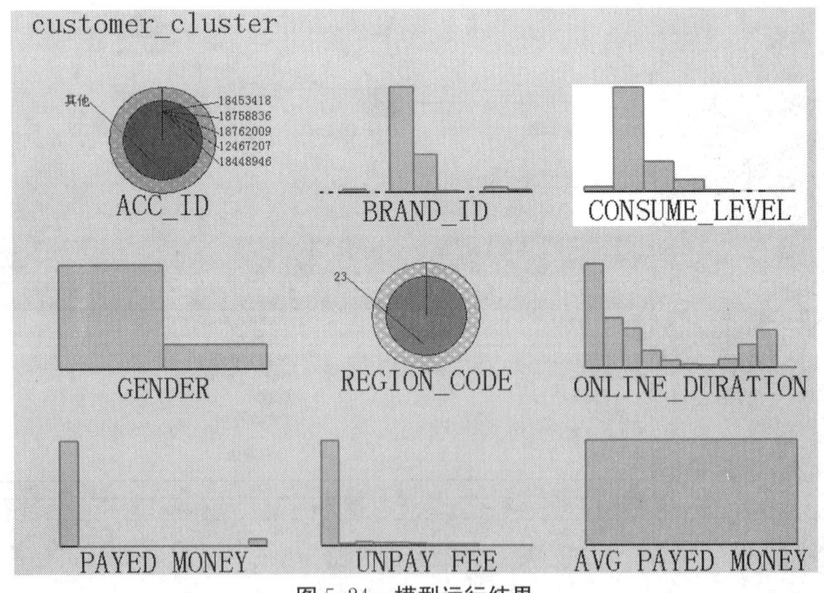

图 5.24　模型运行结果

参考字段特征（对于所有字段类型）：

（字段类型： [ ] = 补充，CA = 类别，CO = 连续数值，DN = 离散数值）

标识	名称	类型	模态值	模态频率(%)	可能的个数值/存储区
1	ACC_ID	CA	17730655	0.01	9982
2	BRAND_ID	DN	21	69.22	12
3	CONSUME_LEVEL	DN	2	69.27	6
4	GENDER	DN	0	80.54	2
5	REGION_CODE	CA	23	100.00	1
6	ONLINE_DURATION	CO	25	34.83	11
7	PAYED_MONEY	CO	2.5	92.44	11
8	UNPAY_FEE	CO	2.5	87.70	12
9	AVG_PAYED_MONEY	CO	0.5	100.00	1

参考字段特征（仅对于数值字段）：

标识	名称	最小值	最大值	平均值	标准偏差
2	BRAND_ID	2	28	21.1833	2.57503
3	CONSUME_LEVEL	1	6	2.3259	0.68362
4	GENDER	0	1	0.1946	0.395912
6	ONLINE_DURATION	1	706	161.294	170.357
7	PAYED_MONEY	0	550	5.279	22.6533
8	UNPAY_FEE	0	1443.02	3.82419	27.6099
9	AVG_PAYED_MONEY	0	0	0	0

图 5.25　运行结果统计

从图 5.25 我们可以看出一些有意义的分群，根据 CONSUME _ LEVEL 和 ONLINE _ DUTATION 分群有一定意义。而比如用 GENDER 进行的分群我们可以直接观察出来，意义不大，只有两个大类，可以直观地看出男女比例。

CONSUME _ LEVEL（消费层次）的群特征信息：可以看出在第 2、3 类消费层次占的比重较大，如图 5.26 所示。

群集字段特征（仅对于数值字段）：

标识	名称	最小值	最大值	平均值	标准偏差
3	CONSUME_LEVEL	1	6	2.3259	0.68362

字段详细信息:

字段名：CONSUME_LEVEL

标签	群集大小 %	参考大小 %	标签	群集大小 %	参考大小 %
1	03.2700	03.2700	5	00.3800	00.3800
2	69.2700	69.2700	6	00.1100	00.1100
3	19.6600	19.6600	MV	00.0000	00.0000
4	07.3100	07.3100	IV	00.0000	00.0000

图 5.26　群集字段特征

在线通话时长的分析，如图 5.27、图 5.28 所示。

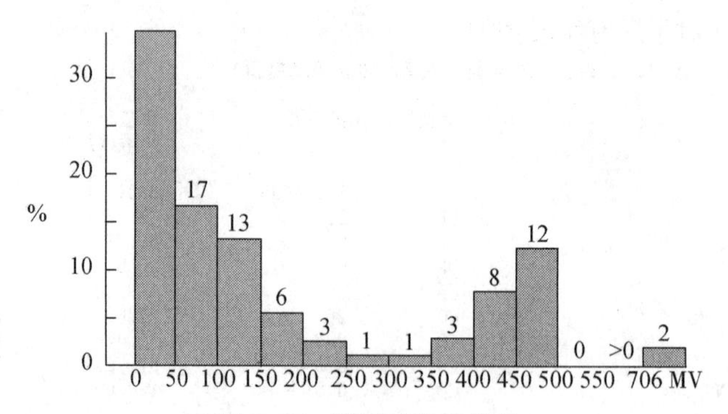

图 5.27　通话时长柱状图

下界	上界	群集大小 %	参考大小 %	下界	上界	群集大小 %	参考大小 %
0	0	00.0000	00.0000	300	350	00.9200	00.9200
0	50	34.8300	34.8300	350	400	02.9000	02.9000
50	100	16.7100	16.7100	400	450	07.7400	07.7400
100	150	13.2500	13.2500	450	500	12.3500	12.3500
150	200	05.5600	05.5600	500	550	00.0000	00.0000
200	250	02.5600	02.5600	550	706	00.0900	00.0900
250	300	01.1000	01.1000	丢失值		01.9900	01.9900

图 5.28　通话时长统计

从图 5.28 可以看出，大部分客户每一个月消费是 50 元以下的。50～200 各区间逐步递减；而一个月消费 300 以上的，也从 3%、8%、12%逐渐递增的态势。挖掘这些消费分群信息，对有针对性的营销和提前对客户进行细分是很有意义的。

(7) 保存调出模型，如图 5.29 所示。

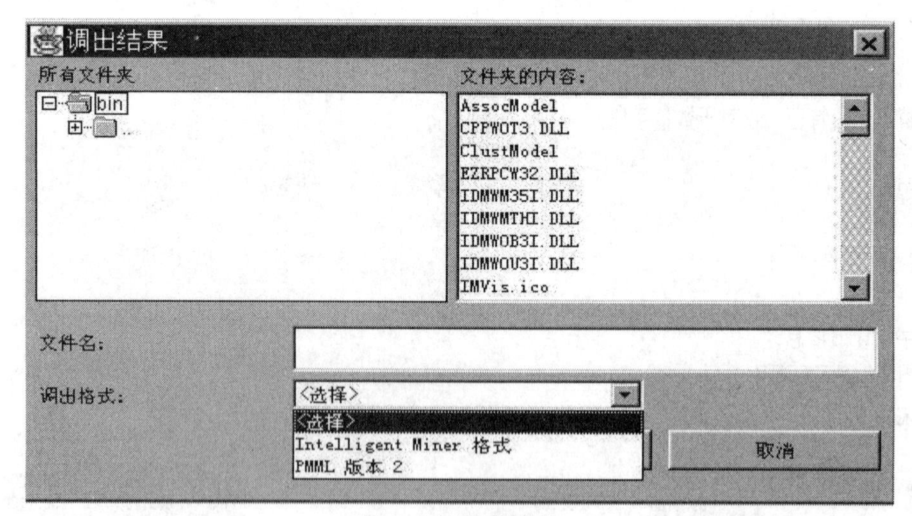

图 5.29　保存模型

采用一样的数据，可以进一步对客户消费水平进行分类预测（选择 CONSUME _ LEVEL 字段），如图 5.30 所示。

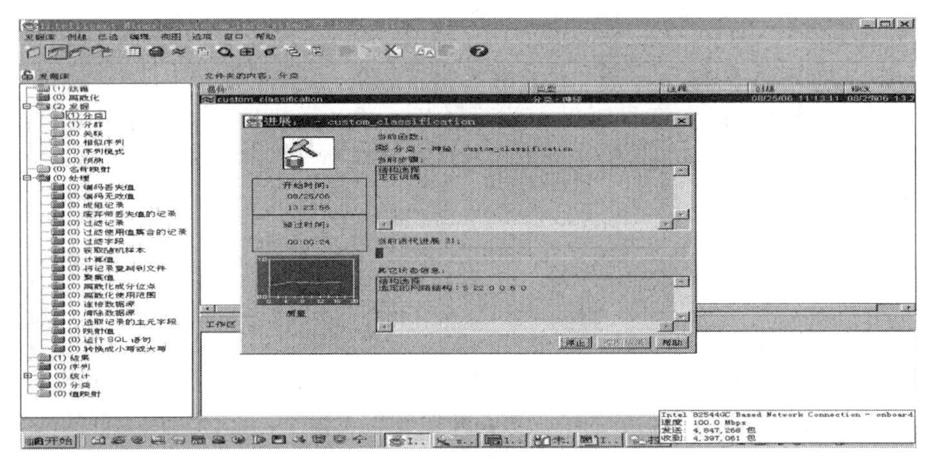

图 5.30　客户消费水平预测字段选择

5.4　R 语言

R 语言是主要用于统计分析及绘图的语言和操作环境。R 本来是由来自新西兰奥克兰大学的 Ross Ihaka 和 Robert Gentleman 开发（也因此称为 R）的，现在由“R 开发核心团队”负责开发。R 的语法是来自 Scheme。

R 的原代码可自由下载使用，亦有已编译的执行档版本可以下载，可在多种平台下运行，包括 UNIX（也包括 FreeBSD 和 Linux）、Windows 和 MacOS。R 主要是以命令行操作的，但有人开发了几种图形用户界面。

R 内建了多种统计学及数字分析功能。因为 S 的血缘，R 比其他统计学或数学专用的编程语言有更强的物件导向（面向对象程序设计）功能。R 的另一强项是绘图功能，其制图具有印刷的素质，也可加入数学符号。

虽然 R 主要用于统计分析或者开发统计相关的软件，但也有人用作矩阵计算。其分析速度可媲美 GNU Octave 甚至商业软件 Matlab。

R 的功能能够通过由用户撰写的套件增强。增加的功能有特殊的统计技术、绘图功能，以及编程界面和数据输出/输入功能。这些软件包是由 R 语言、LaTeX、Java 及最常用 C 语言和 Fortran 撰写的。下载的执行档版本会连同一批核心功能的软件包，而根据 CRAN 纪录有过千种不同的软件包。其中有几款较为常用，如用于经济计量、财经分析、人文科学研究以及人工智能。

5.5　DistBelief

Google 搭建的 DistBelief 是一个采用普通服务器的深度学习并行计算平台。该平台采用异步算法，由很多计算单元独立地更新同一个参数服务器的模型参数，实现随机梯度下降算法的并行化，以加快模型训练速度。该系统克服了传统 SGD 训练的不能并行的技术难题，神经网络的训练已经可以在海量语料上并行展开。可以预期，未来随着海量数据训练的 DNN 技术的发展，语音图像系统的识别率还会持续提升。

5.6 Hadoop

Hadoop 是一个能够让用户轻松架构和使用的分布式计算平台，由 Apache 基金会开发。用户可以在不了解分布式底层细节的情况下，开发分布式程序，充分利用集群的威力高速运算和存储。Hadoop 实现了一个分布式文件系统（Hadoop Distributed File System，HDFS）。HDFS 有着高容错性的特点，并且设计用来部署在低廉的（low-cost）硬件上。而且它提供高传输率（high throughput）来访问应用程序的数据，适合那些有着超大数据集（large data set）的应用程序。HDFS 放宽了（relax）POSIX 的要求，这样可以流的形式访问文件系统中的数据。

Hadoop 是一个能够对大量数据进行分布式处理的软件框架，它以一种可靠、高效、可伸缩的方式对大数据进行处理。Hadoop 是可靠的，因为它假设计算元素和存储会失败，因此它维护多个工作数据副本，确保能够针对失败的节点重新分布处理。Hadoop 是高效的，因为它以并行的方式工作，通过并行处理加快处理速度。Hadoop 还是可伸缩的，能够处理 PB 级数据。此外，Hadoop 依赖于社区服务器，因此它的成本比较低。

用户可以轻松地在 Hadoop 上开发和运行处理海量数据的应用程序。Hadoop 按位存储和处理数据的能力值得人们信赖。Hadoop 由许多元素构成。其最底部是 Hadoop Distributed File System（HDFS），它存储 Hadoop 集群中所有存储节点上的文件。HDFS（对于本文）的上一层是 MapReduce 引擎，该引擎由 JobTrackers 和 TaskTrackers 组成。下面介绍一些 Hadoop 中基本的概念。

1. HDFS

对外部客户机而言，HDFS 就像一个传统的分级文件系统。可以创建、删除、移动或重命名文件，等等。但是 HDFS 的架构是基于一组特定的节点构建的，这是由它自身的特点决定的。这些节点包括 NameNode（仅一个），它在 HDFS 内部提供元数据服务；DataNode，它为 HDFS 提供存储块。由于仅存在一个 NameNode，因此这是 HDFS 的一个缺点（单点失败）。

存储在 HDFS 中的文件被分成块，然后将这些块复制到多个计算机中（DataNode）。这与传统的 RAID 架构大不相同。块的大小（通常为 64 MB）和复制的块数量在创建文件时由客户机决定。NameNode 可以控制所有文件操作。HDFS 内部的所有通信都基于标准的 TCP/IP 协议。

2. NameNode

NameNode 是一个通常在 HDFS 实例中的单独机器上运行的软件。它负责管理文件系统

名称空间和控制外部客户机的访问。NameNode 决定是否将文件映射到 DataNode 上的复制块上。对于最常见的 3 个复制块，其中一个 DataNode 直接存放在本地，否则随机在集群中选择一个 DataNode；第二个副本存放在不同于第一个副本的所在的机架；第三个副本存放在第二个副本所在的机架，但是属于不同的节点。注意，这里需要读者了解集群架构。

实际的 I/O 事务并没有经过 NameNode，只有表示 DataNode 和块的文件映射的元数据经过 NameNode。当外部客户机发送请求要求创建文件时，NameNode 会以块标识和该块的第一个副本的 DataNode IP 地址作为响应。这个 NameNode 还会通知其他将要接收该块的副本的 DataNode。

NameNode 在一个称为 FsImage 的文件中存储所有关于文件系统名称空间的信息。这个文件和一个包含所有事务的记录文件（这里是 EditLog）将存储在 NameNode 的本地文件系统上。FsImage 和 EditLog 文件也需要复制副本，以防文件损坏或 NameNode 系统丢失。

NameNode 本身不可避免地具有 SPOF（Single Point Of Failure）单点失效的风险，主备模式并不能解决这个问题，目前只有通过 Hadoop Non-stop namenode 才能实现 100% up-time 可用时间。

3. DataNode

DataNode 也是一个通常在 HDFS 实例中的单独机器上运行的软件。Hadoop 集群包含一个 NameNode 和大量 DataNode。DataNode 通常以机架的形式组织，机架通过一个交换机将所有系统连接起来。Hadoop 的一个假设是：机架内部节点之间的传输速度快于机架间节点的传输速度。

DataNode 响应来自 HDFS 客户机的读写请求。它们还响应来自 NameNode 的创建、删除和复制块的命令。NameNode 依赖来自每个 DataNode 的定期心跳（heartbeat）消息。每条消息都包含一个块报告，NameNode 可以根据这个报告验证块映射和其他文件系统元数据。如果 DataNode 不能发送心跳消息，NameNode 将采取修复措施，重新复制在该节点上丢失的块。

4. 文件操作

HDFS 并不是一个万能的文件系统。它的主要目的是支持以流的形式访问写入的大型文件。如果客户机想将文件写到 HDFS 上，首先需要将该文件缓存到本地的临时存储；如果缓存的数据大于所需的 HDFS 块大小，创建文件的请求将发送给 NameNode。NameNode 将以 DataNode 标识和目标块响应客户机，同时也通知将要保存文件块副本的 DataNode。当客户机开始将临时文件发送给第一个 DataNode 时，将立即通过管道方式将块内容转发给副本 DataNode。客户机也负责创建保存在相同 HDFS 名称空间中的校验和 checksum 文件。在最后的文件块发送之后，NameNode 将文件创建提交到它的持久化元数据存储（在 EditLog 和 FsImage）文件中。

5. Linux 集群

Hadoop 框架可在单一的 Linux 平台上使用（开发和调试时），但是使用存放在机架上的商业服务器才能发挥它的力量。这些机架组成一个 Hadoop 集群。它通过集群拓扑知识决定如何在整个集群中分配作业和文件。Hadoop 假定节点可能失败，因此采用本机方法处理单个计算机甚至所有机架的失败。

5.7 MapReduce

MapReduce是Google提出的一个软件架构，用于大规模数据集（大于1TB）的并行运算。概念“Map”（映射）和“Reduce”（化简），及它们的主要思想，都有从函数式编程语言和从矢量编程语言借来的特性。

当前的软件实现是指定一个Map（映射）函数，用来把一组键值对映射成一组新的键值对，指定并发的Reduce（化简）函数，用来保证所有映射的键值对中的每一个共享相同的键组。其主要特征包括：

（1）映射和化简。

简单说来，一个映射函数就是对一些独立元素组成的概念上的列表（例如，一个测试成绩的列表）的每一个元素进行指定的操作（比如，有人发现所有学生的成绩都被高估了一分，他可以定义一个“减一”的映射函数，用来修正这个错误）。事实上，每个元素都是被独立操作的，而原始列表没有被更改，因为这里创建了一个新的列表来保存新的答案。这就是说，Map操作是可以高度并行的，这对高性能要求的应用以及并行计算领域的需求非常有用。

化简操作指的是对一个列表的元素进行适当的合并（继续前面的例子，如果有人想知道班级的平均分该怎么做？他可以定义一个化简函数，通过让列表中的奇数（odd）或偶数（even）元素跟自己的相邻的元素相加的方式把列表减半，如此递归运算直到列表只剩下一个元素，然后用这个元素除以人数，就得到了平均分）。虽然它不如映射函数那么并行，但是因为化简总是有一个简单的答案，大规模的运算相对独立，所以化简函数在高度并行环境下也很有用。

（2）分布和可靠性。

通过把对数据集的大规模操作分发给网络上的每个节点实现可靠性；每个节点会周期性地把完成的工作和状态的更新报告回来。如果一个节点保持沉默超过一个预设的时间间隔，主节点（类同Google档案系统中的主服务器）记录下这个节点状态为死亡，并把分配给这个节点的数据发到别的节点。每个操作使用命名文件的原子分割操作以确保不会发生并行线程间的冲突；当文件被改名的时候，系统可能会把它们复制到任务名以外的另一个名字上去。

本章小结

本章介绍了主要数据挖掘工具及平台：

Clementine，作为一个数据挖掘平台，Clementine结合商业技术可以快速建立预测性模

型，进而应用到商业活动帮助人们改进决策过程。强大的数据挖掘功能和显著的投资回报率使得 Clementine 在业界久负盛誉。

SAS/EM，SAS/EM 能运行在客户/服务器上或（计算机的外围设备）独立运行。此外，在客户/服务器模式下，EM 允许把服务器配置成一个数据服务器、计算服务器或两者的综合。

IBM Intelligent Miner，IBM 的 Enterprise Miner 简单易用，是理解数据挖掘好的开始。它能处理大数据量的挖掘，但它的功能一般，可能仅满足要求，没有数据探索功能。

R 语言，R 语言是主要用于统计分析、绘图的语言和操作环境。

DistBelief，Google 搭建的 DistBelief 是一个采用普通服务器的深度学习并行计算平台。

Hadoop，一个分布式系统基础架构，由 Apache 基金会开发。用户可以在不了解分布式底层细节的情况下，开发分布式程序。充分利用集群的威力高速运算和存储。

MapReduce，MapReduce 是 Google 提出的一个软件架构，用于大规模数据集（大于 1TB）的并行运算。

思考题

1. 根据需要和条件下载以上各软件并熟悉其使用方法，比较各类软件列表。
2. 按照文中的 Clementine 案例做实验，体会软件的用法和一些数据挖掘的原则、过程。
3. IBM Intelligent Miner 的主要功能和缺陷是什么？
4. SAS Enterprise Miner 的软件功能及商业模式有什么特点？
5. Hadoop 平台的主要目的是什么？有哪些功能？
6. 如果对 12306 火车票购票网站的大数据进行分析，你认为采用哪种系统比较合适，为什么？
7. 请网上查询更多最新的 Hadoop 平台技术进展。

第 3 篇　应用篇

6　成为优秀的大数据分析师

大数据意味着传统的按学科分类培养人才的模式也需要创新。大数据产业需要这样一批善于融合多学科知识的人才：他们既能立足于信息科学，探索大数据的获取、存储、处理、挖掘等创新技术与方法，也能从管理的角度探讨大数据对于现代企业生产管理和商务运营决策等带来的变革和冲击。面临和解决大数据的领域问题，各个学科里面的大数据由于专业不同而没有能力处理这样大的数据。如何把多个学科交叉起来，然后来解决此类问题，这也是大数据所面临的巨大挑战。多年来，有识之士一直建议，应加快跨学科人才的培养。此类人才不仅精通技术，更懂得如何将技术应用于商业决策。如果培养“数据科学家”的提议得到落实，将是创新人才培养模式的一个契机。

6.1　什么是大数据分析师

大数据分析师越来越受到世人的关注，根据 CNN 报道，“数据科学家（大数据分析师）是 2012 年度最佳的新工作之一”；《哈佛商业评论》的评论文章称其为“21 世纪最性感的工作”。

什么是大数据分析师？网络上给出了很多说法，如：“使用数据分析作为交易工具，在浩如烟海的数据容量中发掘有意义的关联数据，并将其转化为有利可图的商业洞察力”；“能获取、清洗、探索、建模与解释数据的人（网址缩短服务 Bit. ly 公司首席科学家 Hilary Manson）”；“集数据黑客、分析师、沟通大师和受信任的顾问于一身（哈佛商业评论）”等。

根据以上的论述，可以推断：大数据分析师与以往的分析专家、预测建模工程师以及统计分析人员等有所不同，他们并不是只会做复杂电子表格或报表的那类人，而是能够成功驾驭大数据，有能力完成计算统计、撰写报表、使用模型算法那些复杂的分析工作；他们是掌握了高超技巧且受过专业训练的分析专家，他们能够建立预测模型，完成预测或者类似的工作；通过关注面向用户的数据来创造不同特性的产品和流程，为客户提供有意义的增值服务。

6.2　优秀的大数据分析师具备的素质

在国外已经有公司开始尝试设立类似“数据科学家”的职位（有的称其为“数据分析师”或者“数据工程师”），这些人其实就是我们所说的大数据分析师。其理想的候选人是对复杂的算法、分析和市场营销都非常熟悉。此外，最好还能懂超高速计算、数据挖掘、统计甚至人工智能。因为与一般商业智能分析师不同，这些专家不仅能找到和提供数据，他们还要使用它进行大量预测。

但实际上，与我们通常认为专家应该具备包括优秀的教育背景、熟练的技术能力、丰富的行业经验等基本特质相比，优秀的大数据分析师并没有完全具备这些特质，他们都是独特的，甚至或多或少都会打破一些常规。

6.2.1　教育背景

优秀的教育背景通常是所理解的专家应当具备的第一条特质，大多数人会认为优秀的大数据分析师应该是统计学、数学、计算机科学、运筹学或者其他类似专业的硕士或者博士；同时，可以使用多种语言编程进行分析。但实际上，真正优秀的大数据分析师往往不是这样，根据目前对美国等取得出众成绩的专家的教育背景进行分析，他们往往具备以下的几种特质：

• 有很强的数学和统计学背景知识，但并不需要很高的学历或者学位。大数据分析主要基于预言建模或未来趋势分析。但是，一般业务用户或者传统的数据分析师并不具备开发预言分析应用程序模型的技能。此外，许多数据都处于原始形式，它们来源于 Web 活动日志或检测器等。因此，大数据分析师要能够建立高级分析模型，以发现趋势和隐藏的模式，使大数据真正发挥作用。

• 需要一定的编程能力。因为所有主流的分析工具都要有一定的编程知识才能用好，包括常用的数据挖掘工具（如 Clementine、Enterprise Miner、Intelligent Miner、MCLP、Darwin 等），以及一些非传统型数据库工具（如 Vertica 及 MongoDB 等），具备一定的编程能力使得大数据分析师不至于束手无策。

• 具有处理分布式文件系统工具的能力，如掌握 Hadoop、MapReduce 等。分布式文件系统普遍具有高性能、高扩展、高可用、高效能、易使用、易管理等特点，它作为大数据的核心基础被推到了浪潮之巅，广泛被工业界和学术界热推。

• 具有机器学习能力。自 20 世纪 80 年代以来，机器学习作为实现人工智能的途径，已成为人工智能的核心课题之一。一方面，大数据分析中使用到一些机器学习算法，机器学习的实践者将数据当成训练集来训练某类算法，比如贝叶斯网络、支持向量机、决策树、隐马尔可夫模型等；另一方面，机器学习也推动了大数据应用的自动化可能，也是产业发展的需求和必然趋势。

不是所有优秀的大数据分析师都是高才生，关键是他能处理统计方面的难题，还能了解、掌握公司的业务，甚至了解客户的业务。当然，需要有一定的编程能力、管理能力。

6.2.2 行业经验

现代公司的产业特点以及人力资源管理制度使得招聘经理往往会非常关心大数据分析师的行业背景。很多公司会认为，如果大数据分析师以前从事的是电信业，他们会认定这个人干不了银行业。如果大数据分析师以前从事的是银行业，他们会认定这个人干不了制造业。如果以前是制造业的，他就干不了零售业。

这种看法在一定程度上是正常的，因为各行业的数据特点、数据结构、数据规模使得一个大数据分析师需要若干时间的探索和研究才会有所心得。就像SAS公司大中国区咨询服务和技术总监姚远所说，“一个数据科学家还必须知道所有数据在哪里、如何拿到它们，以及什么数据是关键、它们如何生成，并懂得构建相应的业务流程。”

面对如下两种选择：一个普通的大数据分析师，他了解本行业的方方面面；另一个是其他行业里优秀的大数据分析师，但他对目标行业没有任何了解，这时我们一定要选择后者。行业经验并不是成为优秀大数据分析师的必要条件。如果他有丰富的行业经验，他必然有成为行业大数据分析专家的可能。一名卓越的大数据分析师不分行业，他能很快地在新的行业里变得非常优秀；而平庸的分析专家很可能还驻留在原地踏步。

此外，了解其他行业的一些观点也是非常有益的。每一个行业都有自己特定的做事风格。优秀的团队可以从来自其他行业的分析专家身上学到很多新的知识。

优秀的分析专家是能够跨行业工作的。因为他能改变自己以往的思维方式，学习新的术语，计算不同的指标。也愿意投入额外的时间学习新的业务知识，并与指定的行业专家紧密协作。主动，有创造力，也很聪明，这才是关键所在。

6.2.3 团队合作

事实上，对于一个人来讲，能够同时满足以上的条件是十分苛刻的，此时则需要一个专门的数据科学团队来支撑公司的大数据分析业务，希望通过人才的多元组合，全面应对各种需求。

在团队中，每个人的背景不同，研究方向和专业特长也不同；在团队的基础之上，发挥团队精神、互补互助以达到团队最大工作效率的能力。对于团队的成员来说，不仅要有个人能力，更需要有在不同的位置上各尽所能、与其他成员协调合作的能力。

6.3　优秀分析专家具他特质

6.3.1　敬业精神

敬业是每个行业从业人员应有的最基本的特质。

敬业精神是一种基于挚爱基础上的对工作、对事业全身心忘我投入的精神境界，其本质就是奉献的精神。具体地说，敬业精神就是在职业活动领域，树立主人翁责任感、事业心，追求崇高的职业理想；培养认真踏实、恪尽职守、精益求精的工作态度；力求干一行爱一行专一行，努力成为本行业的行家里手；摆脱单纯追求个人和小集团利益的狭隘眼界，具有积极向上的劳动态度和艰苦奋斗精神；保持高昂的工作热情和务实苦干精神，把对社会的奉献和付出看作无上光荣；自觉抵制腐朽思想的侵蚀，以正确的人生观和价值观指导和调控职业行为。

大数据领域是管理、技术相结合的综合性工作，敬业精神尤为重要。

6.3.2　创造力

创造力并不是一想到大数据分析师就会想到的特质。大多数人通常会认为大数据分析师的工作就是处理那些一成不变的统计公式，他们只需要按书本上说的那样做就行了，并不需要创新。但事实并非如此。由于大数据分析师遇到的每个业务问题都是不同的，而需要解决问题的各种数据往往都是很复杂而且不完整，特别是大数据时代下超过80%的非结构化数据。大数据分析师必须得很清楚要以怎样的一种方式，并利用现有的数据解决各不相同的业务问题，这就需要创造力了。

另外，每次大数据分析师都会遇到一些不可预见的问题，创造力就是解决这类问题的新方法。我们遇到的可能是数据问题，也可能是实际动手分析时才发现没有真正理解的业务问题。创造力的存在就是要解决这些困难，并得到最终结果，达成目标。

要创造性地分析数据：会员卡分析就是这样一个领域，它的数据永远也不完美。即使是最忠实的客户也不会记得每次都使用他们的会员卡，这就意味着每位客户的“整体”消费状况都不完整的。然而，事情可以补救。真正优质的客户大部分时间还是记得使用他们的会员卡。对于理解客户消费，这些数据已经够用。事实上，缺少一些数据并不意味着分析就做不了。当然，有的客户可能会因为信息不完整而被略微低估，但我们根据这些数据其实已经做出决策了。优秀的分析专家肯定明白这一点。

6.3.3　商业头脑

优秀的大数据分析师既能理解他们使用的业务模型，也能理解如何才能有效地使用分析手段解决实际的业务问题；优秀的大数据分析师既能从业务角度看待重要的业务指标并分析产出，也能从技术角度看待这些指标。

商业头脑和行业经验指的并不是同一件事。行业经验则是一组事实和知识的集合。在面试大数据分析师的时候，在以往的项目中面试者是如何进行决策的往往就决定了面试者是否具有商业头脑：如果候选人有商业头脑，他们就会提到自己一些真实的业务和技术思考，会或多或少涉及对解决业务问题方面的考虑；相比之下，没有商业头脑的分析专家会把精力主要放在技术需求和条件假设上面。

正如《华尔街日报》所说，"对于商业有着足够深的理解，知道如何来问问题，现在不少公司面临的问题是，他们不明白自己不知道哪些东西，大数据分析师不仅仅是去寻找散落的金子，而是发现新金子，并将之转化为实际行动。"

6.3.4 文化认同

如果分析问题本身清晰简明，普通的技术人员就能派上用场。但是，在大数据时代下，如果想要依靠人力资源提供端到端的分析支持，这种想法肯定会碰壁。

如何处理和分析超过80%的非结构化数据是当前大数据面临的瓶颈问题之一，这些非结构化数据来源于文字、图片、语言、视频甚至一些行为等；这些数据主要是由人类创造的：人工创造过程是不一致的、感性的、粗心的、自以为是的、工作懒惰的、工作劳累过度的，而且人类所创造的数据都是独一无二的，这也是独特的文化表征。这些数据类型所固有的不确定性令分析师们很难应付和驾驭。

当然，跨地域、跨时区、语言障碍这些情况也都将成为分析师们处理问题的难题。优秀的大数据分析师都应该尽可能弥补对客户的文化差异、思维和运作方式等。

对客户的文化需要深入理解。如果完全不熟悉业务运营环境和文化，就很难拥有正确的商业头脑。我们不能只是简单地把业务分析问题丢出去，然后就等着纯技术背景的离岸团队自己设定分析策略，解释分析结果，然后填鸭式的告诉我们分析结果。我们需要真正优秀的、有商业头脑的本地分析专家来指导整个分析流程，这样才能确保项目最终成功。

6.3.5 演讲能力与沟通技巧

演讲能力与沟通技巧对很多工作都是非常重要的，对大数据分析师来说也是如此。

对于大数据分析师来讲，不管自己多么擅长分析，但是面对自己的客户、上司，特别是不懂技术的对象时，则需要把分析结果用一种简短的、一针见血的方式，用他们能懂的语言，用吸引眼球的方式讲出来，让他们对分析结果感到无比兴奋；而不能面对听众大讲特讲线性分析、模型统计数据汇总和其他一些深入的分析技术细节，尽管那都是事实。《哈佛商业评论》认为，"编写程序是这些数据科学家的基本功，但五年后也许会发生改变，这群人的技能会是用易于理解的语言去沟通，并能用数据讲故事的手段来表达，当然内心强烈的好奇心也是必备条件之一。"

除此以外，大数据分析师还应该掌握一些数据可视化的能力。大量的数据集构成数据图像，同时将数据的各个属性值以多维数据的形式表示，可以从不同的维度观察数据，从而对数据进行更深入的观察和分析；大数据分析师可以借助于图形化手段，向客户进行清晰、有效地传达与沟通信息。

本章小结

本章介绍了如何成为优秀的大数据分析师。大数据产业需要善于融合多学科知识的人才：既能立足于信息科学，探索大数据的获取、存储、处理、挖掘等创新技术与方法，也能从管理角度探讨大数据对于现代企业生产管理和商务运营决策等带来的变革和冲击。大数据分析师能够成功地驾驭大数据，有能力完成计算统计、撰写报表、使用模型算法那些复杂的分析工作；理想的大数据分析师是对复杂的算法、分析和市场营销都非常熟悉，此外，最好还能懂超高速计算、数据挖掘、统计甚至人工智能。大数据分析师需要有的特质包括很强的数学和统计学背景知识；一定的编程能力；具有处理分布式文件系统工具的能力，如掌握Hadoop、MapReduce等；具有机器学习能力；大数据分析师还需要有行业经验、团队合作精神、敬业精神、创造力、商业头脑、演讲能力与沟通技巧。

思考题

1. 什么是大数据分析师？
2. 大数据分析师一般要求包括哪些领域的教育背景？
3. 行业经验是否是成为优秀大数据分析师的必要条件？
4. 大数据分析团队中出现的四个集群是指哪些？
5. 成为优秀大数据分析师的特质包括哪些？
6. 谈谈如何在你所在的公司组建大数据分析团队。

7　大数据应用经典案例

7.1　金融行业大数据应用案例

7.1.1　中国人民银行征信管理局个人信用评分

随着中国经济的高速发展，信用在市场经济中的地位越来越重要，信用消费正在逐步扩大。随着个人贷款和信用卡业务的发展，信用评分技术开始被应用于各商业银行的贷款决策、资产定价和贷后管理等。信用评分技术能够推动经济快速而健康的发展，以及规避风险和损失。根据《新巴塞尔协议》的要求，商业银行除了应当做到资本充足率达到8%以外，还要加强风险管理和风险控制。这也促使我国商业银行必须引入先进的风险管理技术，提高风险管理的水平，构建新型的风险管理体系。信用评分技术将有利于商业银行提高审贷效率、防范金融风险和维护金融市场稳定。

信用评分是现代社会消费信贷管理中先进的技术手段，是银行、信贷公司、保险公司等涉及消费信用的企业实体最核心的管理技术之一。在消费信贷产业发达的西方发达国家，信用评分已被广泛地应用于信用卡生命周期管理、汽车贷款管理、住房贷款管理、个人贷款管理、其他消费信贷管理等领域，在市场营销、信贷审批、风险管理、账户管理、客户关系管理等各方面，也发挥着十分重要的作用，是经济、金融生活中不可分割的一部分。从放贷的金融机构来看，信用评分模型的使用可以辅助金融机构决策者做出更为科学合理的授信决策，提高放贷的收益，有效防范商业金融风险。从消费者来看，申请人则可以根据一些评分的标准改进自己的条件，获得更优惠的贷款。

不同于单一金融机构对贷款申请者的信用评估，政府的征信局收集到国内各大金融机构和社会有关方面的全面个人信用信息，是更为全面科学的信用评分。

2006年6月，中国科学院虚拟经济与数据科学研究中心承担了基于数据挖掘的中国人民银行征信管理局个人信用评分模型系统项目。该信用评分模型系统称为“中国评分（China Score）”。它由我国信贷结构的七组评分模型组成，如图7.1所示，目前在各大商业银行运行良好。

该评分系统利用全国各大金融机构所有个人信贷账户的住房贷款、汽车贷款、信用卡等的历史信息（人数超过6千万，数据积累超过3年），运用先进的数据挖掘和统计分析技术，通过对消费者的人口特征、信用历史记录、行为记录、交易记录等大量数据进行系统的分析，挖掘出蕴含在数据中的行为模式，找出历史信息与未来信用表现之间的关系，建立预测性的模型，预测出每个自然人在未来某个时期内发生“信贷违约”的概率，并以一个分数来表示。

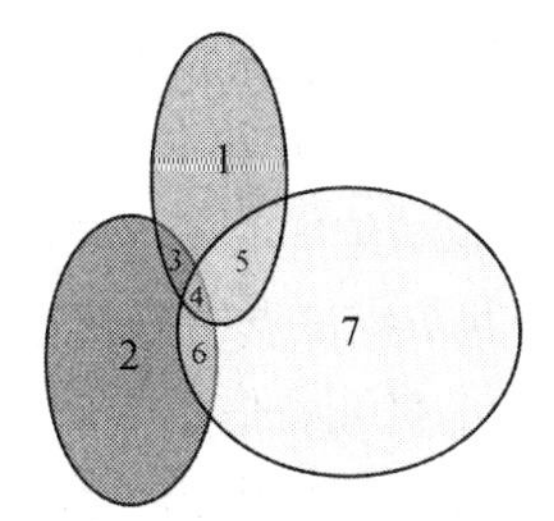

图7.1 我国信贷结构的七组评分模型

根据国际惯例，我国的个人信用评分被调整到300分～850分。高分数预示着未来违约概率较低，低分则预示未来违约概率较高。如图7.2所示的好/坏客户分布图展示的是较为理想的个人信用评分模型，可以通过打分将好客户集中到高分段，而将坏客户集中落在了低分段，通过这样的信用分数分布将好坏客户区分开来。分数的高低直观地展示了风险的高低，对信贷机构的各项信贷决策有重大的指导意义。

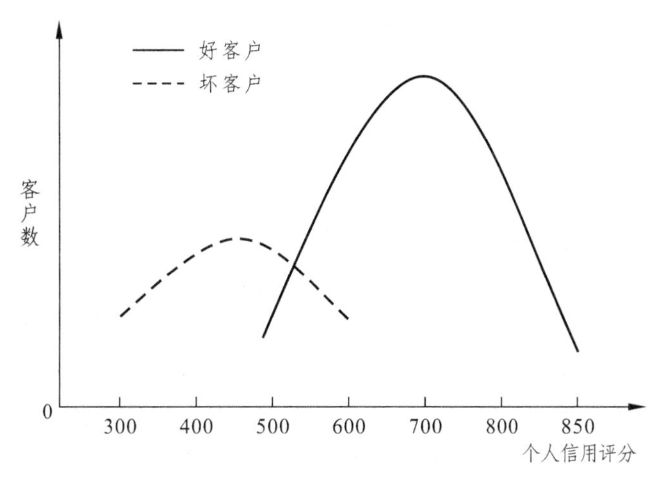

图7.2 好/坏客户分布图

该个人信用评分模型具有以下特点：

（1）通用性。该模型反映的是消费者信用表现的普遍性规律，国内的大多数金融机构都可以使用。

（2）准确性。该模型依据大数定律，运用包括Logistic回归、支持向量机、决策树、神经网络以及石勇教授独创的、处于国际领先水平的多目标线性规划数据挖掘等在内的技术与方法，能够准确地预测消费者的信用表现。

（3）全面性。该模型是从各金融机构的大量信息中抽取具有代表性的样本记录和特征变量，能够全面地评估全国消费者的信用表现。

（4）高效性。由于评分模型可以在计算机上自动运行，因此能为授信决策提供实时的服务。

（5）易解释性。该评分模型给出的评分规则可解释，容易被使用者理解，能够为使用者所理解的目标联系起来。

中国人民银行征信管理局个人信用评分系统服务全国13亿人口的经济信贷活动，已成为中国金融信息化的重大基础工程。截至2010年5月31日，个人征信系统查询次数达6.5亿次，日查询最高量达154.6万次。2008年选取了工商银行、农业银行、中国银行、建设银行、交通银行、兴业银行、招商银行共7家试点银行试运行：利用个人征信系统拒绝高风险客户贷款申请14.4万笔，授信额度297亿元；信用卡申请171万笔，授信额度36.7亿元；5家行（不含工商银行和招商银行）在贷后管理中预警高风险业务7.6万笔，涉及金额56.3亿元；清收不良贷款和信用卡业务6.6万笔，涉及金额43.7亿元；7家行识别第二套以上住房贷款申请业务34.5万笔，涉及金额919.6亿元。

中国人民银行前副行长、国际货币基金组织副总裁朱民评价说："中国开发的全国个人信用评分系统远远超过国际水平"。中国科学院前院长路甬祥院士勉励说："你们研制成功的征信模型和方法，对交易安全和市场诚信意义深远，应尽快付诸使用。……此征信体系同样可以用于证券，B2B网上交易，其他股权和信用证交易，期货交易等"。美国工程院院士Daniel Berg教授评价该项目说："他们用最优化及多目标数学规划方法建立了'全国个人征信系统'，这一项目是对中国人民日常经济活动做出重大贡献的最好证明。"

7.1.2 金融衍生品交易结算风险控制

随着金融衍生品交易在中国金融市场的不断发展和深入，交易规模不断增加，交易活跃程度也日益增强。除监管部门以外，每个市场参与主体都要不断完善和提高自身的风险管理水平。对于金融衍生工具的交易所而言，为了确保金融衍生品交易的正常运行，防范各类风险的发生，还须根据市场发展水平，不断完善自身风险管理体系，丰富预防风险的手段。

目前沪深300股指期货是我国唯一上市的金融期货品种。交易所实行结算会员制度，形成多层次的风险控制体系，强化了金融市场整体的抗风险能力。采用用科学先进的统计与数据挖掘方法对结算会员资金结算风险进行事先精确的预测，并据此及时处理、有效控制以及事后全面评估，这些对于全面管理股指期货会员结算风险，增强交易所的资金监控能力具有十分重大的意义。交易所结算部门主要通过保证金和结算担保金管理、盘中试结算以及盘后正式结算和预结算等一系列措施与手段来实现结算风险的管理。其中，盘中试结算是指在每日交易过程中，结算部门通过资金风控系统采用最新价对全体结算会员的持仓和盈亏状况进行实时资金试算，从而做到及时发现和处理潜在资金风险会员。盘中试结算是交易所盘中资金风险控制的最主要措施，主要通过资金使用率、净持仓率等几个指标来评估结算会员的资金风险，但是其风险的预测功能仍显薄弱。

2011年6月，中国科学院虚拟经济与数据科学研究中心针对沪深300股指期货进行了结算风险预测模型的研究与开发。结算会员风险预警模型应用数据挖掘理论、方法与技术对交易所完整的、干净的业务数据进行处理分析，针对每一家结算会员分别建立隔日风险预测模型和盘中风险预测模型，对结算会员的潜在资金风险进行预测。

资金使用率衡量的是结算会员交易占用的资金占总权益的比例，是评估会员资金风险最

直接的指标。资金使用率越高，说明交易被占用的资金越多。因此，一旦出现了有悖预期的市场波动，期货交易的高杠杆性决定了会员出现爆仓风险的可能性越大。而净持仓率和风险率两个指标在实际应用中只作为资金使用率的辅助参考。

观察某一结算会员在这一时间段内的状况，用该时间段的数据产生自变量，用 x 表示；表现期（t_1-t_2）是指经过观察期的行为，结算会员在这一时间段的表现（即资金使用率是否大于或等于 0.8），用表现期的数据产生因变量 y。通过收集和整理某一结算会员在诸多观察期和表现期的数据，建立训练集并进行模型训练。据此寻找 R^n 空间上的一个实值函数 $g(x)$，以便使用决策函数 $f(x)=\text{sgn}(g(x))$，基于该结算会员在未来某一观察期的表现数据 x，推断其相应表现期的类型 y。随着中国金融市场金融衍生产品不断地推出，并在交易所进行上市交易，有关结算会员各种产品交易的大数据在分分秒秒产生，风险预测模型利用交易产生的大数据，对结算会员资金风险进行实时监测与控制，这对于打造健康、稳定发展的交易所，确保整个金融市场的稳定与安全都至关重要。

7.1.3　全球经济监测与政策模拟仿真平台

在全球经济一体化趋势下，世界各国经济的高度关联性日趋明显，其复杂性程度越发增强。因此，对于全球经济运行状态进行动态监测，以及体现经济动态关联的政策模拟仿真的需求就非常迫切。

“全球经济监测与政策模拟仿真平台”是中国科学院服务国家宏观决策科技支持系统的重要内容，旨在充分发挥中国科学院在相关学科的国内领先优势以及多学科交叉优势，对瞬息万变、错综复杂的全球经济运行状态进行动态监测，对体现经济动态关联的政策进行模拟仿真，从理论、技术与实践全方面支撑经济监测平台的预研和建设，为国家层面的经济监测预警与政策决策分析提供系统支持。来自中国科学院的数学与系统科学研究院、遥感应用研究所、科技政策与管理科学研究所、地理科学与资源研究所、自动化研究所、计算技术研究所、虚拟经济与数据科学研究中心等多家院内单位参加了该平台关键技术的研究与整体构建。

“全球经济监测与政策模拟仿真平台”在多维经济预警、宏观经济数据挖掘、复杂经济系统模拟与政策仿真等前沿模型方法的研究基础上，根据全球经济环境下我国经济政策制定的特点，进行了平台需求分析、技术方案及框架规范设计，开发完成了整合全球经济动态监测预警子系统、全球农产品市场监测与政策模拟子系统、全球能源监测预警与政策分析子系统等。

全球经济监测与政策模拟仿真平台示范系统在建设方案设计方面，提出基于松散耦合的经济监测预警与政策模拟仿真体系结构，在提供对数据基础支持和分析工具支持整合的基础上，将不同的模型方法过程进行重构与抽象，开发了宏观经济决策分析过程支持模型，在不同经济子系统和经济相关系统之间建立面向决策问题的系统集成方案，同时实现子系统分析的独立性、自主性和平台总体的集成性与可扩展性。

为处理海量的全球经济数据，在该系统平台建立数据仓库，生成多维数据集，并基于多维数据集进行报表展现和深度数据挖掘等。针对经济数据分析的特点，系统平台采用基于最优化的数据挖掘技术，它与基于统计和机器学习的传统数据挖掘技术相比，有更强的目的性和更高的求解效率。在全球经济监测平台上，获取的数据大都是海量大数据，且具有各种不同结构和类型。通过信息特征提取、特征降维及去噪声技术，实现概念语义相似度计算，建立领域文本的自动分类和聚类算法。依据文本的句法特征和依存分析结果，结合领域信息进行分词、词性标注和实体信息提取；在实体关系抽取的基础上进行关联分析。设计实现针对海量数据的关联挖掘、回归分析、复杂网络分析等算法，并在地理信息数据获取的基础上引入时空多维数据分析技术。采用面向应用的知识引擎（Application Specific Knowledge Engine，ASKE）方法，结合文本信息抽取和数据分析挖掘技术，通过人机结合操作的方式构建经济领域智能知识库。

“全球经济监测与政策模拟仿真平台示范系统”部分子模块及其模型配置目前已应用于中国人民银行总行及分支机构、国家发展与改革委员会、商务部以及中国科学院预测科学研究中心的相关经济理论与实证研究工作，加强了经济监测与政策模拟仿真理论研究与实证分析工作的衔接，为基于世界经济的科研和经济政策决策提供了规范群体决策协作支持平台，对加强我国宏观经济决策分析的科学性与及时性具有重要意义。

7.1.4 网络舆情监控

近年来，互联网技术的快速发展使得网络信息呈现出一种爆炸式的增长趋势。网络成了一把双刃剑：一方面，它加快了信息的及时迅速传播，尤其是一些社会突发公共事件、重要新闻事件等报道表现出传统媒体无法替代的优势；另一方面，网络也带来了一些负面的影响，即由于网络传播平台中信源的自由开放性，轻易地绕过了传统舆论管理的“把关人”等程序，虚假信息、不负责任和过激的言论也容易通过网络散布。

在网络舆情研究中引入数据挖掘技术，特别是关联规则分析，对网络舆情信息获取的快与准、舆情研判的准确性、内容分析的确定性、网络舆情监控分析与预警等多方面都具有极其重要的指导意义。

关联规则挖掘是由R. Agrawal等人首先提出的。它的定义表述为：两个或两个以上变量的取值之间存在某种规律性，就称为关联。数据挖掘中最成熟的主要技术之一就是发现一个事物中某些属性同时出现的规律和模式。通过事物内在的隐含的特征，建立相互关联。大多数关联规则挖掘算法都能够无遗漏发现隐藏在所挖掘数据中的关联关系。数据关联就是通过对数据库内在的数据进行分析，目的就在于找出数据库中隐藏的关联网。一个关联规则最常见的衡量指标是可信度（Confidence）和支持度（Support），一般用这两个阈值来度量关联规则的相关性。可信度用来衡量关联规则的准确度，支持度用来衡量关联规则的重要性，它说明了此条关联规则在所有事务中有着多大的代表性，支持度越大，关联规则就越重要，应用越广泛。此外，还可以加入兴趣度、相关性等其他参数，补充限定条件，使得所挖掘的规则更符合需求。以下的真实案例证明了数据关联分析在舆情研究中的价值。

20 世纪 60 年代初，我国大庆油田的位置与规模还是保密的，日本相关人员却通过对我国报纸上公开发表的几幅照片和简短的标题的关联分析，获取了我国大庆油田的相关信息。1964 年，日本人从《人民日报》上看到“大庆精神大庆人”的字句，由此断定我国大庆油田的存在。1966 年的《中国画报》上，日本人看到了一张大庆油田工人的照片，根据工人头戴大皮帽，分析出大庆油田可能在冬季气温为零下 30°的中国东北部。日本人又来到中国观察油罐车，从来往的油罐车上的一层厚土，从土的颜色和厚度证实了大庆油田在中国东北部。1966 年 10 月，日本人从《人民中国》杂志上发现的介绍油田工人先进事迹的文章，得出了油田的规模和位置，并进一步分析得出结论：中国在近几年中将急需进口炼油设备，向中国出售一定规模和数量的日本轻油裂解设备是完全可能的。

7.2　国外政府大数据应用经典案例

7.2.1　美国政府的数据开放策略

作为联邦参议员，奥巴马就任之后成功推出的第一份法案，就是一份有关数据开放的法案。奥巴马时代，美国政府的大数据应用起到了监督政府职能、开放政府资金使用的作用，一度得到了美国公民的认同。“互联网可能是历史上最伟大的开放工具……作为总统，我将把政府的数据用通用的格式推上互联网。我要让公民可以跟踪、查询政府的资金、合同、专门款项和游说人员的信息。为了确保每一个政府机构都能跟上 21 世纪的标准，我将会任命我们国家的首位首席技术官（CTO）。”

2006 年 4 月作为主要合署人和共和党参议员科伯恩（Tom Coburn）联合推出的《联邦资金责任透明法案》，这个法案后来产生了广泛影响，也被称为《科伯恩-奥巴马法案》。

这个法案要求联邦政府向全社会开放所有公共财政支出的原始数据，这些数据，包括政府和私营机构的购买合同、公共项目的投资、直接支付以及贷款等明细。其基本理念和 TrackGov. us 网站是一样的：建立一个完整的、专业的公共支出数据开放网站，以统一的格式提供可以下载的数据，以供公众查询使用。

美国联邦政府发布公共支出信息的门户网站 USAspending. gov 是个巨大的数据开放网站，可以对联邦政府自 2000 年以来高达 3 万亿的政府资金使用情况以及 30 多万个政府合同商所承包的项目进行跟踪、搜索、排序、分析和对比，其数据每两周更新一次。网站上线之后，受到了社会各界的极大好评，获得了“政府搜索引擎”（Google for Government）的美誉。

7.2.2　万维信息触角计划：追踪恐怖分子的“数据脚印”

美国《2002 国土安全法》中重新提出的中央数据银行计划，有一个更响亮的名字：万维信息触角计划（Total Information Awareness）。为保证这项计划的实施，美国政府首期拨款2亿美元。

人类的计算模式在2002年已经稳步进入了个人型计算阶段，商务智能的各项技术，都已经很成熟。因此，除了将数据联接、集中到一起，以提高管理、查询和统计的效率之外，万维信息触角计划还有了新的内容。这个内容，就是数据挖掘。

2002年8月，在美国国防部高级项目研究所的技术年会上，波因德克斯特首次公开阐述了如何在统一集成的数据库中应用数据挖掘技术，即构建“万维信息触角”：“只有找到新的数据源，反恐工作才能变得更加高效和敏捷。我们必须把新的和旧的数据库结合起来，从中挖掘出信息，将其转化为知识，并付诸行动。这种新的数据资源就是‘交易空间’（Transaction Space）。如果恐怖分子要计划、执行一次恐怖活动，他们必定会在信息空间中留下某种‘数据脚印’。也就是说，他需要‘交易’，这种交易的数据记录，可以是通信、财务、教育、医疗，也可以是旅行、交通、出入境、房屋等其他一切数据记录。在‘交易空间’中应用数据挖掘和大数据分析技术，发现和追踪恐怖分子，成为一项新的安全工作”正像流感的爆发有数据征兆一样，恐怖活动的出现也有迹可寻。因为和普通人相比，恐怖分子在“交易空间”留下的“数据脚印”有其特定的模式。例如，恐怖分子要经常旅行、流动，他们没有固定的职业和住所，银行的账户上却有充足的现金，他们经常要接听国际电话，要购买特殊的器材、工具，甚至武器。通过在“交易空间”的海量数据中构建一些自动化的数据挖掘“触角”，就可以发现、锁定可疑分子。

7.2.3 街头警察的数据传奇

将数据分析大规模地引入到治安管理工作中的做法，起源于纽约。这是一个传奇故事，一个源于地铁，发生在一位巡警、一位局长和一位市长之间的传奇故事。

纽约，是全世界的金融和商业中心，在美国的经济和政治当中占有举足轻重的位置。纽约市也是美国人口数量最多、密度最大、多元化程度最高的城市。它拥有810多万人口，其中超过三分之一是非美国本土出生的外籍人员，这些人来自全世界不同的国家和族裔，使用100多种语言。

因为人口众多，不免鱼龙混杂，纽约也曾经是一个著名的犯罪之都。从20世纪70年代起，黑帮横行、毒品泛滥，该市的治安情况不断恶化。1990年，纽约市共发生了凶杀案2 245宗，车辆盗窃案147 123宗，平均每天有6个人死于恶性犯罪，每小时有16台车辆不翼而飞。

1994年，纽约市的警察部门启用了一个新的治安信息管理系统。这是一个以地图为基础的统计分析系统。随着它的出现，纽约城的治安开始逐年好转。这个叫作“CompStat”的系统也开始名扬全国，成了20世纪美国警务管理工作当中最为浓墨重彩的一笔。

CompStat（Computer Statistics），即计算机统计，现在已经演变成为一个专有名词，特指一种警务管理模式。

1970年，杰克·梅普尔（Jack Maple）刚刚高中毕业，他加入纽约市交通警察局成为一

名地铁线上的警察。当时，地铁线上的抢劫案非常频繁，地铁警察被认为是纽约最危险的工作之一。为了追踪抢劫案，梅普尔在时代广场做过便衣，在中央车站指挥过拦截和抓捕。在十几年街头警察的经历当中，他慢慢“悟道”：案件发生在哪里警察就出现在哪里，是让罪犯“牵着鼻子跑”；要控制局面，抓到老鼠，警察一方必须掌握主动，做一只有“预测能力的猫”。于是，这位高中毕业生开始研究地铁抢劫案的发生规律。

梅普尔在办公室的墙上挂上了几百幅地图，用不同颜色的大头针来跟踪地铁抢劫案发生的时间和地点，分析其中的原因和规律。无数个夜晚，他点着香烟，站在巨大的地图面前，时而举头凝视，时而低头徘徊，揣度琢磨第二天可能发生抢劫的时间和地点。在一阵苦思冥想之后，最后用大头针按下的那个小点，就代表了他第二天的伏击地点。

梅普尔后来晋升为警督（相当于派出所所长），他就采用这种方法来部署和调配他所辖区的警力。他的办公室挂满了地图，被同事戏称为“地图墙”，他却称之为“预测未来的图表”（Charts of the Future）。

1990 年，“预测未来的图表”引起了新任局长布雷特（William Bratton）的注意。布雷特是位退伍军人，他雷厉风行、慧眼识才，在认真研究了“地图墙”之后，他认为梅普尔的方法很“靠谱”，于是开始在全局推广梅普尔的图表管理方法。第二年，纽约市的地铁抢劫案下降了 27%。

但纽约的整体社会治安并没有好转，除了地铁抢劫案，其他的案件都还居高不下，这更令布雷特相信，“预测未来的图表”确实行之有效。随着图表的推广应用，纽约成为治安最好的城市之一。该图表后来又推广到洛杉矶等美国其他城市，取得了非常好的效果。

7.2.4 奥巴马：网络总统的网络整合推广营销

在 2007 年 2 月举办的世界经济论坛上，比尔·盖茨宣称：“互联网 5 年内颠覆电视。”2008 年的美国总统大选，互联网的惊人力量已经显现出来。正是依靠互联网的力量，奥巴马走向了网站推广美国总统的宝座，突破了肤色和种族的偏见，跨越出了历史的重要一步。政治观察家们纷纷表示，从奥巴马与希拉里的党内候选人之争再到与麦凯恩的两党候选人的战争的胜利，是整合网络营销起了决定性作用。

奥巴马如入无人之境，一路胜利，最终获取胜利？奥巴马是如何从默默无闻到人尽皆知？是谁让他睿智、果敢、勇于担当的形象传递给美国人民？

奥巴马非常聪明，他深知，要打赢 2008 年的竞选，网络的力量非借用不可。于是，很早他就延揽了一批互联网营销方面的专家，其中克里斯·休斯就是其中的佼佼者，他的另外一个身份就是当今世界上最大的 SNS 网站 Facebook 的创始人之一。有了这样的一个强大的网络营销幕僚团队，奥巴马的全部规划便围绕互联网展开。

（1）募款方式，依靠基数强大的网民小额捐款获得了大量的政治献金。美国传统的政党政治，主要是依靠财团和财阀的捐款，以及社会的中产阶级以上捐款。但是奥巴马深知在布什总统的 8 年任期内，美国人民已经厌倦了共和党，急需要一个新鲜面孔，用新鲜血液来改造美国社会，创新改革将成为竞选过程中的主要名词。如果和以前那样走传统的募款方式势必不行，于是奥巴马干脆就来个全新的募款方式，以网络小额支付的形式募款，在美国的历史上这是很了不起的创新举动。在美国网络媒体发达的当今，在以休斯为首的策划团队使得奥巴马就一炮走红，不仅仅获得了足够的竞选款项，这种新鲜的方式也获得了全民的口碑传播。

（2）建立官方竞选网站。奥巴马的竞选官方网站（地址：http：//www.barackobama.com/）以 WEB 2.0 的模式为主，内容丰富；而且将博客、视频、投票等互动环节充分利用，包括他的博客更新速度在竞选当天几乎是每过十分钟更新一篇。这个网站的基调以“开放”为主的，通过信息的共享与互动来达到争取舆论支持的目标。在奥巴马官网首页的两个主要内容一个是博客，一个是竞选经费的筹集。网友可以在这个首页上很容易地找到发布自己建议和观点的新媒体工具，由此不难发现，“给予支持者充分表达自己的方式”也许是奥巴马获得大选的主要亮点。美国知名媒体《纽约时报》当时介绍说，2008 年 9 月份其网站访问人数就已经超过 2 000 万。

（3）购买搜索引擎关键词广告。奥巴马购买了 Google 的“关键字广告”。如果一个美国选民在 Google 中输入奥巴马的英文名字“Barack Obama”，搜索结果页面的右侧就会出现奥巴马的视频宣传广告以及对竞争对手麦凯恩政策立场的批评等。奥巴马购买的关键字还包括热点话题，如“油价”“伊拉克战争”和“金融危机”等。可以想象，美国人日常搜索的关键词都打上了奥巴马的烙印，想不关注奥巴马都难。这可难为了同台竞争的麦凯恩，麦凯恩在互联网的信息就这样轻松地被狙击了。而据美国 ClickZ 统计，从 2008 年 1 月到 8 月，在美国总统竞选中获胜的奥巴马在网络广告的投入达 550 万美元，其中有 330 万美元即 60％的费用投入到搜索引擎营销中。许多搜索引擎用户在看到相关的广告点击后，都到奥巴马相关竞选网站中注册成为志愿者，或者是发起当地的拉票活动，甚至是捐赠金钱支持。

（4）借力网络强化奥巴马个人品牌，打造品牌旋风。“我等不及 2008 年大选，宝贝，你是最好的候选人！你采取了边境安全措施，打破你我之间的界限。全民医疗保险，嗯，这使我感到温暖……”这是视频网站 Youtube 上《奥巴马令我神魂颠倒》的一段歌词。在视频中，身着比基尼的演唱者埃廷格搔首弄姿，在奥巴马照片旁大摆性感热辣造型，毫不掩饰地表达着自己对奥巴马的倾慕之情。据统计，这段视频在 Youtube 已被点击超过 900 万次，并且被无数的网站和传统媒体转载。

一个不容争辩的事实是，互联网成了本次美国大选影响民意的重要手段。网站推广那些数年前还不存在的传播渠道如博客、Myspace 社区、Youtube 视频，显示出巨大影响力，就连肯尼迪、尼克松引以为豪的电视辩论都相形见绌。

Myspace 和 Facebook 上，奥巴马的专题网站上聚集了数以百万计的忠实“粉丝”。这些人活跃在各个社区，为奥巴马摇旗呐喊，这些人是美国网民中最活跃的一个群体，这部分人影响了美国网络社群的舆论风向。

（5）内置网络游戏广告。美国总统选举的宣传战场通常只是电视、广播和报纸，到奥巴马才大规模的启用了网络营销。为了进一步争取选民拉票，奥巴马竞选团队更是有史以来第一次投入了电子游戏广告。他们在美国一些最热卖的电子游戏的网络版上置入竞选广告，并

在艺电最受欢迎的9个电子游戏内购买了广告。从2008年10月6日至11月3日期间，奥巴马的竞选广告将出现在“狂飙乐园”“疯狂橄榄球09”“云斯顿赛车2009”“NHL冰球09”和“极限滑板”等电子游戏中，对于总统大选结果极为关键的10个州的玩家如用线上对战平台玩这些游戏，就可看到那些广告。

（6）全面利用互联网攻击对手，SNS成为民意传达生力军。对于麦凯恩这样的72岁的老先生，奥巴马强化了自己在互联网号召力方面的优势，静心筹措，从多个方向向麦凯恩发动攻击，把麦凯恩塑造成为保守的、传统的、思维守旧的白人，选他就意味着赞同共和党的前总统布什。奥巴马把自己青春活力无限，充满斗志、果敢、聪明、坚毅的形象和麦凯恩的满头白发垂垂老矣的形象形成了鲜明对比。

不仅仅是在BBS发帖这么简单，当无数个人主页谈论的是对奥巴马的崇拜网络推广，视频里播放的是奥巴马青春活力睿智无限的形象，当BBS里讨论的是奥巴马的政策方针和对当局无情的抨击，当这一系列的组合拳组成起来，“老迈的”麦凯恩便无力阻挡。

（7）利用病毒式邮件争取支持。奥巴马的竞选团队甚至使用了病毒营销这种形式，他们发出了一封名为《我们为什么支持奥巴马参议员，写给华人朋友的一封信》的邮件到处传播。邮件内容甚至非常有针对性地采用了中文，非常详细地阐述了奥巴马当选对美国当地华人选民的好处。他们说“请将这封信尽快转送给您的亲朋好友，并烦请他们也能将这封信传下去。这是您在最后几天里所能帮助奥巴马参议员的最为有效的方式之一”，这一招为奥巴马赢得了所有华裔的支持。

（8）博客营销树立形象。博客一开始是网民共享个人思想的一种方式，但是，现在博客已经成为一种高级媒体。并将拥有媒体活动豁免权，不受到竞选募款法案的限制。比如奥巴马的竞争者之一希拉里就通过自己的博客发布了自己的竞选宣言，并且不断通过博客这一窗口展示着自己的政见和观点，选民可以在她的博客发表对她的看法。而奥巴马则在博客旗帜鲜明地为自己树立起清新、年轻、锐意进取的候选人形象，拉近了选民与自己的距离，更具亲和力更有竞争力。其实，无论是希拉里还是奥巴马，都生动演绎了博客在总统竞选广告战中的重要性。

7.2.5 流行疾传播预测

流感是全球性的传染病。多年来，医务人员一直致力于研究它的爆发周期和特点。1999年，通过数据挖掘技术，研究人员获得了突破性的进展：通过对全国2万多个药店的销售数据进行挖掘，科研人员发现，在医院大规模地收治流感病人的两个星期之前，药店柜台的感冒药会有一个销售高峰，这个高峰，只要超过一定的“阀门”值，就预示着一场流感将要爆发。其中的原因在于，人们在患上感冒之后，一般先会尝试自己去买药，直到不见效、症状加重，才会到医院求助。而这个时候，流感已经在社会上全面爆发，失去了最后的治疗控制时机。

哈佛大学的另一位教授通过挖掘病人的就诊数据则发现：由于儿童的抵抗力更弱，儿童的就诊高峰往往是流感的先兆，这个高峰过后的一个月左右，成人流感的爆发就会接踵而来。这些发现，都为防治即将爆发的流感，争取到了宝贵的时间。

根据这些发现，匹兹堡大学研发了“疾病爆发实时监控系统”（Real Time Outbreak and Disease Surveillance System），对宾夕法尼亚州全州药店的药品销售流量进行监控。由于系统的显著效果，2001 年 11 月，系统的创建人受邀在国会做了专题报告。2002 年 2 月，美国前总统亲自到访该实验室，盛赞该监测系统的预警作用。2002 年 12 月，联邦政府疾病预防中心（CDC）开始在全国推广这种数据监控模式。

7.2.6 Data.Gov：数据开放之路

Data.Gov 的主要目标是开放美国联邦政府的数据，通过鼓励新的创意，让数据走出政府、得到更多的创新型运用。Data.Gov 致力于政府透明，全力把政府推向一个前所未有的开放高度。

2009 年 5 月 21 日，距离奥巴马签署《透明和开放的政府》整整 120 天，Data.Gov 上线发布了。

Data.Gov 按原始数据、地理数据和数据工具三个门类组织开放的数据。上线的第一天，即使包括地理数据，这个新生网站上也仅仅只有 47 组数据、27 个数据分析工具。但即便如此，作为一个全国性的创举，Data.Gov 还是受到了新闻界和大众的关注。上线第一天，该网站就有 210 万的点击量，第二天又收获了 250 万的点击量。前两个月，创下了 2 000 多万次的访问总量。

从 2009 年 5 月至 12 月，Data.Gov 共收到社会各界约 900 项开放数据的申请，联邦政府最后回复：16％的数据立即开放，26％将在短期内开放，36％将计划开放，还有 22％因为国家安全、个人隐私以及技术方面的限制无法开放。

2009 年 12 月 8 日，行政管理预算局（OMB）发布了《开放政府的指令》（Open Government Directive），命令各个联邦部门必须在 45 天之内、在 Data.gov 上至少再开放 3 项高价值的数据。

2010 年 5 月 21 日，Data.Gov 上线发布的一周年纪念日，联邦政府开放数据的总数达到了 27 万项。

截至 2011 年 12 月，Data.Gov 上共开放了原始数据 3 721 项、地理数据 386 429 项。

2011 年，美国信息产业的巨头、全球 500 强之一的 EMC 公司，宣布建立“数据英雄奖”（Data Hero Award），以奖励那些“在大数据时代用数据对个人、组织、产业和世界产生了深远影响的从业人员”。2011 年 5 月 9 日，EMC 的评审委员会决定将首届“数据英雄奖”颁给 Data.Gov 这艘旗舰的舰长——昆德拉。

Data.Gov 的成功，也引起了美国各界甚至全世界的关注。昆德拉先后获得了一系列的奖项和认可，他被评选为年度联邦政府 CIO，被推选为世界经济论坛的青年领袖。

7.3　企业大数据应用经典案例

7.3.1　电子商务案例

1. 林登与亚马逊推荐系统

1997年，24岁的格雷格·林登（Greg Linden）在华盛顿大学就读博士，研究人工智能。闲暇之余，他会在网上卖书，他的网店运营才两年就已经生意兴隆。他回忆说："我爱卖书和知识，帮助人们找到下一个他们可能会感兴趣的知识点。"他注册的这家网店就是日后大获成功的亚马逊。后来林登被亚马逊聘为软件工程师，以确保网站的正常运行。

亚马逊的技术含量不仅体现在其工作人员上。虽然亚马逊的故事大多数人都耳熟能详，但只有少数人知道它的内容最初是由人工亲自完成的。当时，它聘请了一个由20多名书评家和编辑组成的团队，他们写书评、推荐新书，挑选非常有特色的新书标题放在亚马逊的网页上。这个团队创立了"亚马逊的声音"这个版块，成为当时公司这顶皇冠上的一颗宝石，是其竞争优势的重要来源。《华尔街日报》的一篇文章中热情地称他们为全美最有影响力的书评家，因为他们使得书籍销量猛增。

杰夫·贝索斯（Jeff Bezos）——亚马逊公司的创始人及总裁，决定尝试一个极富创造力的想法：根据客户个人以前的购物喜好，为其推荐具体的书籍。从一开始，亚马逊已从每一个客户身上捕获了大量的数据。比如说，他们购买了什么书籍？哪些书他们只浏览却没有购买？他们浏览了多久？哪些书是他们一起购买的？

客户的信息数据量非常大，格雷格·林登找到了一个解决方案。它需要做的是找到产品之间的关联性。1998年，林登和他的同事申请了著名的"item-to-item"协同过滤技术的专利。方法的转变使技术发生了翻天覆地的变化。

因为估算可以提前进行，所以推荐系统快如闪电，而且适用于各种各样的产品。因此，当亚马逊跨界销售除书以外的其他商品时，也可以对电影或烤面包机这些产品进行推荐。由于系统中使用了所有的数据，推荐会更理想。格雷格·林登回忆道："在组里有句玩笑话，说的是如果系统运作良好，亚马逊应该只推荐你一本书，而这本书就是你将要买的下一本书。"

格雷格·林登做了一个关于评论家所创造的销售业绩和计算机生成内容所产生的销售业绩的对比测试，结果发现，通过数据推荐产品所增加的销售远远超过书评家的贡献。计算机可能不知道为什么喜欢海明威作品的客户会购买菲茨杰拉德的书，但是这似乎并不重要，重要的是销量。

亚马逊销售额的三分之一左右都是来自它的个性化推荐系统。有了它，亚马逊不仅使很多大型书店和音乐唱片商店歇业，而且当地数百个自认为有自己风格的书商也难免受转型之风的影响。

2. 商品价格预测

2011年，西雅图一家叫Decide.com的科技公司推出了一个雄心勃勃的门户网站，它想

为无数顾客预测商品的价格。最初计划的业务范围只限于电子产品，包括手机、平板电视、数码相机等。网络产品的价格受一系列因素的影响，全天都在不断更新，所以 Decide. com 收集的价格数据必须是即时的。系统必须进行数据分析，才会知道一个产品是不是下架了或者是不是有新产品要发布了，这些都是用户想知道的信息，而且都会影响产品价格。

经过一年的时间，Decide. com 分析了近 400 万产品的超过 250 亿条价格信息。它发现了一些过去人们无法意识到的怪异现象：比如在新产品发布的时候，旧一代的产品可能会经历一个短暂的价格上浮。大部分人都习惯性地认为旧产品更便宜，所以会选择买旧产品，其实这取决于你什么时候购买，不然有可能你付出的金钱比购买新产品还要多。因为电子商务网站都开始使用自动定价系统，所以 Decide. com 能够发现不正常、不合理的价格高峰，然后告知用户何时才是购买电子产品的最佳时机。

根据 Decide. com 内部分析显示，它的预测准确率可以达到 77%，平均可以帮助每个顾客在购买一个产品时节省 100 美元。

Decide. com 使用的数据都来自电子商务网站和互联网，这是公开的数据，它先人一步地挖掘出了数据的潜在价值。

3. 淘宝的大数据分析

每天有数以万计的交易在淘宝上进行，与此同时相应的交易时间、商品价格、购买数量会被记录，更重要的是，这些信息可以与买方和卖方的年龄、性别、地址、甚至兴趣爱好等个人特征信息相匹配。运用匹配的数据，淘宝可以更优化地进行店铺排名和用户推荐；商家可以根据以往的销售信息和“淘宝指数”进行生产、库存决策，赚更多的钱；而与此同时，更多的消费者“亲”们也能以更优惠的价格买到更心仪的宝贝。

事实上，淘宝早在 2011 年就已经推出了“淘宝指数”，其趣味幽默的宣传短片“淘宝知道”更是一度被关注和热议。在不远的未来，像淘宝这样的企业或许真的可以在一定程度部分取代统计局和价格监测机构的功能，发布行业和宏观经济的景气指标。

在网站竞争日益激烈的今天，淘宝率先投入巨资，引入数据挖掘技术，为客户提供更为优质高效的服务，把客户价值放到战略地位考虑，给网民耳目一新的感觉，让网民体验淘宝全新的个性化服务、理解型服务，本身就具有划时代的意义。通过数据挖掘技术的推动，淘宝将在互联网上掀起一股基于客户价值的浪潮。

7.3.2 市场销售案例

1. 沃尔玛商品摆放的秘密

在大数据背景下，收集并处理大量的顾客购物信息给沃尔玛带来了更多的商机，使其在销售业中处于领先地位。

沃尔玛是世界上最大的零售商，拥有超过 200 万的员工，销售额约 4 500 亿美元，比大多数国家的国内生产总值还多。在网络带来很多数据之前，沃尔玛在美国企业中拥有的数据资源应该是最多的。

在 20 世纪 90 年代，零售链通过把每一个产品记录转为数据而彻底改变了零售行业。沃尔玛可以让供应商监控销售速率、数量以及存货的情况。沃尔玛通过打造透明度来迫使供应商照顾好自己的物流。在许多情况下，沃尔玛不接受产品的“所有权”，除非产品已经开始销售，这样就避免了存货的风险也降低了成本。实际上，沃尔玛运用这些数据使其成为世界上最大的“寄售店”。

倘若得到正确分析，历史数据能够解释什么呢？零售商与天睿资（Teradata）专业的数字统计员一起研究发现了有趣的相关关系。2004年，沃尔玛对历史交易记录这个庞大的数据库进行了观察，这个数据库记录的不仅包括每一个顾客的购物清单以及消费额，还包括购物篮中的物品、具体购买时间，甚至购买当日的天气。

沃尔玛公司注意到，每当在季节性飓风来临之前，不仅手电筒销售量增加了，而且POP-Tarts蛋挞（美式含糖早餐零食）的销量也增加了。因此，当季节性风暴来临时，沃尔玛会把库存的蛋挞放在靠近飓风用品的位置以方便行色匆匆的顾客从而增加销量。

过去，沃尔玛总部的人员需要先有了想法，然后才能收集数据来测试这个想法的可行性。如今，我们有了如此之多的数据和更好的工具，要找到相关性变得更快、更容易了。

沃尔玛是最早开始投资和部署大数据应用的传统企业巨头之一，不但是大数据应用的吃螃蟹者，还设立沃尔玛大数据实验室投入大数据技术相关的研发工作。如今，沃尔玛在大数据上的投资开始产生回报。

沃尔玛采用了一些奇特的大数据采集技术。例如，在服装人体假模的眼睛里安装摄像头，通过图像识别技术判断顾客的停留时间、目光关注热区，高矮胖瘦，甚至消费者是否怀孕。

沃尔玛还通过先进的大数据预测分析技术发现两个电子产品连锁店Source和Carlie Brown的顾客的购买意向正在向高档产品转移，并及时调整了两家店的库存，一举将销售业绩提升了40%。大数据分析技术使得沃尔玛能够实时对市场动态做出积极响应。

2. 美国折扣零售商塔吉特（Target）的怀孕预测促销

大数据相关关系分析的极致，非美国折扣零售商塔吉特（Target）莫属了。该公司使用大数据的相关关系分析已经有多年。《纽约时报》的记者查尔斯·杜西格（Charles Duhigg）就在一份报道中阐述了塔吉特公司怎样在完全不和准妈妈对话的前提下预测一个女性会在什么时候怀孕。

对于零售商来说，知道一个顾客是否怀孕是非常重要的。因为这是一对夫妻改变消费观念的开始，也是一对夫妻生活的分水岭。他们会开始光顾以前不会去的商店，渐渐对新的品牌建立忠诚。塔吉特公司的市场专员们向分析部求助，看是否有什么办法能够通过一个人的购物方式发现她是否怀孕。

塔吉特公司的分析团队首先查看了签署婴儿礼物登记簿的女性的消费记录。塔吉特公司注意到，登记簿上的妇女会在怀孕大概第三个月的时候买很多无香乳液。几个月之后，她们会买一些营养品，比如镁、钙、锌。塔吉特公司最终找出了大概20多种关联物，这些关联物可以给顾客进行“怀孕趋势”评分。这些相关关系甚至使得零售商能够比较准确地预测预产期，这样就能够在孕期的每个阶段给客户寄送相应的优惠券，这才是塔吉特公司的目的。

杜西格在《习惯的力量》（The Power of Habit）一书中讲到了接下来发生的事情。一天，一个男人冲进了一家位于明尼阿波利斯市郊的塔吉特商店，要求经理出来见他。他气愤地说："我女儿还是高中生，你们却给她邮寄婴儿服和婴儿床的优惠券，你们是在鼓励她怀孕吗?"而当几天后，经理打电话向这个男人致歉时，这个男人的语气变得平和起来。他说："我跟我的女儿谈过了，她的预产期是 8 月份，是我完全没有意识到这个事情的发生，应该说抱歉的人是我。"

7.3.3　物流运输业案例

在快递、交通等领域，大数据同样得到了极大的应用。

1. 汽车修理预测及最佳行车路径

UPS 国际快递公司从 2000 年就开始使用预测性分析来监测自己全美 60000 辆车规模的车队，这样就能及时进行防御性修理。如果车在路上抛锚损失会非常大，因为那样就需要再派一辆车，会造成延误和再装载的负担，并消耗大量的人力物力。所以以前 UPS 每两三年就会对车辆的零件进行定时更换，但这种方法不太有效，因为有的零件并没有什么毛病就被换掉了。通过监测车辆的各个部位，UPS 如今只需要更换需要更换的零件，从而节省了好几百万美元。有一次，监测系统甚至帮助 UPS 发现了一个新车的一个零件有问题，因此免除了可能会造成的困扰。

UPS 快递有效利用了地理定位数据。为了使总部能在车辆出现晚点的时候跟踪到车辆的位置和预防引擎故障，它的货车上装有传感器、无线适配器和 GPS。同时，这些设备也方便了公司监督管理员工并优化行车线路。就像莫里的图表是基于过去的航海经验一样，UPS 为货车定制的最佳行车路径一定程度上也是根据过去的行车经验总结而来的。

UPS 的过程管理总监杰克·莱维斯（Jack Levis）认为这个分析项目效果显著。2011 年，UPS 的驾驶员们少跑了近 4 828 万公里的路程，节省了 300 万加仑（1 加仑≈3.785 升）的燃料并且减少了 3 万吨的二氧化碳排放量。系统也设计了尽量少左转的路线，因为左转要求货车在交叉路口穿过去，更容易出事故；而且，货车往往需要等待一会儿才能左转，也会更耗油。因此，减少左转使得行车的安全性和效率都得到了大幅提升。

杰克·莱维斯说，"预测给我们知识，而知识赋予我们智慧和洞见。"他很确信，有一天，这个系统一定能在用户意识到问题之前预测到并且解决问题。

2. 交通数据中的价值

总部位于西雅图的交通数据处理公司 Inrix 汇集了来自美洲和欧洲近 1 亿辆汽车的实时交通数据。这些数据来自宝马、福特、丰田等私家车，还有一些商用车，比如出租车和货车，私家车主的移动电话也是数据的来源。这也解释了为什么它要建立一个免费的智能手机应用程序，因为一方面它可以为用户提供免费的交通信息，另一方面它自己就得到了同步的数据。Inrix 通过把这些数据与历史交通数据进行比对，再考虑进天气和其他诸如当地时事等信息来预测交通状况。数据软件分析出的结果会被同步到汽车卫星导航系统中，政府部门和商用车队都会使用它。

Inrix 是典型的、独立运作的大数据中间商。它汇聚了来自很多汽车制造商的数据，这

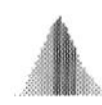

些数据能产生的价值要远远超过它们被单独利用时的价值。每个汽车制造商可能都会利用它们的车辆在行驶过程中产生的成千上万条数据来预测交通状况，这种预测不是很准确也并不全面。但是随着数据量的激增，预测结果会越来越准确。同样，这些汽车制造商并不一定掌握了分析数据的技能，它们的强项是造车，而不是分析泊松分布，所以他们都愿意第三方来做这个预测的事情。另外，虽然交通状况分析对驾驶员来说非常重要，但是这几乎不会影响到一个人是否会购车。所以，这些同行业的竞争者们并不介意通过行业外的中间商汇聚它们手里的数据。

数据进入了市场，它不再是单纯意义上的数据，而是挖掘出了新的价值。比方说，Inrix收集的交通状况数据信息会比表面看上去有用得多，它被用来评测一个地方的经济情况，因为它也可以提供关于失业率、零售额、业余活动的信息。2011年，美国经济复苏开始放缓，虽然政客们强烈否定，但是这个信息还是被交通状况分析给披露了出来。Inrix的分析发现，上下班高峰时期的交通状况变好了，这也就说明失业率增加了，经济状况变差了。同时，Inrix把它收集到的数据卖给了一个投资基金，这个投资基金把交通情况视作一个大型零售商场销量的代表，一旦附近车辆很多，就说明商场的销量会增加。在商场的季度财政报表公布之前，这项基金还利用这些数据分析结果换得了商场的一部分股份。

3. 电动汽车动力与电力供应系统的优化预测

电动汽车能否成功作为一种交通工具普及，其决定因素多如牛毛，但一切都与电池的寿命相关。司机需要能够快速而便捷地为汽车电池充电，电力公司需要确保提供给这些车辆的电力不会影响电网运转。几十年的试验和错误才实现了现有加油站的有效分配，但电动汽车充电站的需求和设置点目前还不得而知。

有趣的是，与其说这是一个基础设施问题，不如说这是一个信息问题，因为大数据是解决方案的重要组成部分。

在2012年进行的一项试验中，IBM曾与加利福尼亚州的太平洋天然气与电气公司以及汽车制造商本田合作，收集了大量信息来回答关于电动汽车应在何时何地获取动力及其对电力供应的影响等基本问题。

基于大量的信息输入，如汽车的电池电量、汽车的位置、一天中的时间以及附近充电站的可用插槽等，IBM开发了一套复杂的预测模型。它将这些数据与电网的电流消耗以及历史功率使用模式相结合。通过分析来自多个数据源的巨大实时数据流和历史数据，能够确定司机为汽车电池充电的最佳时间和地点，并揭示充电站的最佳设置点。最后，系统需要考虑附近充电站的价格差异，即使是天气预报，也要考虑到。例如，如果是晴天，附近的太阳能供电站会充满电，但如果预报未来一周都会下雨，那么太阳能电池板将会被闲置。

系统采用了为某个特定目的而生成的数据，并将其重新用于另一个目的，换言之，数据从其基本用途移动到了二级用途。这使得它随着时间的推移变得更有价值。汽车的电池电量指示器告诉司机应当何时充电，电网的使用数据可以通过设备收集到，从而管理电网的稳定性。这些都是一些基本的用途。这两组数据都可以找到二级用途，即新的价值。它们可以应用于另一个完全不同的目的：确定何时何地充电以及电子汽车服务站的设置点。在此之上，新的辅助信息也将纳入其中，如汽车的位置和电网的历史使用情况。这些数据不只会使用一次，而是随着电子汽车的能耗和电网压力状况的不断更新，一次又一次地为 IBM 所用。

4. 航空运输业

在过去十年里，航空发动机制造商劳斯莱斯通过分析产品使用过程中收集到的数据，实现了商业模式的转型。坐落于英格兰德比郡的劳斯莱斯运营中心一直监控着全球范围内超过 3700 架飞机的引擎运行情况，为的就是能在故障发生之前发现问题。数据帮助劳斯莱斯把简单地制造转变成了有附加价值的商业行为：劳斯莱斯出售发动机，同时通过按时计费的方式提供有偿监控服务（一旦出现问题，还进一步提供维修和更换服务）。如今，民用航空发动机部门大约 70%的年收入都是来自其提供服务所赚得的费用。

7.3.4 市政领域案例

纽约每年都会有很多沙井盖因为内部失火而发生爆炸，重达 300 磅的沙井盖在轰然倒塌在地上之前可以冲出几层楼高，造成巨大损失。

为纽约提供电力支持的联合爱迪生电力公司（Con Edison）每年都会对沙井盖进行常规检查和维修。过去，这完全看运气，如果工作人员检查到的正好是即将爆炸的就最好了。2007 年，联合爱迪生电力公司向哥伦比亚大学的统计学家求助，希望他们通过对一些历史数据的研究，比如说通过研究以前出现过的问题、基础设施之间的联系，进而预测出可能会出现问题并且需要维修的沙井盖。如此一来，它们就只要把自己的人力物力集中在维修这些沙井盖上。

这是一个复杂的大数据问题。光在纽约，地下电缆就有 15 万公里，都足够环绕地球三周半了；曼哈顿有大约 51 000 个沙井盖和服务设施，其中很多设施都是在爱迪生那个时代建成的，而且有 1/20 的电缆在 1930 年之前就铺好了。尽管 1880 年以来的数据都保存着，却很杂乱，因为从没想过要用来进行数据分析。这些数据都是由会计人员或进行整修的工作人员记录下来的，因为是手记，所以说这些数据杂乱一点也不为过。比如说，常见的“服务设施”代码就有 38 个之多，而计算机算法需要处理的就是这么混乱的数据：SB，S，S/B，S. B，S? B，S. B.，SBX，S/BX，SB/X，S/XB，/SBX，S. BX，S&BX，S? BX，S BX，S/B/X，SBOX，SVBX，SERV BX，SERV-BOX，SERV/BOX，SERVICE BOX……

负责这个项目的统计学家辛西亚·鲁丁（Cynthia Rudin）回忆道：乍看这些数据的时候，我们从未想过能从这些未经处理的数据中找出想要的信息。我打印了一个关于所有电缆的表格，如果把这个表格卷起来的话，除非你在地上拖，不然你绝对提不起它来。而我们需要处理的就是这么多没有处理过的数据。只有理解了这些数据，才能从中淘金，并倾已所有创建一个好的预测模型。

辛西亚·鲁丁和她的同事必须在工作中使用所有的数据，而不能是样本，因为说不定，这成千上万个沙井盖中的某一个就是一个定时炸弹，所以只有使用“样本=总体”的方法才可以。虽然找出因果关系也是不错的，但是这可能需要一个世纪之久，而且还不一定找得对。要完成这项任务，比较好的办法就是，找出它们之间的相关关系，相比“为什么”，她更关心“是什么”。但是她也知道当面对联合爱迪生电力公司高层的时候，她需要证明选择

 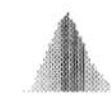

方案的正确性。预测可能是由机器完成的，但是消费者是人类，而人就习惯性地想通过找出原因来理解事物。

辛西亚·鲁丁将杂乱的数据整理好给机器处理，由此发现了大型沙井盖爆炸的106种预警情况。在布朗克斯（Bronx）的电网测试中，他们对2008年中期之前的数据都进行了分析，并利用这些数据预测了2009年会出现问题的沙井盖，预测效果非常好。在他们列出的前10％的高危沙井盖名单里，有44％的沙井盖都发生了严重事故。

这个例子说明了大数据正在以新的方式帮助我们解决现实生活中的难题。

7.3.5 社交网络案例

数据化的另一个前沿更加个性化，直接触摸到了我们的关系、经历和情感。数据化的构思是许多社交网络公司的脊梁。社交网络平台不仅给我们提供了寻找和维持朋友、同事关系的场所，也将我们日常生活的无形元素提取出来，再转化为可作新用途的数据。

1. Facebook（脸书）

2012年Facebook拥有大约10亿用户，他们通过上千亿的朋友关系网相互连接，这个巨大的社交网络覆盖了大约10％的全球总人口。一些消费者信贷领域的创业公司正考虑开发以Facebook社交图谱为依据的信用评分。FICO的信用评分系统利用15个变量来预测单个借贷者是否会偿还一笔债务。但一家获得了高额风险投资的创业公司（很遗憾这里必须匿名）的一项内部研究显示，个人会偿还债务的可能性和其朋友会偿还债务的可能性呈正相关。正应了一句老话：物以类聚，人以群分。因此，Facebook也可以成为下一个FICO。显然，社交媒体上的大量数据也许能形成放飞想象的新型商务基础，其意义远不止表面上我们看到的照片分享、状态上传以及“喜欢”按钮。2017年2月，Brand Finance发布2017年度全球500强品牌榜单，Facebook排名第九。

2. Twitter（推特）

2012年超过1.4亿用户每天发送的4亿条微博几乎就和随意的口头零碎差不多。然而，Twitter公司实现了人们想法、情绪和沟通的数据化，这些都是以前不曾实现的。Twitter与DataSift和Gnip两家公司达成了一项出售数据访问权限的协议。他们对微博做了句法分析，有时还会使用一项叫作情感分析的技术，以获得顾客反馈意见的汇总或对营销活动的效果进行判断。

Twitter通过创新，让人们能轻易记录以及分享他们零散的想法（这些在以前，都会成为遗忘在时光中的碎片），从而使情绪数据化得以实现。LinkedIn将我们过去漫长的经历进行了数据化处理，把信息转化为对现在和将来的预测：我们可以认识谁，或者哪里存在一份心仪的工作。

3. 微　博

根据“社交网络分析之父”贝尔纳多·哈柏曼（Bernardo Huberman）的分析，微博中单一主题出现的频率可以用来预测很多事情，比如好莱坞的票房收入。他和一位在惠普实验室工作的同事开发了一个程序，可以用来检测新微博的发布频率。基于此，他们就能预测一部电影的成败，这往往比其他传统评估预测方法还要准确。

这些数据的用途不胜枚举。Twitter 微博限制在稀少的 140 个字符中，但与每条微博联系在一起的元数据是十分丰富的。Twitter 的元数据，即“关于信息的信息”，其中包括 33 个分离的项。虽然一部分信息似乎并没多大用处，比如 Twitter 用户界面上的“墙纸”或用户用来访问这项服务的软件，但其他的元数据却很有意思，比如他们参与服务所使用的语言、所处的地理位置、关注的人以及粉丝的数量和名字。2011 年《科学》杂志上的一项研究显示，来自世界上不同文化背景的人们每天、每周的心情都遵循着相似的模式，这项研究建立在两年多来对 84 个国家 240 万人的 5.09 亿条微博的数据分析上，这在以前是完全无法做到的。情绪真的已经被数据化了。

4. 让网民免费为你工作

20 世纪 90 年代后期，网络逐渐变得拥堵起来。有人开发了一款名为“Spambots”的垃圾邮件程序软件，向成千上万名用户批量发送广告信息，淹没收件人的电子邮箱。他们会在各种网站上注册，然后在评论部分留下成百上千条广告。网络因此成了一个不守规矩、不受欢迎、不够友善的地方。而且，这种软件似乎打破了网络原有的开放性和易用性模式。当特玛捷这一类公司根据“先到先服务”的原则提供演唱会门票网上订票服务时，作弊软件会偷偷摸摸跑到真正排队的人之前，将门票全部买下。

2000 年，22 岁大学刚毕业的路易斯·冯·安（Luis Von Ahn）提出了解决这个问题的想法：要求注册人提供真实身份证明。他试图找出一些人类容易辨别但对机器来说却很难的东西，最后他想到了一个办法，即在注册过程中显示一些波浪状、辨识度低的字母。人能够在几秒钟内识别并输入正确的文本信息，但计算机却可能会被难倒。雅虎采用了这个方法以后，一夜之间就减轻了垃圾邮件带来的苦恼。路易斯·冯·安将他的这一创作称为验证码（全称为“全自动区分计算机和人类的图灵测试”）。五年后，每天约有 2 亿的验证码被用户输入。

这一切给路易斯·冯·安这位家里经营糖果厂的危地马拉人带来了相当高的知名度，使他能够在取得博士学位后进入卡内基梅隆大学工作教授计算机科学。也使他在 27 岁时获得了 50 万美元的麦克阿瑟基金会“天才奖”。但是，当他意识到每天有这么多人要浪费 10 秒钟的时间输入这堆恼人的字母，而随后大量的信息被随意地丢弃时，他并没有感到自己很聪明。

于是，他开始寻找能使人的计算能力得到更有效利用的方法。他想到了一个继任者，恰如其分地将其命名为 ReCaptcha。和原有随机字母输入不同，人们需要从计算机光学字符识别程序无法识别的文本扫描项目中读出两个单词并输入。其中一个单词其他用户也识别过，从而可以从该用户的输入中判断注册者是人；另一个单词则是有待辨识和解疑的新词。为了保证准确度，系统会将同一个模糊单词发给五个不同的人，直到他们都输入正确后才确定这个单词是对的。在这里，数据的主要用途是证明用户是人，但它也有第二个目的：破译数字化文本中不清楚的单词。ReCaptcha 的作用得到了认可，2009 年谷歌收购了路易斯·冯·安的公司，并将这一技术用于图书扫描项目。

与雇用人所需要花费的成本相比较，它释放出的价值是非常巨大的。每天完成的 ReCaptcha超过 2 亿，按平均每 10 秒输入一次的话，一天加起来一共是 50 万个小时，而 2012 年美国的最低工资是每小时 7.25 美元。从市场的角度来看，解疑计算机不能识别的单词每天需要花费约 350 万美元，或者说每年需要花费 10 亿多美元。路易斯·冯·安设计的这个系统做到了这一点，并且没有花一分钱。

ReCaptcha 的故事强调了处理大数据与数据再利用的重要性。随着大数据的出现，数据的价值正在发生变化。

7.3.6　通信业案例

1. 移动运营商与数据再处理

由于在信息价值链中的特殊位置，有些公司可能会收集到大量的数据，但是他们并不急需使用也并不擅长再次利用这些数据。例如，移动电话运营商收集用户的位置信息来传输电话信号。对于这些公司来说，数据只具有狭窄的技术用途。但是当它被一些发布个性化位置广告服务和促销活动的公司再次利用时，则变得更有价值。

如果得到使用正确，即使是最平凡的信息也可以具有特殊的价值。看看移动运营商吧：他们记录了人们的手机在何时何地连接基站的信息，包括信号的强度。运营商们长期使用这些数据来微调其网络的性能，决定哪里需要添加或者升级基础设施。但这些数据还有很多其他潜在的用途，比如手机制造商可以用它来了解影响信号强度的因素，以改善手机的接收质量。一直以来，出于隐私保护相关法律的限制，移动运营商们并没有用这些数据来谋取利益。但如今，伴随着经济颓势，它们开始逐渐改变立场，认为数据也可以作为其利润的潜在来源。2012 年，西班牙电话公司（Telefonica of Spain），一家国际电信公司，甚至创立了独立公司 TelefonicaDigital Insights 来向零售商和其他买家出售其收集到的匿名用户位置信息。

大数据成为许多公司竞争力的来源，从而使整个行业结构都改变了。当然，每个公司的情况各有不同。大公司和小公司最有可能成为赢家，而大部分中等规模的公司则可能无法在这次行业调整中尝到甜头。

2. 苹果“潜在”的数据价值

在苹果公司 iPhone 推出之前，移动运营商从用户手中收集了大量具有潜在价值的数据，但是没能深入挖掘其价值。相反，苹果公司在与运营商签订的合约中规定运营商要提供给它大部分的有用数据。通过来自多个运营商提供的大量数据，苹果公司所得到的关于用户体验的数据比任何一个运营商都要多。苹果公司的规模效益正体现在数据上。

7.3.7　金融业案例

数据将是未来银行的核心竞争力之一，这已成为银行业界的共识。应该说，银行对于传统的结构化数据的挖掘和分析是处于领先水平的，但一方面银行传统的数据库信息量并不丰富和完整，如客户信息，银行拥有客户的基本身份信息，但客户其他的信息，如性格特征、兴趣爱好、生活习惯、行业领域、家庭状况等却是银行难以准确掌握的；另一方面，对于多种异构数据的分析是难以处理的：如银行有客户的资金往来的信息、网页浏览的行为信息、服务通话的语音信息、营业厅、ATM 的录像信息。也就是说，除了结构化数据外，其他数据无法进行分析，更谈不上对多种信息进行综合分析，无法打破“信息孤岛”的格局。也就是说，在“大数据时代”，银行的数据挖掘和分析能力严重不足。因此，对于银行来讲，要拥有强大的“大数据”处理能力，才能使数据真正成为核心竞争力。

大数据时代来临，国内外银行都进行了应对措施，如摩根大通已经使用 Hadoop 技术以满足日益增多的用途，包括诈骗检验、IT 风险管理和自助服务；花旗银行通过分析客户提供的信息、社交网络、公共网页得到客户的信用记录、信用历史以及包括 Facebook 在内的来自社交网络的数据等；民生银行根据数据智能分析向前台提供服务与反馈，整合日益互联的各种服务渠道，建立起持续地从广泛的来源获取、量度、建模、处理、分析大容量多类型数据的功能等。

1. 银行个人客户数据挖掘

银行有着丰富的数据资源，这些数据资源是典型的非结构化数据，也是典型的“大数据”。一方面，数据不断积累，而且随着业务的繁忙，还在不断加速增长，其存储和管理都较为麻烦，除了存储备用几乎没有其他用途，海量数据大都成了“沉没数据”；另一方面，大家都知道这些数据中蕴含了丰富的客户信息，如客户身份信息、客户偏好、服务质量信息、市场动态信息、竞争对手信息等，但由于技术的限制，一直没有有效地分析处理手段，数据的价值无法实现，具有丰富价值的数据却成为“死数据”。

中国科学院虚拟经济与数据科学研究中心通过使用银行个人客户管理系统（PCRM 系统），包括个人基本资料以及贷记卡、准贷记卡、国际贷记卡、个人贷款、定期存款、活期存款、中间业务、客户资产负债等个人金融基本业务的数据，对该银行个人客户群主要行为特征进行客户忠诚度分析以及客户风险偏好分析，实现了三大目标，包括个人客户分类标准科学性验证、客户群主要行为特征、个人客户贡献度分布规律。

通过对数据处理及分析，该银行的数据得到了深入的挖掘和应用，对提高工作效率、改善服务质量起到了明显的作用，为创新服务模式提供了很多新的方法和途径，对经营效率和运营管理水平的提高起到了良好的推动作用。

2. 交通银行信用卡中心使用智能语音云技术

交通银行信用卡中心的大量服务基于电话完成，客服、电销、信审、催收等部门包括自有和外包的电话服务人员总计达数千人，而且随着银行业务的不断扩展，人员规模还在持续增加。由于业务繁忙、工作压力大，员工的流失率高，服务质量控制难度大。加之银行之间的信用卡业务竞争非常激烈，各行的信用卡部门经常推出新的服务或活动，不断冲击固有的市场，因此急需提高响应速度、应变能力和创新能力。

面对以上问题，交通银行信用卡中心着眼于“大数据”的挖掘和分析，通过对海量语音数据的持续在线和实时处理，为服务质量改善、经营效率提升、服务模式创新提供支撑，从全面提升运营管理水平。

交通银行信用卡中心采用智能语音云（Smart Voice Cloud）产品对海量语音数据进行分析处理。智能语音云是新型数据服务平台，它采用了大规模异构数据的高效存管和流式数据处理机制，实现了海量语音数据的归集、处理、存储、调用和分析。

交通银行信用卡中心的智能语音云于 2011 年 9 月开始，2012 年 2 月 11 日一期产品正式上线投产。目前，数据处理时效采用 T+1 的准实时方式，每天平均数据处理量约 5 000 小时

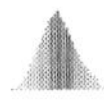

20 GB，高峰日超过 100 GB，历史语音检索调听花费的时间从 3～5 个工作日缩短为 5 分钟，检索反馈时效低于 100 毫秒，调听反馈时效低于 1 秒，系统整体可用性达到了 99.9%，达到了预期的指标，取得了令人满意的效果。后续拟基于当前平台陆续增加自动质检和业务分析应用，预计实施完成后，质检覆盖率可提高到 70%以上，违规行为检出率可提高到 15%以上。

交通银行信用卡中心采用的智能语音云各项服务既能单独成为独立向客户提供专项服务，也可以根据客户的需要将多种服务灵活组合。由于采用了基于业务需求的持续迭代开发方式，智能语音云将采取分期实施方式，根据业务需要逐步增加应用内容，从而减少了产品生产与项目实施的风险。

金融行业在大数据浪潮中，要以大数据平台建设为基础，夯实大数据的收集、存储、处理能力；重点推进大数据人才的梯队建设，打造专业、高效、灵活的大数据分析团队；不断提升企业智商，挖掘海量数据的商业价值，从而在数据新浪潮的变革中赢得先机。

3. 蒙特利尔银行

蒙特利尔银行是加拿大历史最为悠久的银行，也是加拿大的第三大银行。在 20 世纪 90 年代中期，行业竞争的加剧导致该银行需要通过交叉销售来锁定 1800 万客户。银行智能化商业高级经理 Jan Mrazek 说，这反映了银行的一个新焦点——客户，而不是商品。银行应该认识到客户需要什么产品以及如何推销这些产品，而不是等待人们来排队购买。然后，银行需要开发相应商品并进行营销活动，从而满足这些需求。

在应用数据挖掘之前，银行的销售代表必须于晚上 6 点至 9 点在特定地区通过电话向客户推销产品。但是，正如每个处于接收端的人所了解的那样，大多数人在工作结束后对于兜售并不感兴趣。因此，在晚餐时间进行电话推销的反馈率非常低。几年前，该银行开始采用 IBM DB2 Intelligent Miner Scoring，基于银行账户余额、客户已拥有的银行产品以及所处地点和信贷风险等标准来评价记录档案。这些评价可用于确定客户购买某一具体产品的可能性。该系统能够通过浏览器窗口进行观察，使得管理人员不必分析基础数据，因此非常适合于非统计人员。

我们对客户的财务行为习惯及其对银行收益率的影响有了更深入的了解。现在，当进行更具针对性的营销活动时，银行能够区别对待不同的客户群，以提升产品和服务质量，同时还能制订适当的价格和设计各种奖励方案，甚至确定利息费用。蒙特利尔银行的数据挖掘工具为管理人员提供了大量信息，从而帮助他们对从营销到产品设计的任何事情进行决策。

本章小结

本章回顾了大数据在国内外政府部门和企业的经典应用案例。

目前，大数据在国内政府的应用主要体现在宏观经济检测与预警、个人信用评分、金融衍生品交易、舆情监控等关系国家经济发展、社会安全等领域。而大数据在美国、英国等国家的成功应用还渗透到交通、医疗甚至政治选举等其他领域。大数据在国外政府已经上升到一种国家战略，美国等发达国家的政府还通过开放政府相关的大数据来有效防范腐败，树立公众信心等。

国内外企业对大数据的应用主要体现在电子商务、销售、运输业、工业、通信业和金融业中，而这些广泛应用先进大数据技术的企业，如电子商务领域的谷歌、淘宝公司、销售领域的沃尔玛、运输业的UPS、通信业的Facebook、Twitter、ReCaptcha、苹果公司正逐步驱动着行业变革，使得他们在同领域远超竞争对手，并遥遥领先，成为所在领域的领军企业。

大数据时代，数据就像是一个神奇的钻石矿，在其首要价值被发掘之后仍能不断产生价值。数据的潜在价值有三种最为常见的释放方式：基本再利用、数据集整合和寻找“一份钱两份货”。而数据的折旧值、数据废气和开放数据则是更为独特的方式。

大数据拥有者想尽办法想增加它们的数据存储量，因为这样能以极小的成本带来更大的利润。首先，它们已经具备了存储和处理数据的基础；其次，数据库的融合能带来特有的价值；最后，数据使用者如果只需要从一人手中购得数据，那将更加省时省力。随着数据价值的显现，很多人会想以数据拥有者的身份大展身手，他们收集的数据往往是和自身相关的，比如他们的购物习惯、观影习惯，也许还有医疗数据等。

大数据能够优化生产和服务，甚至能催生新的行业。大数据技术的发展带来企业运营决策模式的转变，驱动着行业变革，衍生出新的商机和发展契机。驾驭大数据的能力已被证实为领军企业的核心竞争力，这种能力能够帮助企业打破数据边界，绘制企业运营全景视图，做出最优的商业决策和发展战略。

思考题

1. 请查询1～2个大数据在金融监管机构、国家安全部门等政府机构的成功应用案例。
2. 美国公开政府信息的方法来保证政府资金透明对我国政府有什么重要启示？
3. 构想一下在大数据时代，大数据在中国政府机构各部门（如交通、教育、税收等）运作和决策中怎样发挥作用？为了实现这样的构想，政府需要做出什么样的努力？
4. 谷歌公司与微软公司的拼写检查系统在处理大数据时采用的不同做法说明了什么问题？
5. 沃尔玛公司以及美国折扣零售商塔吉特是如何处理大数据来提高销量的？
6. 在大数据背景下，有效处理大数据会给企业带来了哪些好处？
7. 结合你所在组织的情况，设计一个应用大数据提高管理水平的策划方案，说明用哪些数据，拟实现的目标？

8 政府工作中的大数据应用

8.1 数据与政府职能

2013 年 3 月 14 日，第十二届全国人大一次会议在人民大会堂举行第四次全体会议，表决通过了《国务院机构改革和职能转变方案的决定（草案）》。这次国务院机构改革，政府职能的转变是其中重要的组成内容。

政府职能，亦称行政职能，是国家行政机关，依法对国家和社会公共事务进行管理时应承担的职责和所具有的功能。政府职能反映着公共行政的基本内容和活动方向，是公共行政的本质表现。

2013 年 5 月 13 日，国务院上午召开全国电视电话会议，动员部署国务院机构职能转变工作。中共中央政治局常委、国务院总理李克强发表讲话。他强调，要贯彻落实党的十八届二中全会和国务院第一次全体会议精神，处理好政府与市场、政府与社会的关系，把该放的权力放掉，把该管的事务管好，激发市场主体创造活力，增强经济发展内生动力，把政府工作重点转到创造良好发展环境、提供优质公共服务、维护社会公平正义上来。

美国加州斯坦福大学助理教授贾斯廷·古力马，正尝试把数学应用到政治学研究中，通过计算机对互联网上的海量博客文章、议会演讲、新闻报道加以统计分析，从而展开趋势判断。在这个 29 岁的青年政治学者眼中，“政治学已经日益成为一个数据密集型学科”。其实，成为“数据密集型学科”的远不止政治学，科学、文化、经济、公共卫生等大量公共服务领域都正在从大数据技术中获益。

在这个方面，美国政府先行一步，率先提出了《大数据研究和发展计划》，认为政府应当通过对海量和复杂的数字资料进行收集、整理，从中获得真知灼见，以提升政府行政职能，如对社会经济发展的预测能力等。根据这一计划，美国希望利用大数据技术在多个领域实现突破，包括科研教学、环境保护、工程技术、国土安全、生物医药等，具体的研发计划涉及了美国国家科学基金会、国家卫生研究院、国防部、能源部、国防部高级研究局、地质勘探局等 6 个联邦部门和机构，这些政府机构都将在政府职能上与大数据直接挂钩。

我国在充分利用数据信息优化和提高政府职能方面，也取得了一些成果。以山西公安电子政务群为例，刚开通 4 个月，“山西公安便民服务在线”访问量就突破 500 万，受理办结群众业务突破 2 万件，创造了同类电子政务网站的一个纪录。从开通时的全国规模最大，到目前的受理业务范围最广，山西公安摸索出了一条融合各新媒体形态、省市县三级网络全覆盖的电子政务发展新模式，“民生警务”跻身大数据时代。

在信息统计审计方面，近几年来，我国政府的统计系统积极推进以一套表为核心的统计

“四大工程”，极大地提升了政府统计工作的信息化水平，也为大数据的应用奠定了相对较好的基础。

广东省在大数据提升政府职能方面也展开了探索和尝试。广东省在国内也率先提出大数据战略，坚持以“开放共享”推动大数据应用，以“开放应用”带动大数据在国内的发展；再试图通过大数据的发展来促进社会创新，为“智慧广东”建设助力。在报批的方案中，广东省政府准备在财政、环保、招投标等领域率先开展数据公开试点，通过互联网等形式开放数据。

《大数据》一书的作者涂子沛受浙江省委、省政府邀请，分别就大数据战略和智慧城市进行座谈交流。再加上广东启动大数据战略，这似乎在传递出一个信号：地方政府正在重视大数据的运用，并试图抢先获得大数据可能带来的好处。

但我们应该看到，我国的大数据管理还处于起步，需将大数据管理上升到国家战略层面，打造“数据中国”。大数据管理需要全局性的战略支撑，来自国家层面的顶层设计，必须依靠政府、企业、社会共同努力，形成推动大数据管理的合力。

政府首先要有责任职能部门牵头进行专项研究，从国家层面通盘考虑大数据发展的战略。建立相关的研究计划，引导和推动各部委、各行业组织对于大数据的研究和利用，推动各个领域和行业的大数据应用，提升科学决策能力。

在产业政策层面，要积极扶持大数据产业链发展。目前大数据产业链雏形已经初显，围绕大数据产生与收集、组织与管理、分析与发现、应用与服务的各层级数据正在加速构建。但是，中国推动大数据的发展，仅仅依靠政府是不够的，需要积极营造良好的大数据产业生态环境，推动各行业、科研院所加强研究和应用；政府要制定积极的产业政策，给予一定的政策优惠；鼓励民间资本投资，让大数据、云计算、物联网等新兴产业真正融入生活，才能推动从中国制造走向中国创造，创造更大的价值。

政府职能关注大数据主要是从三个方面：首先是如何用大数据，能从中得到什么好处；二是政府要不要推动大数据，是不是真正把数据透明公开；三是政府到底如何对公众负责，保护公众的隐私，做好监管，防范大数据的错误运用。概括起来说就是得不得益、参不参与、监不监管，特别是隐私权保护，责任在政府。

大数据的突破口在于政府带头，现在政府集中了大量数据，如果能够公开透明的话，可以创造出更多的价值，更好地服务决策。同时，政府要投入资金，进行大数据平台的技术研发，因为一般的中小企业是不愿意做长线投入的，这就需要政府资金的支持。出台扶持政策，来鼓励和引导社会资金、企业向大数据产业投资，由政府、产业、社会三种力量共同参与大数据产业。制定法律法规，明确隐私权保护的规则，让消费者放心。大数据的最大风险之一就是数据安全，用户隐私必须得到应有保护，才能严守数据安全的边界。对于运营商来说，对个人信息的隐私权保护非常严格，这条高压线不能碰。

美国第一任政府首席信息官昆德拉有句名言说，政府数据作为一项公共资源，应该像天气预报、体育赛事和股票信息一样实时公开。政府是最大的信息数据生产者，同时也是消费者。信息公开透明是信息驱动和信息治理的最基本要求。所以理念上一定要转变过来，公开是常态，不公开才是例外。通过大数据可以真正跨越政府内部协同的鸿沟，打破“信息孤

岛”，降低政府运行成本，还可以促进政府和公众互动，帮助政府进行社会管理和解决社会难题。更重要的是，越来越多的政府开始摈弃经验和直觉，依赖政务数据分析进行决策，提高政府决策的科学性和精准性，提高政府预测预警能力以及应急响应能力。现在大数据又超越了传统的数据分析方法，既能动态监测，又能及时预测，大数据的深入及广泛应用，会给政府带来科学和精准的决策支持。

8.2 大数据应用层面分析

8.2.1 医疗与健康

2013年年初，英国首个综合运用大数据技术的医药卫生科研中心在牛津大学成立。英国首相卡梅伦在揭牌仪式上说，这一中心的成立有望给英国医学研究和医疗服务带来革命性变化，它将促进医疗数据分析方面的新进展，帮助科学家更好地理解人类疾病及其治疗方法。据介绍，这个研究中心总投资达9 000万英镑，可容纳600名科研人员。中心通过搜集、存储和分析大量医疗信息，确定新药物的研发方向，从而减少药物开发成本，同时为发现新的治疗手段提供线索。

目前，在医院、制药企业、医学研究机构存在着大量的病人和药物药理学的真实数据。这些数据大多数还都仅仅是存储于这些机构的服务器上，并没有经过分析，更无法找出蕴藏于这些数据中深层次规律。一旦能够获得这些规律，我们就可以针对每一位病人提供最适合其身体状况的治疗和康复方案。在理想状态下，医生将依据病人的具体特征以及大量的病例数据来决定一种适合病人的治疗方案。从医药公司的研究分析，到对病人的健康数字化记录，再到新技术改变健康的潜力与资源，大量真实的信息显示了医疗与信息结合的结果。

医疗行业可能是让大数据分析最先发扬光大的传统行业之一。医疗行业早就遇到了海量数据和非结构化数据的挑战，而近年来很多国家都在积极推进医疗信息化发展，这使得很多医疗机构有资金来做大数据分析。因此，医疗行业将和银行、电信、保险等行业一起首先迈入大数据时代。麦肯锡在其报告中指出，排除体制障碍，大数据分析可以帮助美国的医疗服务业一年创造3 000亿美元的附加价值。医疗保健领域如果能够充分有效地利用大数据资源，医疗机构和消费者便可节省高达4 500亿美元的费用。不过，目前，医疗数据化才刚刚起步，这还需要一个长期的过程。

以下是大数据对医疗健康领域最可能产生重大影响的几种应用场景。

（1）比较医疗服务效果。通过全面分析病人特征数据和疗效数据，然后比较多种干预措施的有效性，可以找到针对特定病人的最佳治疗途径。对同一病人来说，医疗服务提供方不同，其医疗护理方法和效果不同，成本上也存在着很大差异。精准分析包括病人体征数据、费用数据和疗效数据在内的大型数据集，可以帮助医生确定临床上最有效和最具有成本效益的治疗方法。

（2）临床决策支持系统。大数据分析技术将使临床决策支持系统更智能，这得益于对非结构化数据的分析能力日益加强。比如，可以使用图像分析和识别技术，识别医疗影像（X光、CT、MRI）数据，或者挖掘医疗文献数据建立医疗专家数据库，从而给医生提出诊疗建议。此外，临床决策支持系统还可以使医疗流程中大部分的工作流流向护理人员和助理医生，使医生从耗时过长的简单咨询工作中解脱出来，从而提高治疗效率。

（3）提高医疗数据透明度。提高医疗过程数据的透明度，可以使医疗从业者、医疗机构的绩效更透明，间接促进医疗服务质量的提高。数据分析可以带来业务流程的精简，通过精益生产降低成本，找到符合需求的工作更高效的员工，从而提高护理质量并给病人带来更好的体验，也给医疗服务机构带来额外的业绩增长潜力。

（4）临床实验数据的分析。分析临床试验数据和病人记录可以确定药品更多的适应症和发现它们副作用。在对临床试验数据和病人记录进行分析后，可以对药物进行重新定位，或者实现针对其他适应症的营销。实时或者近乎实时地收集不良反应报告可以促进药物警戒（药物警戒是上市药品的安全保障体系，对药物不良反应进行监测、评价和预防）。或者在一些情况下，临床实验暗示出了一些情况但没有足够的统计数据去证明，但现在基于临床试验大数据的分析可以给出证据。

（5）个性化治疗。另一种在研发领域有前途的大数据创新，是通过对大型数据集（例如基因组数据）的分析发展个性化治疗。这一应用考察遗传变异、对特定疾病的易感性和对特殊药物的反应关系，然后在药物研发和用药过程中考虑个人的遗传变异因素。个性化医学可以改善医疗保健效果，比如在患者发生疾病症状前，就提供早期的检测和诊断。很多情况下，病人用同样的诊疗方案但是疗效却不一样，部分原因是遗传变异。针对不同的患者采取不同的诊疗方案，或者根据患者的实际情况调整药物剂量，可以减少副作用。

（6）公众健康管理。大数据的使用可以改善公众健康管理与监控。公共卫生部门可以通过覆盖全国的患者电子病历数据库，快速检测传染病，进行全面的疫情监测，并通过集成疾病监测和响应程序，快速进行响应。这将带来很多好处，包括减少医疗索赔支出、降低传染病感染率，卫生部门可以更快地检测出新的传染病和疫情。通过提供准确和及时的公众健康咨询，将会大幅提高公众健康风险意识，同时也将降低传染病感染风险。

（7）对病人档案的先进分析。在病人档案方面应用高级分析可以确定哪些人是某类疾病的易感人群。举例说，应用高级分析可以帮助识别哪些病人有患糖尿病的高风险，使他们尽早接受预防性保健方案。这些方法也可以帮患者从已经存在的疾病管理方案中找到最好的治疗方案。

一些大公司和新兴创业公司已经开始了在医疗健康领域应用大数据。国内著名 IT 服务供应商用友与英特尔合作，为地方政府设计并实现了医疗合作的基于大数据量优化的整体解决方案，其整体架构如图 8.1 所示。

8.2.2 数据新闻学

正如前面所介绍的，大数据已经逐渐渗透到了人类社会的各个层面。同样，在以信息为基础的新闻业，数据的作用更为显而易见。将大数据与传统的新闻学相融合，就产生了数据

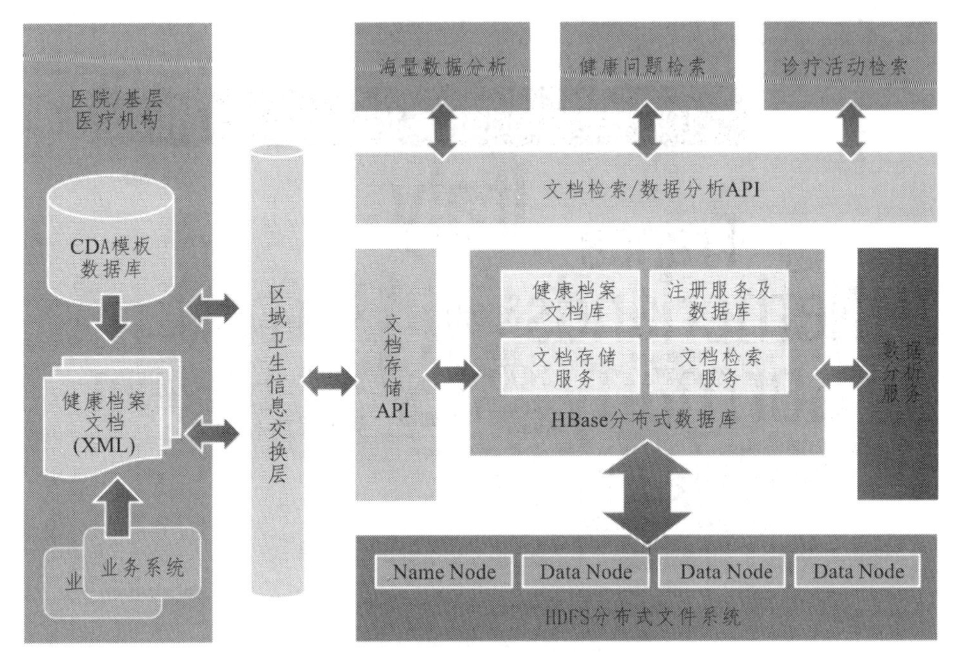

图 8.1　大数据区域卫生平台架构

新闻学的概念范畴。

数据新闻学是指以大量数据为依据下产生和派发新闻的一种新兴新闻学方式。它是新闻学与计算机科学、统计学和设计学等各领域相互交叉产生的新兴概念。从新闻产生者的角度看，它是新闻学与其他相关领域的优秀方法相融合的产物。简单说，数据新闻学就是数据与新闻学相结合。

数据新闻学是在多学科的技术手段下，应用丰富的、交互性的可视化效果展示新闻事实，把数据与社会、数据与个人之间的复杂关系用可视化手段向公众展示出来，以客观、易于理解的报道方式激发公众对公共议题的关注与参与。

举一个简单的例子，本地的媒体报道了一则火灾新闻。无论你通过何种方式获得了这条新闻，手机客户端也好，报纸也罢，其实你所最关注的是隐藏在这条消息背后的事实真相。那么如何能够更好地反映事情的真相呢？那就是通过与事件相关的数据：失火的日期、时间、地点、受害者、消防车数量、消防车到达时间、失火地点距消防站的距离、参加救援的人数等。通过这些数据所展现的地图、图表、现场照片和文字描述等内容，读者可以从不同的侧面更为客观地理解事件本身，而不是通过记者主观的表述。

在过去的几年里，全球一些具有创新精神的新闻媒体已经开始尝试利用数据更好地报道新闻，帮助读者理解正在发生的新闻事件，以及这些事件对人们生活的影响。这些尝试已经或多或少地改变了传统的新闻生产过程和呈现方式，并将不可避免地对新闻学带来深远影响。

在中国，数据新闻的发展方兴未艾。目前一些新闻传播院校已经开设相关课程，业界也有网易数读、政见等，还有一些平面媒体、商业机构与个人，都在对数据新闻进行探索与尝试。未来，数据新闻学必将掀起新闻媒体的信息传播的革命和新的浪潮，如图 8.2 所示。

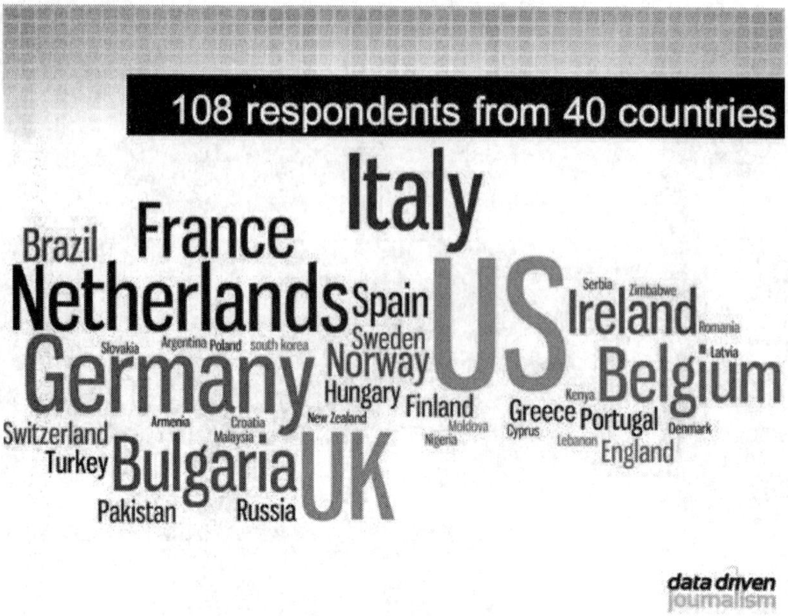

图 8.2　媒体反映分析

8.2.3　社会管理

社会管理所管理的对象是人类社会本身，而这种管理主要就是通过政府的制度和决策来实现的。从交通法规、食品药品、生产要求、工业生产的标准等一系列政策，到国家能源供应战略、法律法规、科学技术进步的纲要，这些都是人类社会管理其自身并使良好发展的有效方法和途径。

但是，随着人类社会的现代化和全球化的不断深化，由于人类实践所导致的全球性风险占据社会发展阶段的主导地位，在这样的社会里，各种全球性风险对人类的生存和发展存在着严重威胁。与过去所面临的自然灾害不同，人类社会被高度发达的工业和复杂的社会结构所带来的巨大风险所威胁。这种威胁不仅仅体现在社会部门和地区的财产、资源、就业机会上，更有可能威胁到地区的经济基础、国家的社会结构以及世界范围内的市场。同时这也大大增加了社会管理的风险与成本。

在大数据的时代背景下，能否有效利用数据这一潜在的金矿和宝库来帮助我们进行社会管理呢？答案当然是肯定的。著名管理咨询机构麦肯锡对欧洲一些国家的行政管理数据进行了研究，结果发现大数据的应用工具可能会为政府部门减少 15%～20%的行政开支，创造 1 500 亿到 3 000 亿欧元的社会价值。要做到这一点需要实现五个方面的内容：信息开放透明，发现需求并找到差异，人口细化和定制政策，使用自动化决策或计算机辅助决策，如图 8.3 所示。

如果做到了上述几个方面，结合大数据的社会管理会为政府带来以下几个方面的回报：提高管理效率并减少开支，减少出错成本和福利管理中的诈骗，缩小税收缺口。麦肯锡全球

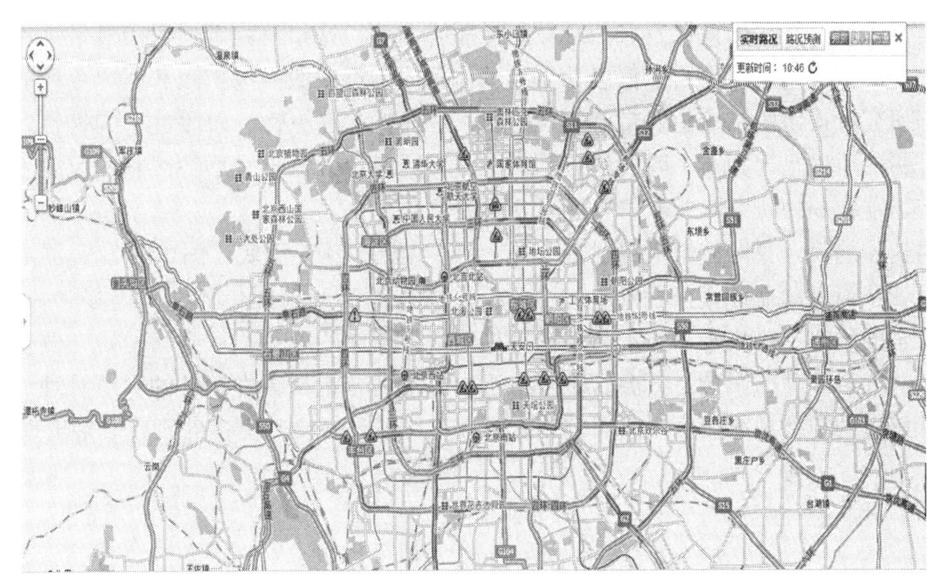

图 8.3　大数据下的社会管理

研究所预测，如果大数据社会管理实施得当，将会提高 20％～25％的管理效率，减少 15％～20％的管理成本，降低 40％的福利错误发放和诈骗，缩小 5％～10％的税收缺口。总之，按此计算欧洲最大的 23 个国家的政府将从大数据的社会管理中创造 1 500 亿欧元到 3 000 亿欧元的价值。

公共管理和公共服务事关全体社会成员的切身利益，它最根本的作用就是改善民生，保障公民的基本权益，维护社会稳定。目前我国在社会管理中亟须科学有效的利益协调机制，诉求表达机制，矛盾处理机制，权益保障和统筹协调机制。党中央对社会管理也体现出了高度的重视。2011 年 2 月 19 日，胡锦涛任总书记时发表讲话中指出，社会管理事关科学发展，事关我国的长治久安。运用大数据进行社会舆情分析判断，是大数据与社会管理中结合的重要方面。

传统的舆情管理一般是由专业研究机构和内参机制等通过社会调查、访谈、统计和定性的方法，针对媒体报道、论坛 BBS、社会上出版流通的出版物、聊天工具等进行概括的统计、分析和判断，得出一些社会现象、事件描述性特征以及趋势预测。总的来说，传统的舆情研究是对于“已经”物理呈现在研究者“眼前”的资料进行统计和分析，其对于研究者的社会、政治、文化素养要求很高，对于资料来源广度以及信息覆盖程度要求很高。但是，在大数据时代，所有的文本都已经数字化呈现和存储，一方面是呈现在研究者面前的物理文本的数量呈下降趋势，更多的文本以电子的形式分布在不同的传播终端；另一方面，数字技术催生的传播形式的多元化，使得有关各个方面情况描述、叙说和分析的文本绝对数量呈急剧上升趋势。例如，MSN 即时通信软件一个月积累下来的文字量即可以达到 7 200 万字，这是一个海量的信息流通。

正因如此，这给传统的舆情监测、统计和管理方法带来了相当大的问题。一方面，海量的数字信息使得既往的研究者运用传统的研究方法搜集舆情信息已经呈现出愈发捉襟见肘的状态；另一方面，海量的数字信息及其高度的分散程度，如手机、BBS、论坛、QQ、各种聊天工具，甚至博客、微博以及日新月异的传播终端等。这给研究者搜集信息带来相当大的难度。这样的直接结果就是囿于信息数量以及信息搜集难度的极度扩张和研究手段的相对萎缩，使得研究者得出的结论愈发带有主观臆断、片面性、临时性、阶段性、闪烁性，从而使得舆情分析的质量呈现相对下降的趋势，借助这样的舆情分析带来形势误判的风险呈现不断加大趋势。这样一种状态，国家的管理者不可不察。

面对这一趋势，我国的学术界已经先行一步。截至 2011 年底，国内已发表网络舆情相关论文近 900 篇。涵盖计算机科学、社会学、公共管理学和新闻传播学等诸多学科。其中，计算机科学的研究主要集中于文本数据挖掘在网络舆情中的应用。社会学的研究侧重于网络舆情传播对社会心理的影响。社会管理学在这方面的内容包括突发事件的舆情管理。新闻传播学则从舆情的传播规律角度展开研究。未来在该领域还将会有更多的研究成果出现。

8.2.4 金融业应用

大数据以及相关技术为经济领域的各项活动创造了信息机遇。数据是重要资产的理念已经在中国金融行业形成共识，数据的真正价值在于能够洞察企业内部规律，数据的洞察力成为金融企业的核心竞争力。在中国金融行业信息化建设中，与信息加工密切相关的大数据管理正逐渐成为与核心业务系统建设、渠道建设和前置建设同等重要的领域。

经过多年的发展与积累，目前中国的大型商业银行和保险公司的数据量已经达到 100TB 以上级别，并且非结构化数据量在迅速增长。IDC 认为中国金融行业正在步入大数据时代的初级阶段，并且呈现快速发展势头。

金融业是产生海量数据的行业，大数据在金融业所创造的机遇与变革中首屈一指就是信用评分。这其中包括个人、企业甚至国家的信用评分。现代金融业的核心内容就是对风险进行有效合理的估计，而信用评分正是实现这一想法的有效途径。通过对信用识别和整合对象的各种属性数据，借助数据挖掘和机器学习方法对客户的违约概率进行预测，进而给出相应的信用评分。

大数据正在改变着银行的运作方式，特别是对理解和洞察市场、客户方面正产生着深远影响。过去银行基本上是客户上门找客户经理服务的被动模式，客户经理无法做到基于不同用户的偏好有针对性地主动提供营销服务。但是，银行业已然开始朝“主动营销”的方向迈进。在 2012 年，中信银行采用 Greenplum 可做到秒级营销，据说可节约成本达千万。

大数据时代出现了更多金融与商业的跨行业联动营销。西班牙的桑坦德银行每周发给其分行一份可能对该行某类产品感兴趣的客户清单，其中有些就不是金融产品。花旗银行新加坡分行在观察客户信用卡交易的基础上，借机提供相关商店和餐馆的折扣。信用卡公司和其他零售商也在涉足这个领域，Visa 与服装零售店 Gap 联手向在 Gap 店附近刷卡的持卡人发送折扣券。

在金融保险业，为了防范风险，银行在信用卡业务及各种贷款业务中都会用到各种反欺诈解决方案。本质上，反欺诈就是根据数学模型对所获取的各种数据进行分析，从而判断某笔交易可能存在的风险。反欺诈解决方案的准确度取决于数据模式是否科学，同时也取决于

获取的数据是否全面、准确。由于数据模型是否科学也是建立在事先对大量的数据进行分析的基础上，因此，数据是反欺诈解决方案中的根本，这其中也包括大数据。

“大数据意味着大机会。通过在反欺诈系统中增加对大数据的处理能力，从而让决策更为科学和精准，最终帮助企业获得显著的绩效改进和业务收益。”世界著名决策管理公司FICO首席执行官 Will Lansing 认为。

当然，大数据时代为金融业带来的潜力和新商机还远不只这些，时代的机遇有待有眼光的人去捕捉，但毋庸置疑的是，大数据正逐渐成为金融业中的最有价值、最强大的决策辅助工具。

8.2.5　零售业应用

与金融业类似，大数据对零售业也同样具有巨大的商业价值。2012 年盛夏的某一天，美国明尼阿波利斯市郊外的一位父亲，收到了一些寄来的有关养育婴儿的优惠券，收件人是他那还读高中的女儿。这位父亲起初勃然大怒，准备同寄出这些优惠券的美国第二大零售商理论，但后来发现女儿确实不小心怀了孕。而商家正是根据这位少女在该店的购物记录，通过“大数据”分析和判断，准确无误地预测到了她的预产期，于是立即启动了个性化服务。

正如上述的案例中所示，如果一个零售业企业能够如此精准的定位客户的购买需求，并对其进行精准营销，这样的企业何愁无法赚钱？事实上，零售业通过数据提升自己竞争力的做法已经由来已久，最少也有几十年的历史了。例如：在美国，超市里的终端交易数据——条形码，就已经在 20 世纪 70 年代出现了。

总体来说，大数据对零售业的影响主要有以下几个方面。

（1）对营销的影响。主要包括：交叉销售、精准定位营销、店内行为分析、客户细分、客户用户体验提高等。本节开头的案例就属于精准定位营销的范畴。

（2）对销售的影响。主要包括分类优化、价格优化、布局和设计优化等。

（3）对运营的影响。主要包括绩效优化、人力成本优化等。

（4）对供应链的影响。主要包括库存管理、配送和物流优化、供应商优化等。

8.2.6　物联网与智慧城市

以往的物联网定义是一个基于互联网、传统电信网等信息承载体，让所有能够被独立寻址的普通物理对象实现互联互通的网络。它具有普通对象设备化、自治终端互联化和普适服务智能化三个重要特征。

2011 年，工业和信息化部电信研究院公布的《物联网白皮书》中，将物联网定义为：通信网和互联网的拓展应用和网络延伸，它利用感知技术与智能装备对物理世界进行感知识别，通过网络传输互联，进行计算、处理和知识挖掘，实现人与物、物与物信息交互和无缝链接，达到对物理世界实时控制、精确管理和科学决策目的。

虽然目前对物联网也还没有一个统一的标准定义，但从物联网本质上看，物联网是信息技术发展到一定阶段后的产物，是一种聚合性的应用与技术，它将各种感知技术、现代网络技术和人工智能与自动化技术聚合与集成在一起。

物联网发展的关键要素包括由感知、网络和应用层组成的网络架构，物联网技术和标准，以及包括服务业和制造业在内的物联网相关产业，资源体系，隐私和安全以及促进和规范物联网发展的法律、政策等。

物联网的关键技术包含几个方面：物联网架构技术；统一标识技术；通信技术；网络技术；软件服务与算法；硬件；功率和能量存储；安全和隐私技术；标准等，如图 8.4 所示。

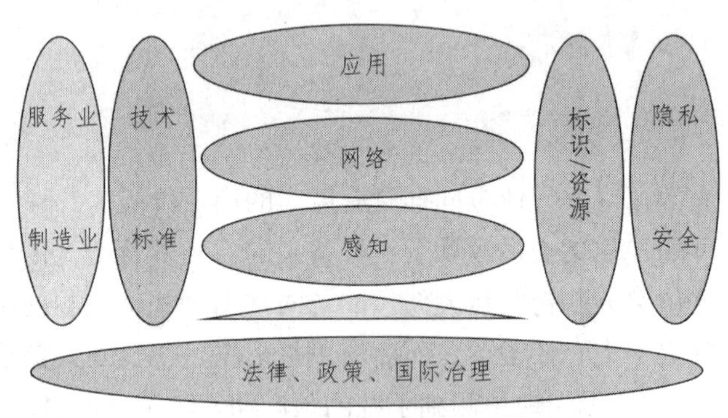

图 8.4　物联网发展的关键要素

物联网的网络架构可分为应用层、网络层和感知层三个层面，如图 8.5 所示。

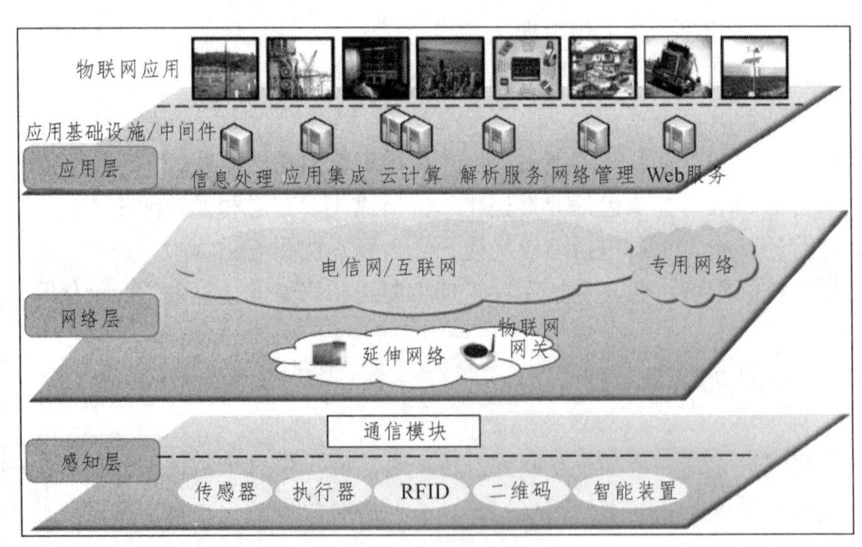

图 8.5　物联网网络架构

物联网的应用涉及方方面面，从所服务的对象上看大体上可以概括为个人和组织两个层面。个人层面的应用中，个人的数据定位是提供这些服务的关键。并由此拓展出的应用包括交通线路选择、智能设备通信和手机定位服务等。组织层面上的功能包括根据地理定位投放广告、电子收费、保险定价、应急响应和城市规划等。

物联网产业体系图如图8.6所示。

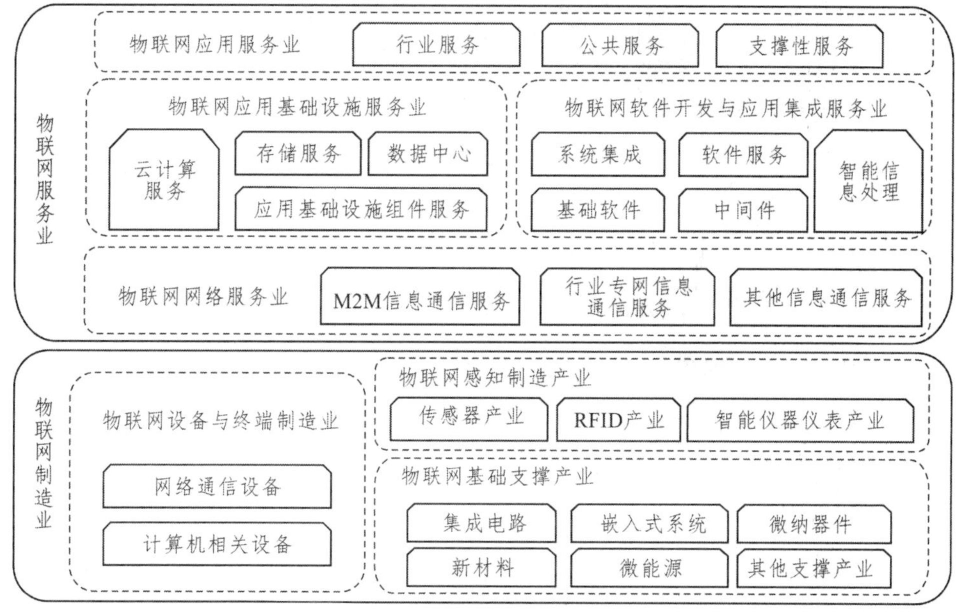

图8.6　**物联网产业体系图**

在大数据背景下，物联网的一项重要应用就是智慧城市。一般意义上讲，智慧城市就是运用信息和通信技术手段感测、分析、整合城市运行核心系统的各项关键信息，从而对包括民生、环保、公共安全、城市服务、工商业活动在内的各种需求做出智能响应。其实质是利用先进的信息技术，实现城市智慧式管理和运行，进而为城市中的人创造更美好的生活，促进城市的和谐、可持续成长。

在大数据基础上建立的智能化管理模式可以更有效地为市民提供城市网格化管理和服务，方便大家生活。在智慧城市建设中，网络是物联网技术的应用基础，在物联网的整体结构中，传感器作为终端存在具有不可替代的作用。

从智慧城市的体系结构来看，由于智慧城市的基础在于物联网技术，物联网技术分为三层，分别为感知层、平台层、应用层。智慧城市相对于之前数字城市概念，最大的区别在于对物联网感知层获取的信息进行了智慧处理，由城市数字化到城市智慧化，关键是要实现对数字信息的智慧处理，其核心是引入了大数据处理技术。

智慧城市的应用需求非常多，比如数字城管、平安城市、智慧医疗、智能交通、应急指挥、智慧环保、智慧物流等，如图8.7所示。目前阶段，平安城市、数字城管、应急指挥、智能交通这些应用，在需求迫切性和技术支撑方面相对成熟。这些应用系统的建设，已经在某些个体方面，为城市的智慧化运行提供了支撑，也为市民的工作、学习和生活带来了极大便利。特别是当这些系统是构建在一些基础信息设施（比如地理信息系统）上，并相互之间能够产生交互的时候，更能诞生出一些智慧的高端应用。为整个城市的政府管理与决策的信息化，企业管理、决策与服务的信息化，市民生活的信息化提供了很好支撑。

物联网一分钟可以产生非常多的东西，苹果下载2万余次，一分钟会上传10万条新微

图 8.7 **智能城市应用需求**

博，全世界物联网上虚拟网络上，每分每秒都在产生大量的数据。

中国电子学会副理事长中国工程院院士邬贺铨先生认为，大数据技术可以助力物联网，不仅仅是收集传感器得来的数据。比如，我们用传感器监测到了今天北京交通堵塞，但是并不知道堵塞的原因，如果政府发布的消息和市民微博发布的消息结合起来就加以分析，就能得出结论。

事实上，交通管理中心再大，也装不上所有的视频，这样看上去每时每刻只能够监控很小的一部分内容，但是如果通过软件把整条马路变成一个视频，再进一步把所有马路都通过大数据软件后台分析组成图像，这图像就像是人坐在飞机上俯视地面的效果是一样的。所有这些都属于后台的大数据分析。

面对庞大的市场发展，智慧城市应该在科学发展的指导下，深度融合物联网、大数据、云计算等先进的信息技术，对城市基础支撑、资源环境、社会民生、产业经济进行智慧化地感知、互联、协同运行和处理，从而为市民、企业、政府构建“和谐、安全、高效、幸福、可持续发展”的现代化创新型城市生态系统。

8.2.7 欺诈检测

在拥有大量数据的情况下，我们不仅可以从数据中找出固定的规律模式，还可以通过那些与其他数据值差异比较大的“异常值”来发现蕴藏在数据背后的异常情况。这就是利用大数据进行欺诈检测的基本想法。欺诈检测也是大数据背景下的一项重要应用，其目的是反欺诈和阻止不当付款，防止企业或政府错误地支付过多资金，或做出不应有的支付行为。

虽然针对的是不同类型的欺诈，但不同主体采取的方法却是类似的：建立一种模型，以

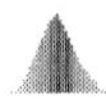

识别异常和可能的欺诈性索赔。分析工作必须在支付前完成，而不是以往“先付钱，再追踪”依靠审计来识别欺诈的马后炮方式。随着潜在的欺诈行为被认定和确认，相关信息被输入到系统中，可进一步优化预测算法。

欺诈检测在政府审计领域欺诈检测中的应用，其中一个较为高调的反欺诈项目，由美国“经济恢复问责和透明度委员会”（RATB）主导。该委员会根据2009年美国政府的经济刺激计划，依照《复苏与再投资法案（ARRA）》建立，其任务是双重的：一方面公布（在Recovery. gov网站）8 000亿美元的经济刺激基金在何时、何地，被用于何种用途，防止其中2 830亿美元的合同、补贴和贷款金额遭受欺诈和不当支付带来的损失。另一方面是分析潜在的欺诈关联。委员会建立了数据分析团队，称之为“复兴运营中心”（ROC），其主要任务是对补贴接受者提供的信息和其他22种以上不同来源的数据集进行对比。其中有些是政府数据，包括由于欺诈、虚拟陈述或业绩不佳，被暂停参与政府合同的机构名单。其他数据包括商业或者开源渠道的数据，来自Dun&Bradstreet、LexisNexis、GPS数据源或社交媒体。

ROC的员工借助关联分析工具来发现需要进一步调查的“潜在关联”。如：某个监控公司的主要负责人，可能同时也是另外一个法律实体的代表人。由于分析本身侧重于预防，而不是发现欺诈的事实，很难对其结果进行量化。截至2012年11月底，总额2 830亿美元的拨款中，遭受的欺诈损失只有2 780万美元。

8.2.8 网络安全

大数据的网络安全体现在个体和国家层面。个体层面表现为个人隐私信息的保护与使用上。无数的商业实践表明，客户信息甚至是竞争对手的信息都会影响商业行为的结果，而商业追逐利润的本质会使这种获取信息的倾向极端化。国家层面的网络安全表现为数据信息这种战略资源的保护和使用上。在信息时代，尤其是大数据时代，国家环境已经发生了本质变化，无论在战时还是和平时期，信息领域也成为一个无声的战场，在这块战场上各种信息资源是交战双方争夺和保护的对象。

在大数据时代，无论是围绕企业销售，还是个人的消费习惯、身份特征等，都变成了以各种形式存储的数据。大量数据背后隐藏着大量的经济与政治利益，尤其是通过数据整合、分析与挖掘，其所表现出的数据整合与控制力量已经远超以往。大数据已如同一把双刃剑，社会因大数据使用而获益匪浅，但个人信息也无处遁形。近年来侵犯个人隐私案件时有发生。由此可见，在大数据环境下的网络安全保护已经刻不容缓。

大数据时代网络安全中个人隐私的侵犯主要表现为以下三方面：一是在数据存储的过程中对个人隐私权造成的侵犯。云服务中用户无法知道数据确切的存放位置，用户对其个人数据的采集、存储、使用、分享无法有效控制。二是在数据传输的过程中对个人隐私权造成的侵犯。云环境下数据传输将更为开放和多元化，传统物理区域隔离的方法无法有效保证远距离传输的安全性，电磁泄漏和窃听将成为更加突出的安全威胁。三是在数据处理的过程中对个人隐私权造成的侵犯。在数据销毁的过程中对个人隐私权造成的侵犯。单纯的删除操作不能彻底销毁数据，云服务商可能对数据进行了备份，同样可能导致销毁不彻底，而且公权力也会对个人隐私和个人信息进行侵犯，为满足协助执法的要求，各国法律通常会规定服务商的数据存留期限，并强制要求服务商提供明文的可用数据，但在实践中很少受到收集限制原则的约束，公权力与隐私保护的冲突也是用户选择云服务需要考虑的风险点。

此外，大数据也为网络恐怖主义提供了新的支持。海量的数据信息涉及国家社会生活的各个方面，这就可能为网络恐怖主义的势力渗透到人们的生活创造了条件。网络恐怖主义是指恐怖主义与网络空间相结合，是一种由某国家或非国家指使的，针对信息、计算机程序和数据以及网络系统带有明确政治目的攻击行为。通过威胁、攻击以及破坏和瘫痪某国的民用或军用设施，制造恐慌心理进而造成物质资料损失，从而达到某种政治或社会目的。网络恐怖主义比传统意义上的恐怖主义活动更加防不胜防。这会是大数据时代的一项严峻挑战。

本章小结

在大数据促进政府职能提升方面，美国政府先行一步，率先提出了《大数据研究和发展计划》，认为政府应当通过对海量和复杂的数字资料进行收集、整理，从中获得真知灼见，以提升政府行政职能。政府关注大数据主要是从三个方面，一是如何用大数据，能从中得到什么好处。二是政府要不要推动大数据，是不是真正把数据透明公开。三是政府到底如何对公众负责，保护公众的隐私，做好监管，防范大数据的错误运用。政府应用大数据的领域主要有医疗与健康、新闻分析、社会管理、金融服务、智慧城市等几方面。

思考题

1. 试讨论如何通过大数据分析优化政府服务职能。
2. 在大数据时代，政府职能相比于过去应发生哪些转变？
3. 大数据在医疗方面有哪些应用？
4. 大数据对经济管理的影响有哪些，请举例说明。
5. 大数据与物联网关系是怎样的，如何在大数据背景下构建智慧的城市？
6. 在大数据背景下，网络信息安全受到了哪些挑战？

9 互联网中的大数据商机

9.1 互联网大数据主要来源

大数据时代的来临，首先是由数据丰富度决定的。互联网的发展，产生了大量的音频、视频、文本、图片等非结构化数据。而移动互联网则能够更准确、快速地收集用户的信息，包括位置、生活信息等。

掌握上述数据的互联网公司，在当前激烈的竞争环境下，有一种近乎本能的需求，即对这些数据进行整理、分析和挖掘，从而为自己的企业创造价值。而大数据无疑成为互联网公司的不二之选。

除此之外，互联网公司开始尝试大数据，与之前在云计算等方面的积累不无关联。云计算在许多互联网公司的实践，已经为用户提供了非常好的基于云计算的服务，这正是互联网公司应用大数据的基础。互联网大数据主要来自以下几方面。

9.1.1 网络行为的结果数据

在互联网世界，虽然用户是隐藏在IP地址背后的，但用户的行为是确切的且可追踪和可查询的。以网络购物为例，网站利用这些独特的购物行为，如网站访问者浏览的页面、每个页面的停留时间等形成时间序列数据、结果数据：订单数量、金额、支付方式、送货方式等；还有历史数据：注册的基本信息、历次购物记录、是否VIP客户等，就可以预测用户的偏好，从而提供个性化的广告或产品推荐。比如，你添加了一个商品到你的购物车里面，但你没有支付，为了促成交易的达成以及引导你支付，商家可能会给你点小优惠，如发放给你一张优惠券；而那些匆匆购买的人可能就没有那么幸运了。同时，利用上述数据，可以分析顾客的购买路径，为改善网页结构和链接关系提供决策参考，也可以深入了解顾客偏好，以便制作个性化动态页面，促进销售。示例如图9.1所示。

圣地亚哥的Proflowers.com通过采用HitBox，即WebSideStory的数据挖掘ASP服务，使企业的计划者在业务高峰日也能够对销售情况做出迅速反应。由于鲜花极易枯萎，Proflowers不得不均匀地削减库存，否则可能导致一种商品过快地售罄或库存鲜花的凋谢。由于日交易量较高，管理人员需要对零售情况进行分析，比如转换率，也就是多少页面浏览量将导致销售产生。举例来说，如果100人中仅有5人看到玫瑰时就会购买，而盆景的转换率则为100比20，那么不是页面设计有问题，就是玫瑰的价格有问题。公司能够迅速对网站进行调整，比如在每个页面上都展示玫瑰或降低玫瑰的价格。对于可能过快售罄的商品，公

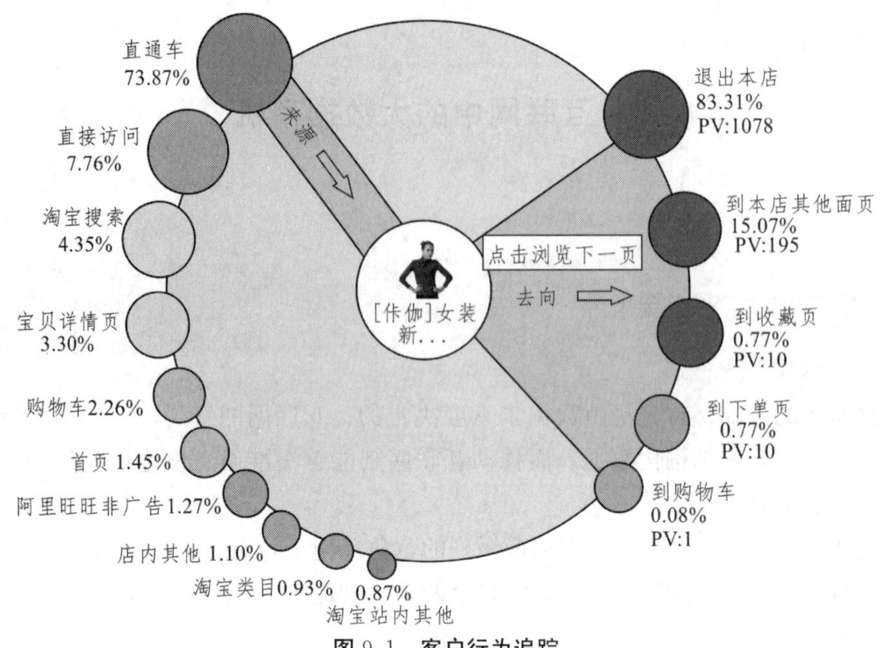

图 9.1　客户行为追踪

司通常不得不在网页中弱化该商品或取消优惠价格，从而设法减缓该商品的销售。采用HitBox的优势在于借助便于阅读的显示器来展现销售数据和转换率。

丹佛的 eBags 旨在针对常旅客销售手提箱、手提袋、钱包以及提供其他旅行服务。该公司采用 Kana 软件公司的 E-Marketing Suite 来整合其网站的 Oracle 数据库、J. D. Edwards 财务系统、客户服务电子邮件和呼叫中心，从而获得客户购买行为习惯方面的信息。数据分析能够帮助公司确定是哪个页面导致了客户的高采购率，并了解是什么内容推动了销售。

9.1.2　网络行为的过程数据

电子商务的本质是零售。零售首先要搞清楚面对的是什么样的用户？用户在哪里？怎么样提高现在很多休眠用户在类似京东、天猫上的客户单价、重复购买率？互联网环境下，通过现有用户的使用效果轨迹，如他们曾经浏览的产品，来获得用户的购买路径和偏好，从而能够针对目标人群，在恰当时间做一些有效的产品促销，使企业的商业效率变得更加高效，这是对于数据价值的体现。

eBags 技术副总裁 Mike Frazini 说："我们尝试展示不同的内容，来观察哪些内容的促销效果最好。我们最终的目标是完全个性化。"与设计页面以鼓励大部分消费者采购的做法不同，一个个性化的解决方案将不停地创建页面以适合每个具体的访问者。因此，如果访问者的浏览记录显示其对手提包感兴趣，网站将创建突出这些商品的客户化页面。Mike Frazini 指出，用于当前实施数据挖掘的分析方法也能用于部署自动化的网站定制规则。寻找基于较少的数据和商业规则来创建个性化网页是客户化网站减少资源耗费的方法之一。

9.1.3 反馈的结果数据

Web 2.0 形成了一个 Web 互联网与传统网站、用户之间的交互过程，产生的威力是巨大的。网站的作用力与用户的反作用力是密切相关的，反馈无处不在。这之中更存在一个问题，那便是“同时”，网站的即时反馈至关重要。在人机交互的过程中，我们希望看到每一步都清晰、及时地显示，我们希望了解每一步的结果，还有各方最关心的问题是什么。一方面，网站需要保证用户系统有积极、及时的反馈响应，否则会让用户觉得反应迟钝；另一方面，我们也要避免过度的信息反馈，尤其要注意不要反馈错误信息，错误的信息对用户造成的影响是巨大的。

很多时候，良好而有效的“反馈循环（feedback loop)”是决定一款产品能否取得成功的重要因素。

反馈循环由以下几个环节组成：

- 一个人发起行为；
- 该行为产生一个或多个效应；
- 其中一些重要的效应会以某种方式反馈给行为发起人；
- 行为发起人根据收到的反馈继续产生新的行为，如此循环下去。

“反馈循环”在我们的现实生活中是无处不在的，它可以揭示出人们是否做了正确的选择。一个人吃了不好的东西会觉得恶心难受，并在未来产生排斥行为；而吃了好的东西则会感到幸福香甜。如果你善待他人，而对方也以同样的方式进行反馈，你就会觉得很开心；如果一个人损害自己的身体，身体就会出问题——我们的大脑似乎就是有一套这样的奖惩机制。

除了这些自然的反馈循环以外，“人造”的例子也不胜枚举。例如，我们在社交网站中更新自己的状态，得到他人的“赞”或是评论，获取存在感和认同感，产生继续发布内容的欲望等。

9.2 互联网中的大数据采集

下面以日志数据、微博、网络评论数据采集为例来介绍互联网下数据采集的类型和方法。

9.2.1 Web 日志数据采集

Web 中的用户访问信息大量存在于 Web 服务器、用户端和代理服务器端。多用户对单一站点的访问信息行为主要记录在 Web 服务器日志上；单一用户对多个单个站点的访问方式主要记录在用户端的计算机上；用户访问的 Web 页面的内容信息主要记录在客户端的

cache 上，而多用户对多 Web 站点的访问方式信息则主要记录在代理服务器上，同时代理服务器内部的 cache 则记录了多用户对多 Web 站点的访问内容信息。因此针对 Web 日志数据的采集就可以按照采集对象的不同分为两大类：服务器方 Web 日志信息的采集和客户端 Web 日志信息的采集，这里需要指出的是，把代理服务器端的日志文件归并到客户端的 Web 日志数据一列。服务器方的 Web 日志文件主要包含：Server Logs 即服务器的日志，该文件记录了除服务器的错误信息和警告信息以外的所有信息，是 Web 服务器行为的数据表示；Error Logs 记录了服务器对 Web 用户的响应产生的错误信息和 Web 服务器自身产生的相关的错误信息。Web Services 上的日志文件记录了多个用户对单一 Web 站点的访问信息，如表 9.1 所示。

表 9.1　Web 服务器日志文件片段

IP 地址	访问时间	用户 ID	响应方式	状态	大小
158.226.47.56	10/Dec/2016：12：34：16	\	GET/images1.jpg /HTTP1.1	200	4185
158.226.47.56	10/Dec/2016：12：34：20	\	GET/index.htm/H TTP1.1	200	7403
158.226.47.56	10/Dec/2016：12：38：47	\	GET/result.htm/H /TTP1.0	200	1841
203.14.89.99	10/Dec/2016：12：41：14	\	GET/text1.txt/HT /TTP1.1	200	9670
158.226.47.56	10/Dec/2016：12：41：14	\	GET/images2.jpg/ /HTTP1.1	200	4370
158.226.47.56	10/Dec/2016：12：41：14	\	GET/struc-content.html/HTTP1.1	200	1207

Web 服务器日志文件每条记录称作 Services Log 中的一个条目，Web 服务器端日志文件条目中的项目主要包括：

（1）IP 地址：对 Web 服务器发送请求的客户端的 IP，也包括代理服务器的 IP 地址。

（2）访问时间：即时间戳，记录了客户端访问 Web 服务器的时间，代表了服务器端对请求的开始响应时间。

（3）用户 ID：用户标识，当 Web 服务器的服务需要对用户的身份进行验证的时候，用户标识就代表访问的用户身份。

（4）状态：指示 Web 服务器响应某种请求的信息。通常 200～299 代表服务器能够对用户的请求进行成功响应；300～399 代表重定向到其他的服务器；400～499 表示服务器响应用户请求失败，指示相应的错误；500～599 代表 Web 服务器可能自身存在问题。

（5）客户请求域：该字段代表了用户对服务器的具体的请求内容。在请求域中包含请求方式、url、请求协议等。请求方式一般分为 Get 方式、Post 方式及 Head 方式。Get 方式为从服务器端得到某一需要的对象，并返回到客户端；Post 方式是客户端向服务器端传送一定

的数据；Head 方式的返回值是 HTTP 的请求。url 是用户请求的资源的定位标志。请求协议是指所采用的 HTTP 的版本。

（6）返回域：返回域大小是指 Web 服务器响应客户端请求过程中所传输的字节数。

9.2.2　微博数据采集

（1）数据抓取模块。微博数据抓取（爬虫）模块主要是下载微博的各种模态数据，包括文本、图片、共享视频等。可以通过两种方式获取数据：

① 利用微博官方开放平台（API），抓取“公共大厅”中的微博数据流。微博开放平台（API）是一个基于新浪微博客系统的开放的信息订阅、分享与交流的平台。微博开放平台（API）为您提供了海量的微博信息、粉丝关系以及随时随地发生的信息裂变式传播渠道。您可以登录平台并创建应用，使用微博平台提供的接口，创建有趣的应用或者让您的网站具有更强的社交特性。

② 采用定向抓取的方法，获得指定用户、热点话题等微博文本数据。该模块通过解析微博文本信息得到图片链接与共享视频链接，分析出实际下载地址，下载视频、图像等数据。

（2）观点挖掘模块。观点挖掘模块主要是分析微博文本流的情感倾向性。该模块目前采用基于扩展情感词典的情感分析算法，用户可以在本模块中分析抓取实时微博数据流，也可以离线分析历史数据。

（3）多模态特征提取模块。多模态特征提取模块主要是用于提取微博中图片、视频这些非文本数据的关键特征。该模块的图片特征提取使用的是经典的 SIFT 算法（尺度不变特征匹配算法）。该功能为进一步的视频特征提取和表示，特别是多模态微博数据观点挖掘打下基础。

（4）用户接口模块。浏览查询模块主要是负责热点话题、实时微博、分析结果的展示。用户可以在用户界面搜索热点话题，抓取该话题下的实时数据，并查看观点挖掘、特征提取的结果。

在数据结构面，微博储存两个数据：微博用户数据列表，专门用于存储用户；另外一个则专门存储用户关系，每一个用户对应的关注用户将以条的形式进行存储。这样的存储就能够轻松地根据这些数据建立稀疏邻接矩阵并用作复杂网络的计算。数据的具体存储形式如图 9.2 所示的关系数据模型。

9.2.3　网络评论数据采集

网络用户在互联网上的言论除了本身富含有效的信息之外，往往传达着用户真实的情感，代表的是用户自身的观点和意见，这为挖掘舆情、舆论以及用户个性化需求提供了重要的信息来源。因此在网络上出现的网络评论越来越成为新的研究热点，如图 9.2 所示。

从目前来看，大众点评网、口碑网、饭统网等主流点评网站，京东商城、当当网、淘宝

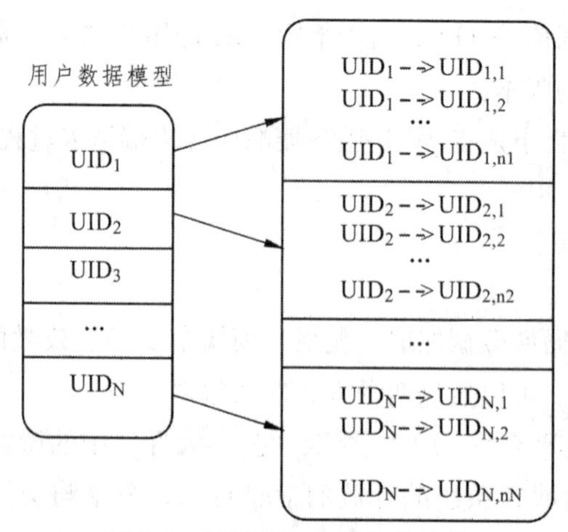

图 9.2　微博网络挖掘数据结构

网等电子商务网站，新浪微博、人人网、QQ 空间、开心网等社交社区，新浪 BBS、百度贴吧等论坛都集中了大量用户的评论数据，这些评论每天都会被大量阅读、传播、转载，形成网络上的社会营销和广告营销，网络短评的价值由此可见一斑。但事实上网络短评的价值还未完全被开发，因为在人类有限的信息捕获能力面前，人们无法在短时间内对某一大量的信息形成有效的认知或概念性的认识。举例来说，某间餐馆有一千条评论，一般用户只会对排在前面的 20 条评论进行阅读，而忽略后面百分之九十多的评论，所以如果能够把评论里面主要的有效信息内容挖掘出来，以直观简单的形式向用户展示，那无疑能够为用户提供消费的决策支持，而商家也能据此进行产品或服务的改进，这便是对网络短评论进行挖掘的现实意义所在。

挖掘网络用户的评论实质是自然语言处理的一种深入，是对自然语言的语义挖掘，具有非常重大的理论意义。因为互联网用户在网络上的言论主要是以文本的形式进行组织的，而文本是互联网中最基本、最常用的信息载体，文本的组织格式是半结构化和非结构化的，如何利用自然语言处理的知识以及机器学习的方法来抽取有效的信息、挖掘用户的观点、分析用户观点的情感倾向性就成为研究的重点。中文语言本身所具有的特性以及不同地区的方言特性也给挖掘网络短评本身造成了一定困难。即便如此，由于短评论本身所蕴含的用户情感信息以及商品的评价信息具有极大的商业价值，可以说短评挖掘是当前科研人员研究的一个热点，也是一个难点。

挖掘短评论存在的困难是由短评文本本身的特性所决定的，它具有以下特性：文本长度短，样本特征稀疏，用语不规范，语意不完整；文本带有主观性，传达了用户对事物的主观评价；评论文本一般包括两个元素：评价对象和评价情感，即评价文本一般是对特定对象表达某种情感，所以评价文本的抽取一般包括评价对象的抽取以及情感词的抽取，最终通过评价对象和评价情感词的关联可以发现用户发表的这个评论文本想要表达的主要情感信息。

网络短评论挖掘是一个新兴的研究领域，具有很大的研究和应用价值。短评论挖掘的主要技术来自情感分析、分类技术以及特征信息的提取。评论的情感分析是指针对评论内容本身的主义倾向性进行识别的分类方法，一般而言，对于评论的情感倾向性可分为褒义、中性以及贬义三类。而就层次而言，又可分为文本级、句子级以及特征级的情感分析。

一般来说，对于 Web 页面的信息提取主要有以下几种方式：模板信息提取，主要是通过人为设定提取的规则，应用设定的模板进行主要内容信息的提取；基于 Dom 树的内容信息提取，利用 Dom 树本身的结构信息根据一定的统计规律提取相应的结构化信息；机器学习的方法，利用最大熵模型、条件随机场等机器学习算法来实现。

9.3　互联网大数据的应用方向

9.3.1　最优的推荐商品

个性化推荐系统是建立在海量数据挖掘基础上的一种高级商务智能平台，以帮助电子商务网站为其顾客购物提供完全个性化的决策支持和信息服务。购物网站的推荐系统为客户推荐商品，自动完成个性化选择商品的过程，满足客户的个性化需求，推荐基于：网站最热卖商品，客户所处城市，客户过去的购买行为和购买记录，推测客户将来可能的购买行为。

国外著名的 Amazon. com 在线商城就使用了基于协同过滤和内容过滤的推荐算法，为用户推荐产品，并且得到了很好的效果，是个性化推荐领域的领跑者。国内的当当书城也向 Amazon. com 学习建立了个性化推荐系统。豆瓣电台以及其他类似互联网音乐产品都采用了协同过滤的推荐算法，猜用户所喜欢。

商品详情是可能挖出金子的岛屿，于是商家们就使了各种招式，让用户来到商品详情页。然后悄悄念起魔鬼的咒语，恨不得用户马上去点全页最醒目的那个“加入购物车”或“立刻购买”。可是，绝大部分 B2C 的 UV（UV，即 Unique Visitor，是指通过互联网访问、浏览这个网页的自然人）转化率不超过 5%（何况是 PV（Page View）访问量，称页面访问量。每打开或刷新一次页面 PV 计数+1），绝大部分用户最终是不会购买这个商品的，有可能他是被大胸的模特图骗进来的，有可能价格不合适，有可能商品细节不喜欢，有可能大多数的好评里有一个让他难以接受的差评，总之，他不想买。

（1）难道让用户就这么流失？

相关商品推荐的作用就是让用户继续逛下去，直到让他找到喜欢的商品。好的商品推荐，是让用户不能停住脚步。

（2）相关商品推荐的关键在于“相关”。

相关商品销售的关键在于“相关”，这就意味着必须从某个角度或者维度对商品进行切分，然后聚类，推荐给用户。这跟线下的商品陈列是很类似的，比如你走到一个牛肉泡面的货架前，拿起一包泡面仔细地端详起来，可能这个口味不喜欢，那么你可能从旁边的货架上找到其他口味；可能“康师傅”的字样终于被你发现不对了，你可以在旁边货架试图找到真的“康师傅”。前者是基于口味，后者基于品牌。还有很多线索，比如特价、套装。

线上的展示会更加丰富，因为线索是可配置的、可切片的，不像线下的货架难以移动。

(3) 基于商品和基于用户行为相关推荐。

纵观目前各大电商网站的相关推荐，无非“基于商品”和“基于用户行为”两种相关商品推荐。

基于商品，主要有两种方式：“相关搭配”和“销售排行榜”。相关搭配，往往是基于互补的商品和品类，比方说卖个手机吧，搭个手机壳、充电器等。“销售排行榜”，这个必须加上其他的标签进行细化，比如“同品类”“同品牌”“同价格段”，这是京东的商品详情页展现的内容。

基于用户行为，就是通过用户个人或者群体表现出来的特征进行推荐。这种方式亚马逊、淘宝用得可谓淋漓尽致。像“猜你喜欢”之类，基于用户的个人属性特征，比如年龄、性别、购物偏好、收入水平等。这个没有丰富储量的数据，普通的 B2C 根本实现不了。但其实还有一些更简单的方式。最简单的如：最近浏览的商品模块，通过广告推送、商品推荐等方式唤醒用户记忆。

如果把这些相关推荐模块全加上，真是全屏商品，看似丰富，可别忘了商品详页的首要目标：让用户把商品买下来。选择太多，很烦的，在页面间跳来跳去。因此，不要过度推荐。

(4) 区分推荐商品类型：同类商品、补充商品和友好商品。

一件衬衣的商品详情页，你推荐了一件别的衬衣，那是同类商品；推荐了一条皮带，那是补充商品；你算法算出来，买了衬衣的用户通常还买了袜子。

一般来说，同类商品排行榜：浏览该商品的用户还浏览了、浏览该商品的用户最终购买了，推荐的往往是同类商品。相关搭配、购买该商品的用户同时还购买了，推荐的。是补充商品，猜你喜欢之类的推荐的是友好商品等。

一般来说，商品详页的内容应该包括同类商品、补充商品和友好商品，不要把想到的所有模块都铺上。那如何用设合适的模块呢？要考虑下面几个因素。

① 区分品类的需求特点：需求集中和需求分散。

产品生命周期长、新品更新慢的产品，往往购买需求比较集中，这时候商品品种之间关系比较稳定，基于品类的推荐会比较靠谱，这时候像“相关搭配”“销售排行榜”等从各个维度（品类、品牌、价格）进行拆分，匹配用户的概率就会比较低。

而像女装这样需求高度分散的商品，销售排行榜之类的推荐往往不靠谱，这时候使用基于用户行为的商品推荐可能会更匹配一些，其原因在于买这样的商品的人是同一类人，有着相似风格，因此这里的基于用户浏览、购买行为的推荐其实还可以再打上风格的商品属性标签，这个标签可以不给用户看到。其实还有一个地方，很多 B2C 很重视的，但目前为止还没看到哪家在做相关商品的推荐，就是晒单区，比如凡客有凡客达人鼓励晒单，但还不是很明显地在晒单区展示该达人的相关商品。如果是高度分散的商品，基于人的因素的商品推荐还是值得尝试。

② 区分用户的类型：老用户和新用户。

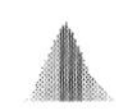

新用户的推荐，以上的方法足够了。

老用户的相关推荐方法可以更丰富些，可有个性化的商品推荐，如果是平台性的网站，可以推荐你购买过的店铺同类商品等。当然，没有基础能力，这些还是没办法实现的。

③ 商品推荐的位置。

一般网站，都是将补充商品放在商品主图下方，而同类商品、友好商品的推荐放在侧边栏和底栏。第一目标，仍然是让用户购买；第二目标，买了，就搭配上其他东西，多买点；第三目标，这个不是你需要的货，看看侧栏其他商品如何。

（5）最终还是要看数据。

上面讲了一些思路，但对或不对，适合还是不适合，最终还是要看数据。看哪些数据？单纯从商品详页跳转来看的话，要看商品详页页面访问量中上一级页面是商品详页的比重，商品详页相关推荐模块的点击率。此外，其他数据也值得参考，商品详页 PV/整站 PV，商品详页跳失率，不过这两种数据受其他因素的干扰比较大。

（6）孤岛相联。

相关推荐更多的是一种基础能力，往往短视的网站看不到它的重要性，相关推荐做得特别粗躁，很难做到“相关”。相关推荐也是比较难的，在实际应用中是需要不断地根据数据去优化，而且更复杂的算法更需要不断迭代完善。

但商品与商品之间确实需要通过某种线索联结起来，而这一种线索无论是通过商品打标、工人配置还是算法匹配，都应该建立一种机制让这些满是宝藏的孤岛相连，这样才能更加繁荣。

9.3.2 流失模型

用户流失（Customer Churn）是指用户不再重复购买、或终止原先使用的服务。由于各种因素的不确定性和市场不断地增长以及一些竞争对手的存在，很多用户不断地从一个供应商转向另一个供应商，目的是为了求得更低的费用以及得到更好的服务，这种用户流失在许多企业中是普遍存在的问题。

流失预测分析，业界普遍都是采用决策树算法来建立模型。对客户进行流失分析和预测的基本步骤包括：明确业务问题的定义、数据挖掘流程描述、指标选择及如何运用挖掘结果来指导客户挽留活动。以下分别简要说明：

① 明确业务问题定义。数据挖掘是个不断尝试的过程，没有定式。即使数据挖掘人员掌握了一些套路，但在没有弄明白要做什么以及数据情况到底如何之前，其实是不能给客户任何保证的。业务问题定义类似于需求分析，只有明确了业务问题才能避免多走弯路和浪费人力物力。

对于客户流失预测来说，一般要明确以下几个问题：

- 什么叫作流失？什么叫作正常？（严格定义好 0 和 1）
- 要分析哪些客户？比如在移动通信行业，很可能要对签约客户和卡类客户分开建模，还需要排除员工号码、公免号码等。

·分析窗口和预测窗口各为多大？用以前多久范围的数据来预测客户在以后多久范围内可能流失。

② 变量选取、数据探索和多次建模。这个类似于指标选择，也就是要确定变量，互联网中的绝大多数客户数据都可能被探查并用于建模过程。以电信业为例，一般分为如下几类：

·客户基本信息（年龄、性别、在网时长、当前状态）。

·客户账单信息（账单金额、优惠金额、明细账单金额）。

·客户缴费信息（缴费次数、缴费金额、欠费次数、欠费金额）。

·客户通话信息（通话次数、通话时长、短信次数、呼转次数、漫游次数）。

·客户联络信息（投诉次数、抱怨次数）。

这些变量的数目很多，而且还会根据需要派生出很多新变量，比如近一月账单金额和近三月账单金额的比例（用于反映消费行为的变动）。

建议挖掘人员把所有能拿到数据都探索一遍，然后逐步明确哪些变量是有用的。而对于一个公司来说，事先能给出一份比较全面的变量列表，也正体现了他们在这方面的经验。对于挖掘新手来说，多思考，多尝试，也会逐渐总结出来。

③ 对业务的指导（模型的发布及评估反馈）。挖掘人员常常是技术导向的，一旦建立好流失预测模型并给出预测名单之后，常常觉得万事大吉，可以交差了。但是对于客户来说，这远远不够。一般来说，客户投资一个项目，总希望能从中获益，因此在验收时领导最关注的问题可能是：数据挖掘对我的ROI收益率有什么提升？要给客户创造价值，就需要通过业务上的行动来实现。这种行动可能是帮助客户改善挽留流程，制定有针对性的挽留策略，明白哪些客户是最值得被挽留的，计算挽留的成本以及挽留成功后可能带来的收益。以上这些方面需要挖掘人员不仅仅是技术专家，还需要是业务专家，是Business Consultant。

9.3.3 响应模型

在公司营销活动中，使用最为频繁的一种预测是响应模型。响应模型的目标是预测哪些用户会对某种产品或者是服务进行响应，利用响应模型来预测哪些用户最有可能对营销活动进行响应，这样，在以后类似的营销活动时，利用响应模型预测出最有可能响应的用户，从而只对这些用户进行营销活动，这样的营销活动定位目标用户更准确，并能降低公司的营销成本，提高投资回报率。

以商业银行为例，对客户个人信息、客户信用卡历史交易情况、客户银行产品等各种数据进行一系列处理与分析，利用各种数据挖掘方法对所有商业银行已有客户的信用卡营销响应概率进行预测，通过评估模型的预测效果，选择最适合的模型参数建立完整的数据挖掘流程，就可以给出每个客户对信用卡宣传活动的响应度，并同时可以得到对应于不同的响应度的客户群的特征。

客户营销响应模型的优势在于它能根据客户历史行为客观地、准确地、高效地评估客户

对信用卡产品是否感兴趣，让营销人员更好地细分市场！准确地获取目标客户，提高业务管理水平和信用卡产品盈利能力。

9.3.4　客户分类

企业要实现盈利最大化，需要依赖两个关键战略：确定客户正在购买什么，如何以有效的方式将产品和服务传递给客户。大多数企业都没有通过客户细分来识别和量化销售机会，企业的不同部门可能会从不同的角度试图去解决这个问题，如营销部门评估客户需求，财务部门看重产品的盈利能力，人力资源部门制定销售人员的激励计划等，但是这些专业分工没有充分地把他们努力集成，以产生一种有效的营销方法。没有准确的客户定位，没有对目标客户的准确理解，稀缺的营销资源被投放在无效的、没有针对性的计划上，常常不能产生预期的效果，并浪费了大量的资源。客户细分能够帮助企业有效调动各种营销资源，协调不同部门的行动，为目标客户提供满意的产品和服务。

客户细分（Customer Segmentation）是指按照一定的标准将企业的现有客户划分为不同的客户群。通过客户细分，公司可以更好地识别客户群体，区别对待不同的客户，采取不同的客户保持策略，达到最优化配置客户资源的目的。但传统客户细分的依据是客户的统计学特征（如客户的规模、经营业绩、客户信誉等）或购买行为特征（如购买量、购买的产品类型结构、购买频率等）。这些特征变量有助于预测客户未来的购买行为，这种划分是理解客户群的一个良好开端，但还远远不能适应客户关系管理的需要。

近年来，随着CRM理论的发展，客户细分已经成为国内外研究的一个焦点。为了突破传统的依据单一特征变量细分客户的局限，很多学者都在从不同角度研究新的客户细分方法。在此将这些细分方法归纳为两大类：基于价值的客户细分和基于行为的客户细分，并引入V-NV的二维客户细分方法。

1. 基于价值的客户细分

基于价值的客户细分（Value-based Segmentation）首先是以价值为基础进行客户细分的，以盈利能力为标准为客户打分，企业根据每类客户的价值制订相应的资源配置和保持策略，将较多的注意力分配给较具价值的客户，有效改善企业的盈利状况。

早在数据库营销中，借助两种最基本的分析工具证实了并非所有客户的价值都相等。一是“货币十分位分析”，把客户分为10等份，分析某一段时间内每10%的客户对总利润和总销售额的贡献率，这种分析验证了帕累托定律，即20%的客户带来80%的销售利润；二是“购买十分位分析”，把总销售额和总利润分为10等份，显示有多少客户实现了10%的公司利润。这种分析显示实现公司10%的销售额仅仅需要1%的客户就够了。这些规律的客观存在表明价值细分的有效性。

（1）基于盈利能力的细分。在以价值为基础的细分方法上，营销人员可以根据当前盈利能力和未来盈利能力为标准为客户打分数，然后根据分数的高低来细分市场，针对不同价值的细分市场制定不同的客户保持策略。如表9.2、表9.3所示。

表 9.2　根据当前盈利能力细分客户

盈利能力 / 服务成本	目前的盈利能力高	目前的盈利能力低
服务成本低	最具获利性的客户	具获利性的客户
服务成本高	具获利性的客户	最不具获利性的客户

表 9.3　根据未来盈利能力细分客户

目前盈利能力 / 未来盈利能力	目前的盈利能力高	目前的盈利能力低
未来盈利能力高	最佳客户	必须投资的客户
未来盈利能力低	保留客户	最糟糕的客户

基于盈利能力的细分方法通过评估客户盈利能力来细分客户，体现了以客户价值（客户为企业创造的价值）为基础的细分思想，有利于制定差别化的客户保持策略。但无论是当前盈利能力还是未来盈利能力都不能全面反映客户的真实价值。因为客户关系是长期的和发展的，客户的价值应该是客户在其整个生命周期内为企业创造的全部价值，而不仅仅是某一阶段的盈利能力。

（2）客户价值细分。客户价值细分的两个具体维度是客户当前价值和客户增值潜力。每个维度分成高、低两档，由此可将整个客户群分成四组，细分的结果可用一个矩阵表示，称为客户价值矩阵，如表 9.4 所示。其中，客户当前价值是假定客户现行购买行为模式保持不变时，客户未来创造的利润总和的现值。可以简单地认为，客户当前价值等于最近一个时间单元（如月/季度/年）的客户利润乘以预期的客户生命周期长度，再乘以总的折现率。客户增值潜力是假定通过采用合适的客户保持策略，使客户购买行为模式向着有利于增大对公司利润的方面发展时，公司增加的利润总和的现值。客户增值潜力是决定公司资源投入预算的最主要依据，它取决于客户增量购买（up-buying）、交叉购买（cross-buying）和推荐新客户（refer a new customer）的可能性和大小。

表 9.4　客户价值矩阵

增值潜力 / 当前价值	低	高
高	Ⅱ	Ⅰ
低	Ⅳ	Ⅲ

Ⅰ类客户（白金客户）：目前与该企业有业务往来的前 1%的客户，代表那些盈利能力最强的客户。典型的是产品的重度用户，他们对价格并不十分敏感，愿意花钱购买，愿意试用新产品，对企业比较忠诚。

Ⅱ类客户（黄金客户）：目前与该企业有业务往来的 4%的客户。这类客户希望价格折

扣，没有白金客户那么忠诚，他们的盈利能力没有白金层级客户那么高。他们往往与多家企业做生意，以降低风险。

III 类客户（铁客户）：目前与该企业有业务往来的 15%的客户。这类客户的数量很大，但他们的消费支出水平、忠诚度和盈利能力不值得企业去特殊对待。

IV 类客户（铅客户）：剩下来的 80%的客户。该类客户不能给企业带来盈利。他们的要求很多，超过了他们的消费支出水平和盈利能力对应的要求，有时是问题客户，向他人抱怨，消耗企业资源。

客户价值细分以客户的生命周期利润作为细分标准，能够更科学地评价客户的价值。但是，客户价值细分的两个细分维度，客户当前价值和客户增值潜力的测算都是以客户关系稳定为基本前提的。然而现实的客户关系是复杂多变的，绝对的稳定是不存在的。因此，仅仅依据客户生命周期利润细分客户，不考虑客户关系的稳定性，也就不能衡量客户关系的质量，这样会大大增加资源配置的风险。

2. 基于行为的客户细分

每个客户和每个市场，对于满意度和忠诚度的不同促进因素将会做出不同的反应，通过对客户行为的测量，就能够确定哪些是急需改进的因素，而不是把各细分市场平均化，这样就可以体现出关系营销战略的优先顺序法则。

（1）RMF 分析。RMF 分析是广泛应用于数据库营销的一种客户细分方法。R（Recency）指上次购买至今之期间，该时期越短，则 R 越大。研究发现，R 越大的客户越有可能与企业达成新的交易。R 越大，企业保存的该客户的数据就越准确，因为企业拥有的数据会迅速失效，每隔一年约有 50%的信息变得不准确。M（Monetary）指在某一期间内购买的金额。M 越大，越有可能再次响应企业的产品与服务。F（Frequency）指在某一期间内购买的次数。交易次数越多的客户越有可能与企业达成新的交易。

RMF 分析的所有成分都是行为方面的，应用这些容易获得的因素，能够预测客户的购买行为。进行 RMF 分析，所有的客户记录都必须包含特定的交易历史数据，并准确标号。RMF 分析给客户的每个指标打分，然后计算 R×F×M。在计算了所有客户的 R×F×M 后，把计算结果从大到小排序，前面的 20%是最好的客户，企业应该尽力保持他们；后面 20%是企业应该避免的客户；企业还应大力投资于中间 60%的客户，使他们向前面的 20%迁移。向上迁移（Migrate up）的客户提高了他们的消费和忠诚度。另外，企业应关注那些拥有与前面 20%的客户相同特性的潜在客户。

RMF 分析是一种有效的客户细分方法。在企业开展促销活动后，重新计算每个客户的 RMF，对比促销前后的 RMF，可以清楚地看出每个客户对于该活动的响应情况，为企业开展更加有效的营销提供可靠的依据。其缺点是分析过程复杂，需要花费很多时间，而且细分后得到的客户群过多，如每一种变量使用三个值就会得到 27 个客户群，以至于难以形成对每个客户群的准确理解，也就难以针对每个细分客户群制定有效的营销策略。

（2）基于客户忠诚的细分。在以行为为基础的细分中，客户忠诚度是一个关键变量。忠诚客户群体带来的销售额和盈利水平对公司至关重要。最具代表性的是研究者把忠诚分成态度忠诚和行为忠诚两个维度。有研究认为，只有当重复购买行为伴随着较高的态度取向时才产生真正的客户忠诚。可以依据重复购买的程度和积极态度的强度把客户分为四类：最佳客户、必须投资的客户、保留客户和最糟糕的客户，如表 9.5 所示。

表 9.5　客户忠诚矩阵

态度取向 \ 重复购买行为	高	低
强	最佳客户	必须投资客户
弱	保留客户	最糟糕的客户

客户忠诚度可以反映客户关系的稳定性，通过测量客户忠诚度，就可以有效地评价客户关系的质量。因此，基于忠诚的客户细分实质上是依据客户关系的质量来细分客户，据此可以制定出更有效的客户保持策略。但是这种细分方法没能区分客户的价值，可能会误导客户保持策略（对没有价值的客户投入过多而造成利润损失）。

综上所述，基于价值的客户细分很好地区分了客户价值，却忽略了客户关系的质量；基于行为的客户细分很好地区分了客户关系的质量，却忽略客户价值。

3. 客户细分和聚类分析

以上的研究给出了分别从价值和行为两个维度对客户进行细分，但这些细分的方法都是定性的细分方法或只从少数几个变量对客户进行细分，细分的结果具有大量的主观因素，客户矩阵的划分中缺乏定量细分。结合数据挖掘的聚类分析，可以将客户的行为或价值的变量作为聚类分析的维度，将每个客户的大量数据输入数据挖掘软件，从而由系统根据 K-Means 的算法自动形成不同的客户类或群。这样数据挖掘将能实现客户的细分，并且能获得那些是影响客户分群的最重要的变量——聪明变量（Smart variables），这样既定量化实现了客户的分群又进行了业务的解释。

传统的聚类分析实现客户的细分只是将所有变量一次输入系统中形成在 N 维空间的客户分群结果，这样对于业务的解释和理解并不是很强，也就是说，我们知道很多客户聚集形成了某个特定的客户群，但为什么能形成这样的聚类，我们并不能完全理解。由此，在此提出按照矩阵分类的原理，分别从客户的价值维度（Value）和非价值维度（Non-Value）对客户进行聚类，然后再形成矩阵进行交叉得出客户分群的思路。

鉴于客户细分方法的特点，按照矩阵分类的原理，对客户采取基于价值（V）维度和非价值（NV）维度分别进行客户分群，然后将两次分群的结果在 X-Y 两维平面进行叠加，最后确定客户分群的结果。这样既考虑客户的价值又理解客户的非价值的消费行为，两个维度的有效结合将使我们对客户的理解更加深入。

9.3.5　理解互联网广告受众

今天，互联网把一个个访客变成了一个个可追踪的 cookies，让每一个网民变得可以感知、可以接触、可以沟通。从事互联网广告，仅仅是有一个比别人更好的产品或更优秀的广告是不够的，广告人应该懂得顺着思维方向对消费者施加影响力，尤其是当消费者在决定选择何种品牌这种关键的时刻。因此在合适的时机，通过合适的方式向合适的人传播有价值的信息，成为互联网时代广告营销的新思路。

通过与领先的数据提供商建立的深度整合来全面了解消费者，帮助广告商确定网络目标受众，如目标受众的地理位置和消费行为等。数据分析，帮助我们更好地认识来自广告业各方的需求，供应端的媒体、需求端广告主、末端的受众，更有针对性地解决需求。互联网让我们生活在一个供需双方彼此良性循环运作和对接的世界里。

广告需要了解受众。如何在浩如烟海的数据中理出头绪？在此我们将数据挖掘体系归纳为数据分析的“四个年级”：

（1）数据分析一年级：传统媒体属性分析——人口属性数据分析。目前，收集人口属性样本的方法有两种：一是通过互联网问卷形式，二是通过自愿安装监测软件的方式。回收人口属性样本后需要对其进行多层次甄别验证：去重分析、比对历史数据库、运用数据分析模型分析样本情况、运用统计学原理交叉分析等，最后建立人群属性数据库。业界熟知的互联网调查公司艾瑞即是通过第二种方式进行数据分析，他们随即邀请网民在计算机上安装他们的检测软件，软件会记录网民的各种浏览行为，通过人群构成预测媒体属性。

利用互联网问卷的形式建立人口属性数据是互联网时代数据的新方法。以易传媒数据为例，截止至 2011 年底，累计活跃的人群样本数达到 250 万，每月保持 20 万以上更新的速度。为保持样本分析的准确性，易传媒将问卷收集的人群样本数据——CNNIC 和 CMMC 数据位基准进行加权计算，再与艾瑞、DFA 等第三方平台数据校验，判断互联网人群构成。通过核心广告操作系统 AdManager，能自动导出媒体组合或行为定向人群的年龄、性别、收入、教育程度构成，帮助广告主判定媒体价值。

（2）数据分析二年级：网页语义分析——关键词分析、机器学习算法（语义联想）。随着互联网 2.0 时代的到来，媒体内容更新速度以指数级增长。网页语义分析能迅速分析每天产生的数亿网页内容数据，建立关键词库，同时以此分类网页内容。利用网页内容爬虫技术（Web Crawler），及时抓取网页内容，去除垃圾信息，提取关键字段，并录入关键词库。通过聚类算法、贝叶斯算法等多种机器学习算法，以及自然语言处理（NLP）技术和数据挖掘技术，迅速从关键词库自动匹配广告主设定的关键词类别或者关键词列表，同时结合人口属性数据分析，将广告投放在最合适的媒体、频道甚至特定网页上。通过网页语义分析技术，为每一个行业建立独有的行业词库，以便对用户行为进行数据分析和挖掘。

（3）数据分析三年级：特定人群分析——阈值法为用户打标签。仍以易传媒为例，易传媒以 6 大维度数据为基础，即人口属性（250 万）、上网场所（家庭/网吧/学校/商务楼/机场）、地域/IP（全国 300+城市）、上网时间（24 小时分析）、浏览历史（每月 300 亿 PV）、点击历史（每月 7 200 万次点击），如图 9.3 所示。

（4）数据分析四年级。相似人群技术是一套实时分析计算并扩大补充目标人群数量的技术。该技术将 6 大维度（即人口属性、上网时间、上网场所、地域/IP、浏览历史、点击历史）与每一个易传媒覆盖到的 cookie 构建矩阵模型。相似人群协同矩阵过滤算法计算 6 大维度下各类属性与每一个 cookie 展现的互联网行为的相似程度，找寻最相近、最匹配的人群为“类目标受众”，进行人群扩大及补充。简单地说，由于特定人群的数量有限，需要找出和他

1个月内IP地址更换了3次　　2个月内浏览　　3个月内点击

上海　北京　上海　　旅游网站3次　奢侈网站2次　　旅游广告2次　财经广告1次

根据权重定义加权求和

按互动习惯　主动性越高，所占权重越大　　按时间　时间越近，所占权重越大　　按频次　频次越高，所占权重越大

人群关联指数超过了商旅人士和旅游爱好者的阈值

商旅人士和旅游爱好者

图 9.3　**易传媒** 6 **大维度数据**

们行为相似的 cookie 为“类特定人群”。比如，分析商旅人士过去一个月的网络行为，发现他们都经常浏览时尚类网站，都点击过洋酒广告，这样就可以把有过上述两项行为的 cookie 筛选出来，成为商旅人士的相似人群。

9.3.6　广告效果评估

从研究机构的角度来看，目前在网络广告的检测过程中最困难的地方是了解你的客户到底是谁，通过数据分析和挖掘手段，还是可以实现的。而广告效果的检测，目前有些数据还不易监测到，但是以后可以通过技术手段来实现。比如说二跳（网页间的二次跳转）甚至是未来的三跳都可以通过系统来实现，包括达到网站之后的路径分析以及他在这个过程中相对某一个频道或者是产品的停留时间都可以通过一些技术手段来实现。因此，技术不是成为网络广告监测的瓶颈，其实目前比较难的是感性方面的一些影响。比如说这个广告本身对于你的目标人群在一些感性指标上的一些研究成果，尤其是一些品牌性的广告对于未来销售直接带来的一些促进，这个很难通过某一个广告的投放精准计算出来。因为广告主本身进行的是营销，他在不同的维度上都会进行相对的饱和化，包括不同的时期都会进行一些活动推广。单从某一个广告带来的网络支持和效果，其实通过现有的技术手段确实是很难达到。网络广告效果很难量化，但是我们可以通过一个季度或者半年投放网络广告和不投放广告所带来的商品的销售情况来判断广告的效果。

广告主对网络广告的检测技术和方法要求很高，这对互联网广告来说也带来了一定的机会。在电视媒体上用户的黏性相对比较低，这个不是说他每天要看多少电视，而是当某一个电视节目或者是某一个广告进行播放的时候，有时候你并不知道这个用户的市场。而广告媒体跟用户的黏性比较强，你通过浏览可以发现不同的页面上直接进行转换。相对来说用户在计算机前的时间就是广告投放的时候广告主可以看到。

广告效果的这种检测其实从研究机构的调度来讲应该是从后期检测逐步向前期预测，就是对前期的预估进行转换，这样的话对于广告主而言可以把握未来的广告投放，这是一个建议。

第二个广告主应该尽快增加对于第三方研究机构的这种信任，应该有意识地培养通过第三方的检测机构和研究机构对广告效果进行评估。

第三个方面来讲就是在不断的网络投放过程中，网络广告主应该逐步的建立一套自己的网络广告价值的评估体系，因为广告主本身获得的数据来源不是单一的，无论是来自网站提供的，代理公司提供的，不同机构在整体的价值链过程中是不同的。如何提供数据来源，可以制订一个有效的评估体系，适合于本公司或者是适合于本公司的几类产品，这是急需解决的问题。

更多的中小广告主对网络的评估可能目前应该说更多的是局限于他的二跳、点击、购买行为。

9.3.7 网站用户转化率分析

购物网站的用户转化率是指该网站某一购物环节的用户数量占网站总访问用户数量的比重。与订单转化率相比，用户转化率指标侧重反映单一用户访问购物网站的行为特征。该指标可反映各类别网络购物的基准水平，亦可帮助购物网站评估自身业绩与整体行业发展的差距。

艾瑞咨询 EcommercePlus 家庭办公版统计数据显示，2010 年第一季度，用户访问到放入购物车环节，核心 B2C 购物网站中，红孩子网上商城的转化率为 12.3%；麦网、当当网的转化率均为 11.7%；99 网上书城的转化率为 9.8%；京东商城、新蛋网、卓越亚马逊的转化率分别为 8.1%、7.6%和 7.5%。

2010 年第一季度，用户访问到下单环节，核心 B2C 购物网站中，卓越亚马逊的用户转化率为 4.3%；红孩子网上商城、当当网、99 网上书城的用户转化率分别为 3.5%、3.5%和 3.3%。

艾瑞咨询分析认为，各购物网站用户转化率的差异与各网站主营商品种类不同有关。主营商品种类类似的购物网站用户转化率的差异，则反映出网站运营本身与行业整体水平的差距。

9.3.8 电子商务应用

1. 用数据来掌握客户

在互联网时代，用户资源是基础，用数据来掌握用户也成为互联网企业获取竞争优势的重要一环。通过数据分析可以详细地掌握客户的来源，从而可以有针对性地对客户进行重点维护，也可以了解到哪些方面推广不够还需要加大力度。另外通过客户访问来源分析，如客户是通过搜索引擎，还是通过黄页网站，亦或是自行输入，每一种访问的百分比各是多少，掌握这些数据可以对互联网广告进行精准投放及实施精准营销。但是，应当吸引哪些客户？他们能够为企业带来长期价值吗？如何能够比竞争对手更高效地策划和实施客户获取营销，以达到更高的客户获取营销投资回报率呢？有没有更好的改进客户获取营销方法呢？下面就从数据库营销的一些基本应用来浅析可以改进方法。

2. 避免获取错误的客户

很多营销策划人员仅仅关注营销活动在促销期间内获取了多少新用户，卖出了多少新产品，而很少关注这些客户中有多少是真正的目标客户，有多少是错误的客户。有时，企业设计的一些优惠促销活动，本意是想吸引目标客户群，但事实情况是，往往在没有到达真正的目标客户之前，产品就被那些对价格和优惠敏感的人一抢而空。经常能够看到一些商户在发各式各样的会员卡，这样的会员卡往往没有什么门槛，往往在初期有优惠的时候，会吸引大量的客户加入，而当优惠期过后，能够持续消费的客户门可罗雀，商家不得已，只得不断地通过各种各样的活动来吸引新客户，接下来还是客户的大量流失。究其原因，在以价格为促销活动主要诉求的营销实践中，对价格敏感的客户会占有相当大的比例，而这类客户往往是交易型客户，他们是奔着产品促销的优惠来的，他们的重复购买率相对忠诚的客户会很低。除非你的企业能够一直持续不断地给这类客户以刺激，才能保持他们的连续购买行为，而这样只是会浪费大量的市场营销预算在非目标客户身上，他们并不能为企业带来长期的利润。

以信用卡营销为例，近年来国内银行信用卡的发卡大战很激烈，促销手段层出不穷，通过开卡有礼、豁免年费、送保险、现金回馈、消费积分、免息购物等各种各样的营销活动来吸引信用卡新用户。有的银行在发展用户时声称，只要成功办理信用卡后，在规定日期内刷卡进行第一次消费，都可以获得价值百元甚至数百元的奖励。甚至通过媒体宣传“花明天的钱圆今日的梦”的适度信贷导向。但信用卡的新用户获取成本较高，客户盈利周期也较长，往往需要数年才能盈利，过度优惠的促销会将大批非目标客户吸引进来，无形中增加客户管理和客户服务的成本。同时，如果没有设计好完善的后续维系营销策略，从长期来看，对于高价值客户的维系和发展也是一个非常严峻的问题。

对于以会员制服务为主的商家来说，大量非目标客户会带来服务成本和管理成本的上升，也会使得大量的非目标客户数据将真正的目标客户淹没掉。在这种情况下，多批次设定时效的营销活动设计，再结合应用测试组和对照组技术，通过新用户获取后的客户调研，可以有效地及时总结出营销的结果和收益。与大众营销不同的是，应用数据库营销策略，企业的营销管理人员能够及时调整和改进客户获取营销策略。

3. 应用分群来改进细分客户群的客户获取效率

市场上很多的新用户是通过大众传媒发布营销活动信息来开发的。对于一些企业来说，这样做的结果常常是引发现有客户群中更大的流动性。一些对价格过于敏感的交易型忠诚客户也会随着一点点的优惠而转换服务商或服务产品。如中国移动电话用户，新用户的开户优惠力度大，会引发老用户选择新的供应商。

通过应用客户分群技术，来识别高价值细分客户群，并结合营销调研技术分析细分客户市场的份额和细分客户群的市场潜力，通过这样的分析来更有效地指导客户获取策略。这

样，营销策划人员就会更清楚应该如何根据不同细分客户市场的情况和市场潜力来策划更有针对性的营销策略。

可以应用目标客户分群来将客户获取营销定位于某些特定的细分客户群体，以此来增加特定客户群的占有率，从而达到更高的长期的营销投资回报。比如，近两年陆续出现的针对女性群体为营销核心的信用卡，就是针对女性群体在家庭理财、购物等方面的主导和决策地位，以及女性群体普遍良好的消费记录。如招商银行 MINI 卡、瑞丽卡，广发银行真情卡，中信银行魔力卡等。再有信用卡发卡行通过与其他客户密集型企业合作，共享客户资源联名发卡的营销手法也是非常高效的客户获取营销实践，如招商银行与中国国际航空公司联名的知音信用卡、与携程网等发联名信用卡等。也有针对特定目标客户群的产品，如建行针对有车一族的龙卡汽车卡。

4. 合理高效地应用直邮和电话销售策略

对于目标客户群体的新用户获取营销而言，直邮和电话销售这样的直接渠道是非常高效的方式。如果应用的好，可以显著提高客户获取的成功率，有效降低营销成本投入，提高营销投资回报率。

将直邮与电话销售结合在一起，无论是直邮结合客户电话呼入销售，还是直邮结合电话销售代表的主动电话呼出都被证明是非常高效的营销沟通组合策略。

直邮加主动的电话呼出营销要比单一的直邮或电话呼出营销成功率高很多。在一些企业针对高端客户的实际营销案例中，通过设计个性化的直邮寄给潜在目标客户，并在客户收到后的一周内进行电话呼出营销，客户获取的营销成功率比不发直邮的直接电话呼出营销的对照组要高两倍左右，而成本仅仅增加了不足 50%。

通过直邮吸引客户主动的电话呼入销售所达到的呼入销售成功率甚至会更高，在以前参与设计过的一个针对高端客户群的数据库营销项目中曾经达到了 21.7%的呼入营销成功率。当然，这一组合的挑战是如何能够对潜在目标客户进行细致精确的分析，在把握目标客户需求的基础上设计出合适的产品与服务诉求，并通过设计精美的直邮来送达目标客户，以此来吸引客户的咨询与购买欲望都是需要有丰富经验的专业人员来操作。

5. 改进渠道覆盖策略

营销策略人员都了解不同的营销渠道对于目标客户群的覆盖是不同的。传统的大众营销可以与数据库营销策略结合在一起，这样会得到更好的营销效益。

传统的大众营销通过大众沟通媒介多频次地刺激潜在客户群的产品与服务购买欲望，但往往大众传媒所覆盖的客户群中有大量都是非目标客户。此外大众营销对于特定目标客户群的覆盖频率，往往在营销沟通上的大量市场投入做了品牌宣传，而没有起到通过营销产生促进目标客户销售提升的效果。

这就需要营销策划人员根据不同目标客户群体的消费偏好和社会习惯，设计合理的营销渠道组合策略，应用多渠道组合的直复营销方式（Direct Reponse Marketing，即“直接回应的营销”）来加强对目标客户群的立体覆盖，有效增加目标客户群体的销售机会。

改进渠道覆盖策略不仅仅能够有效增加对目标客户群体的整合渠道覆盖，还可以利用不同渠道的互动沟通效率和成本来优化客户获取的成本投入和收益回报。同时应用互动响应式直复营销手段也有助于营销人员合理选择营销沟通渠道，如应用电话销售渠道、响应式直邮和响应式电子邮件营销方式，可以在短期内获得相当数量的样本，对这些获得响应的样本分析对于改进客户获取的营销方案和客户沟通策略是非常有价值的。

根据客户群体的特征不同，营销的渠道选择也不同。在传统的大众营销之外，可以通过设计针对商务客户的市场活动，也可以利用电子邮件、直邮等直复营销方式向潜在的商务客户进行目标营销，这样会有效提高目标客户群体的市场占有率。

6. 用数据来服务客户

通过来源关键字的分析，网站站长也可以了解到客户的搜索习惯，从而方便自己选取更有效的关键字。站长推广的关键字是否达到了效果，每一个关键字的访问量有多少，通过数据分析都可以很直观反映出来。

首先，在网站内容、关键字等相关方面继续完善，适当地推出新的东西来迎合客户的口味。再次，分析客户在网站停留的页面。通过对客户停留页面的分析可以了解到客户关注的内容是哪些，对网站中哪些信息比较感兴趣，是产品介绍，还是企业文化品牌知识，或者是技术文章等，从而有助于站长掌握客户的需求。

"以客户为中心"的数据挖掘内容涵盖了客户需求分析、客户忠诚度分析、客户等级评估分析三部分，有些还包括产品销售。其中，客户需求分析包括：消费习惯、消费频度、产品类型、服务方式、交易历史记录、需求变化趋势等因素的分析。客户忠诚度分析包括：客户服务持续时间、交易总数、客户满意程度、客户地理位置分布、客户消费心理等因素的分析。客户等级评估分析包括：客户消费规模、消费行为、客户履约情况、客户信用度等因素的分析。产品销售分析包括：区域市场、渠道市场、季节销售等因素的分析。

现在企业和客户之间的关系是经常变动的，一旦一个人或者一个公司成为你的客户，你就要尽力使这种客户关系对你趋于完美。一般来说，有三种方法：第一，最长时间地保持这种关系；第二，最多次数地和你的客户交易；第三，最大程度地保证每次交易的利润。因此我们就需要对我们已有的客户进行交叉销售和个性化服务。

交叉销售是指企业向原有客户销售新的产品或服务的过程。一个购买了婴儿车的客户很有可能对你们生产的婴儿尿布或其他婴儿产品感兴趣。个性化服务可以使得重复销售、每一客户的平均销售量和销售的平均范围等有一个很大提高。数据挖掘使用聚类来进行商品分组，这些聚类用来在有人看到其中的一个产品时向他做出建议，建议的方式可以是向客户发送 Email，这些 Email 包含了由数据挖掘模型预测的会吸引客户的新产品信息。结果就会使推荐更加客户化。

对于企业来说，真正关心的问题在于如何发现这其中内在的微妙关系。利用数据挖掘的一些算法（统计回归、逻辑回归、决策树、聚类分析、神经网络等）对数据进行分析，产生一些数学公式，可以帮助企业发现这其中的关系。

对于原有客户，企业可以比较容易地得到关于这个客户的比较丰富的信息，大量的数据对于数据挖掘的准确性来说是有很大帮助的。在企业所掌握的客户信息，尤其是以前购买行为的信息中，可能正包含着这个客户决定他下一个的购买行为的关键，甚至决定因素。这个时候数据挖掘的作用就会体现出来，它可以帮助企业寻找到这些影响他购买行为的因素。一般情况下，有两个模型是必需的。第一个模型预测一些人是否为被建议买附加产品而感到不愉快；第二个模型用来预测哪些提议更容易被接受。

9.3.9 移动互联网的大数据应用

2016年底，中国网民规模达到7.31亿，手机网民用户达6.95亿。中国手机用户使用率前五的应用分别为：微信、QQ、淘宝、手机百度和支付宝。

在一些细分领域，用户也出现了爆发式增长。比如，网上外卖用户规模达到2.09亿，年增长率为83.7%；网络直播用户规模达到3.44亿，但在2016年下半年增加已经几乎停滞，仅增长1932万；网络预约出租车用户规模达2.25亿，网络预约专车用户规模为1.68亿。

全球领先的移动互联网第三方数据挖掘和整合营销机构iiMedia Research（艾媒咨询）发布了《2016Q3中国在线餐饮外卖市场专题研究报告》。该分析报告主要针对2016Q3在线餐饮外卖市场现状、平台策略进行解读，并对未来发展趋势预测。报告显示，2016年市场规模将达1652.9亿元，用户规模达到2.53亿。

据前瞻产业研究院发布的《中国互联网+出租车行业商业模式创新与投资机会深度研究报告》数据显示：截止2017年底，中国移动出行用车用户达4.4亿。前瞻产业研究院分析师认为，传统出租车供应数量有限，出行市场供不应求，互联网金融技术的发展，新政承认网约车的合法身份，这些都为网约车的发展创造良好的机遇。网约车提高了用户的出行效率，极大地方便了人们的出行，而且还提供了数百万的就业岗位。

互联网和移动通信的高速发展，推动了移动互联网的大数据时代来临，任何行业都不能避免。它不止改变各行业的经营方式，就连人们生活方式都发生了颠覆性的变革。面临大数据，个性化以及精准化服务，作为全球化产业链上的一环，首先应面对这不可避免的变更，以开放的心态迎接机遇与挑战。

对于机遇，一方面是与客户沟通方式的改变。它打通了整个沟通环节，但成本是直线下降的。通过对外主流媒体的运用，精准的线上推广，不像过去大海捞针式的推广信息，通过媒体有效的后台信息，精细化的数据管理，准确地找到我们的客户，做到有的放矢。另一方面是对自媒体的运用，媒体的话语垄断性被打破，更加多的草根声音在媒体中出现，信息流通渠道更加开放，更加直接，开发商的成本明显的下降。但问题是，这些改变并不意味着开发商就能够做大做强，做大做强的核心在于产品的质量与信息量的本身，而移动互联网更多改变的是我们的沟通方式。一个企业的成功不在于一个点上的成功，而在于整个产品链条的成功。通过前期开发客户，中期维护客户，后期客户关系处理三个方面，增强产品本身的同时，注重客户的体验感，使整个链条更加完整。三个方面是十分有力的，加强了精准的客户沟通，维护了客户关系。移动互联网对于开发商的机遇还是大于挑战的。

对于挑战，在于如何将信息源等有效资源完整综合起来。信息化在于将所有的窗口全面打开，意味着在更加透明化的情况下，开发商本身的专业化，流程的标准化，产品的品质等方面都需要做到极致，这样在市场上，强者更强，弱者更弱，形成两极分化。主要表现在市场上一些在产品上或者管理标准化等方面存在问题的企业，只是在传播这一点上做到了极致反而成了它的致命伤，媒体会将其缺陷放大传播。因此，要将线上线下结合，真正将线上的落地，给客户一对一的真实体验感。现在所做的电商这种线上线下互动的模式，就是很好的体现。

9.4 互联网大数据的应用目标

互联网中的大数据可以帮助我们实现如下目标：

(1) 找到潜在客户：对已存在的访问者行为进行数据挖掘分类，当有新的访问者，根据之前数据挖掘结果对其进行分析，以确定是否为潜在客户。

(2) 实现客户驻留：全面掌握客户浏览行为，知道客户兴趣需求，根据其需求做页面推荐。

(3) 改进站点设计：根据访问者的信息特征设计网站结构和特征。

(4) 进行市场预测：通过数据挖掘，可以分析客户的未来行为，容易评测市场投资回报率，降低企业运营成本。

(5) 监控网络安全：分析网上银行、网上商店交易用户日志，防止黑客攻击、恶意诈骗等。

9.5 互联网与个人隐私保护

互联网公司应用大数据，难免涉及用户安全和隐私方面的问题。无处不在的用户数据行为分析的机制，使得用户的各种行为完全暴露在互联网上。如果没有保护好用户的数据，可能会对用户的隐私数据造成严重泄露。因此，大数据时代互联网公司对用户信息的掌握程度需要特别准确地把握，在了解用户的习惯和行为时，要适时、适度而不过度地为他提供服务。未来大数据的发展必须要有相应行业的标准和法规去规范，比如数据交换的标准和规则，隐私相关的安全法规，比如哪些东西在数据交换中是可以被交换的，哪些不能被交换。这些需要产业各方共同努力去推动，使得隐私能被尊重，价值能够共享。

因此，互联网下的隐私保护，总结起来应从以下几点展开：

(1) 云计算作为大数据的基础。在进行数据挖掘和数据分析的时候，分析人员一定要将云和计算分开，云是私有的、不可侵犯，而计算是社会的，是公共的，不能带任何个人信息。在明确以上观点的基础上进行数据分析，就可以确保在计算的同时不带上任何个人隐私，同时还利于个人未来的发展。

(2) 行业公司应该逐渐树立起行业规范。对于用户一些数据的使用环境，包括标准，要给出好的建议。

(3) 从国家法律法规方面应该能够尽可能适应，或能够根据现在最新发展趋势，针对用户的一些隐私信息进行相关立法。

本章小结

只有合适的数据才能获得ROI（收益率），尤其是在互联网环境下，全球网民创建及分享的数字信息，包括文档、图片和Twitter消息，在5年中增长了9倍。其中，85%的数据属于广泛存在于社交网络、物联网、电子商务等之中的非结构化数据，结构化数据、半结构化数据只占到了企业所能获取的数据的很小一部分。以PB为量级的大数据，可以将分散的小数据拼接起来，同时把决定事物性状的、反应规律的、决定走向的点找出来，呈现出一个更加接近本质的全景图，这便是大数据的核心特征。

互联网中客户数据的收集，无外乎两条渠道：内部渠道和外部渠道。内部方面即客户与你发生的“接触点”，可能是商品询问、销售拜访、交易沟通，这些都是较容易的数据收集渠道。外部方面，有两种：一种情况是直接与客户联系，通过电话、短信、邮件、微信等，但是有两个难题，分别是客户的隐私担忧和客户的沟通耐性。另一种情况是不直接与客户联系，而是通过调查第三方来收集。互联网中的客户数据，可以用来揭示客户的购买行为和购买偏好，同时通过网络的反馈机制掌握客户的评价以更好地改善客户服务。另外，通过数据挖掘技术和手段，可对客户进行精准营销、提升广告效果及用户和订单转化率，并能对未来可能流失的客户进行预警，用数据来掌握客户和服务客户。

随着智能手机的应用和普及，移动互联网逐步成为新的热点和下一代互联网的重大革命。从游戏类的应用到社区类和移动即时通信的应用，越来越多的创新产品不断地涌现，由此产生了新的商业模式，如移动广告、移动应用增值服务及移动电子商务等。

在网络时代，信息的透明度及传播速度使得隐私和安全问题日益凸显，这也是未来互联网发展需要规范和进一步改善的一个课题。

思考题

1. 互联网中的大数据有哪些类型？这些数据一般从哪里获得？
2. 研究互联网中的大数据，可以帮助企业做什么？
3. 互联网条件下，如何避免客户流失？如何进行最优化推荐？
4. 互联网广告数据分析主要分为几个方面？
5. 移动大数据带来了哪些商业模式和应用？移动互联网的机遇和挑战是什么？
6. 试着在你的网络销售产品中找到“用户行为与反馈效应”的循环，列个清单出来。
7. 在你列出的清单中找出最重要的、与产品核心价值关系最密切的反馈循环，试着进行增强或改进。

10 大数据与未来之路

10.1 国外大数据战略

北京时间2012年3月29日，美国政府宣布了“大数据研究和发展倡议（Big Data Research and Development Initiative)”，来推进从大量的、复杂的数据集合中获取知识和洞见的能力。该倡议涉及联邦政府的6个部门（美国国家科学基金（NSF）、美国国家卫生研究院（NIH）、美国能源部（DOE）、美国国防部（DOD）、美国国防部高级研究计划局（DARPA）、美国地质勘探局（USGS）六个部门）。这些部门承诺将投资总共超过两亿美元，来大力推动和改善与大数据相关的收集、组织和分析工具及技术。此外，这份倡议中还透露了多项正在进行中的联邦政府各部门的大数据计划。承诺将在科学研究、环境保护、生物医药研究、教育以及国家安全等领域利用大数据技术进行突破。

《大数据研究和发展倡议》的提出，将提升美国利用收集的庞大而复杂的数字资料提炼真知灼见的能力，协助加速科学、工程领域创新步伐，强化美国国土安全，转变教育和学习模式。

随着大数据技术研究和应用的迅速发展，奥巴马政府意识到大数据技术的重要性，将其视为“未来的新石油”，作为战略性技术大力推动其发展。为了动员其他的利益相关者，《大数据研究和发展倡议》提出联邦政府希望与行业、科研院校和非营利机构一起，共同迎接大数据所创造的机遇和挑战。某种程度上，大数据技术在美国已经形成了全体动员的格局。

10.1.1 美国推动大数据技术发展的主要做法

（1）政府部门资助大数据技术研发和应用。研发方面，除了《大数据研究和发展倡议》中提及的六个部门，还有多项正在进行中的联邦政府计划，以应对大数据时代以及大数据革命带来的机遇和挑战。这些披露的计划涉及面广，研发种类很多。例如，国土安全部项目主要推进可视化数据分析，应用领域主要为自然灾害、恐怖事件、边境安全、网络威胁等。应用方面，美国也开始启动相关项目。

（2）非营利机构提供公共服务。行业协会组织积极提供公共服务，例如“数据无边界(Data Without Borders)”服务通过无偿的数据收集、分析，以及可视化为非营利性组织提供帮助。高等院校开始培育相关人才，有些大学也已经开始创建大数据相关的新课程，这些全部课程的学习，将培养出下一代的“大数据科学家”。

（3）企业加紧开展市场布局。大数据最先被互联网企业所重视，如网飞（Netflix）和

Facebook等大型科技公司巧妙地利用用户遗留在网络上的数字痕迹，通过算法分析用户需求，然后向用户推荐观看电影或者与某人联系的建议。现在，美国一些大型公司已经开始赞助大数据相关的竞赛，并且为高等院校的大数据研究提供资金。EMC、惠普（微博）、IBM、微软（微博）在内的IT巨头纷纷通过收购“大数据”相关企业来实现技术整合。

10.1.2　日本的大数据战略

2012年7月，日本推出《新ICT战略研究计划》，重点关注“大数据应用”，旨在提升日本竞争力。

2011年日本大地震后一度搁置的政府ICT战略研究在2012年重新启动。日本总务省在2012年7月推出新的综合战略《活力ICT日本》，日本知识产权战略本部在其《知识产权推进计划2012》中制定了电动汽车技术的国际标准化战略。两者都将强化ICT领域的国际竞争力作为重点。

提升日本竞争力，大数据应用不可或缺。日本总务省信息通信政策审议会下设了“ICT基本战略委员会”。在委员会中担任大数据研究主任的东京大学教授森川博之强调，美国在技术上处于领先，日本也应将其定位为战略领域之一。

日本ICT基本战略委员会是在2011年成立的一个专家组，肩负制定面向2020年日本新ICT战略的任务。信息通信审议会在2011年初设立过各个专业委员会，旨在促进ICT的“新型产业培育”与“研究开发”，但不久后日本遭遇大地震，研讨会议一直处于搁置状态，之后又设立了新战略的委员会。“大数据”是该委员会特别指出的重点之一。

处于大数据应用领域领先地位的是Google、Amazon等美国网络企业。它们已经开始通过基于云计算的平台，汇集来自无线IC标签、全球定位系统（GPS）、智能手机等采集的大量数据，将它们经过分析后用于客户信息管理或者市场营销活动。因此美国也出现了并行处理这些大量数据并进行高速分析的“Hadoop”等开源软件。目前，大量信息不断汇总到美国的趋势开始扩张，如未引起足够重视，日本信息有可能陷入被美国牵制的危机之中。因此，日本ICT基本战略委员会专家认为非常有必要在“大数据”上制定综合性的战略。

在日本，本田、先锋等企业推出的基于GPS的“道路通行图”在受灾地区救助活动中得到了应用展示；NTT DoCoMo公司推出的基于匿名化的手机定位信息展现人口移动的“移动空间统计”也是一个大数据应用案例。但是，日本因为企业结构上的垂直性组织以及隐私保护等问题，往往难以有效采集信息，所以迫切需要建设大数据应用所需的平台。

新ICT战略将重点关注大数据应用所需的云计算、传感器、社会化媒体等智能技术开发。新医疗技术开发、缓解交通拥堵等公共领域将会得到大数据带来的便利与贡献。根据日本野村综合研究所的分析显示，日本大数据应用带来的经济效益将超过20万亿日元。

10.1.3　联合国的大数据行动

2012年7月，联合国发布了“大数据政务白皮书”，总结了各国政府如何利用大数据更好地服务和保护人民。

在名为《大数据促发展：挑战与机遇》的白皮书中，联合国指出大数据对于联合国和各国政府来说是一个历史性的机遇，联合国还探讨了如何利用包括社交网络在内大数据资源造福人类。该报告是联合国"全球脉搏"项目的产物。"全球脉搏"是联合国发起的一个全新项目，旨在利用消费互联网的数据推动全球发展。利用自然语言解码软件，可以对社交网络和手机短信中的信息进行情绪分析，从而对失业率增加、区域性开支降低或疾病暴发等进行预测。

联合国指出大数据时代已经到来，人们如今可以使用丰富的数据资源，包括旧数据和新数据，来对社会人口进行前所未有的实时分析。

联合国报告还以爱尔兰和美国的社交网络活跃度增长可以作为失业率上升的早期征兆为例，表明政府如果能合理分析所掌握的数据资源，将能"与数俱进"快速应变。

联合国的大数据白皮书还建议联合国成员国建设"脉搏实验室"网络开发大数据的潜在价值。印度尼西亚和乌干达作为两个标杆国家率先在各自的首都雅加达和坎贝拉建设了"脉搏实验室"。

联合国大数据白皮书解读大数据生态系统，如图 10.1 所示。

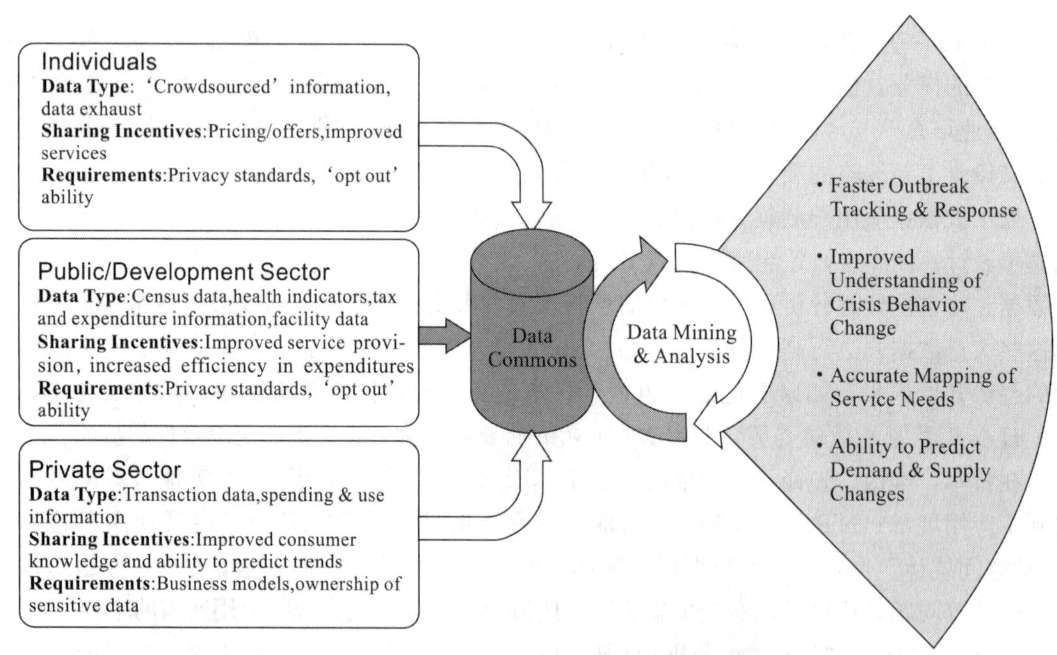

图 10.1 联合国大数据白皮书解读大数据生态系统

10.1.4 英国的大数据战略

2013 年初，英国商业、创新和技能部宣布，将注资 6 亿英镑发展 8 类高新技术，大数据独揽其中的 1.89 亿英镑。

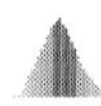

虽然经济不景气，财政被迫收紧，但英国政府依然在大数据技术研发上投入大笔资金。负责科技事务的大臣戴维·威利茨说，政府将在基础设施方面投入巨资，加强数据采集和分析，从而让英国在“数据革命”中占得先机。

英国政府公布的一份报告称，借助合理的投资，英国将为“数据革命”做充分准备。虽然单纯从计算能力来看，英国并不具有突出优势，但报告认为，英国擅长处理不同的大数据集，强势在数学和计算机科学领域。此外，英国在医疗保健、人口统计、农业和环境领域有着世界上最好、最完整的数据集。威利茨说，政府要利用好这些独特优势，需要加大对关键研究领域的支持力度；成功的高新技术战略不仅要着眼于科研本身，更应该着力于推动新技术从实验室到商业应用的转化。

在英国，大数据已应用于多个领域。大数据技术创造价值的能力已经显现出来。一份行业报告显示，英国政府通过高效使用公共大数据技术，每年可节省约330亿英镑，相当于英国每人每年节省约500英镑。大数据之所以能创造巨大的价值是因为在商业、经济、政府管理等领域中，决策行为越来越取决于数据和分析，而不再是经验和直觉。大数据技术可以为决策提供一定的“预见参考”，成功的分析和预见能产生商业和经济价值。英国最大的连锁超市特易购已经开始运用大数据技术来采集并分析其客户行为信息数据集，以此来制定有针对性的促销计划，并调整商品价格。这种“有的放矢”的营销和定价模式让特易购找到了更加高效的盈利方法。

2013年5月初，英国首个综合运用大数据技术的医药卫生科研中心在牛津大学成立。据介绍，这个研究中心总投资9 000万英镑，可容纳600名科研人员，旨在通过搜集、存储和分析大量医疗信息，确定新药物的研发方向，从而减少药物开发成本，同时为发现新的治疗手段提供线索。

英国首相卡梅伦在揭牌仪式上说，医学研究新突破离不开信息获取与共享，而这一中心的成立有望给英国医学研究和医疗服务带来革命性变化，它将促进医疗数据分析方面的新进展，从而帮助科学家更好地理解人类疾病并掌握其治疗方法。

10.2　我国实施国家大数据战略

10.2.1　我国实施国家大数据战略的新成效

近几年，在国家政策支持下，我国大数据战略取得多方面成效：

一是产业集聚效应初步显现。国家八个大数据综合实验区建设促进了具有地方特色产业集聚。京津冀和珠三角跨区综合试验区，注重数据要素流通；上海、重庆、河南和沈阳试验区，注重数据资源统筹和产业集聚；内蒙古自治区的基础设施统筹发展，充分发挥能源、气候等条件，加快实现大数据跨越发展。

二是新业态、新模式不断涌现。我国在大数据应用方面位于世界前列，特别是在服务业领域，如基于大数据的互联网金融及精准营销迅速普及；在智慧物流交通领域，通过为货主、乘客与司机提供实时数据匹配，提升了物流交通效率。

三是与传统产业融合步伐加快。铁路、电力和制造业等加快了运用信息技术和大数据的步伐。高铁推出“高铁线上订餐”等服务，提升了乘客体验。电力企业推广智能电表，提高了企业利润。三一重工、航天科工、海尔等一批企业将自身积累的智能制造能力，向广大中小企业输出解决方案，着手建设工业互联网平台。

四是技术创新取得显著进展。互联网龙头企业服务器单集群规模达到上万台，具备了建设和运维超大规模大数据平台的技术实力，并以云服务向外界开放自身技术服务能力和资源。在深度学习、人工智能、语音识别等前沿领域，我国企业积极布局，抢占技术制高点。

五是产业规模快速增长。2016 年我国包括大数据核心软硬件产品和大数据服务在内的市场规模达到 3100 亿元。预计 2017 年有望达到 4185 亿元。未来 2－3 年市场规模的增长率将保持在 35％左右。未来 5 年，年均增长率将超过 50％。

六是一批企业快速成长。主要分为三类：一是已经有获取大数据能力、具有一定国际影响力的公司，如百度、腾讯、阿里巴巴等互联网巨头；二是以华为、浪潮、中兴、曙光、用友等为代表的电子信息通信厂商；三是以亿赞普、拓尔思、九次方等为代表的大数据服务新兴企业。

七是法治法规建设全面推进。先后制定和出台《全国人大常委会关于加强网络信息保护的决定》《电信和互联网用户个人信息保护规定》《电话用户真实身份信息登记规定（部令第 25 号）》《中华人民共和国网络安全法》等文件，用于保障用户隐私和合法权益。

10.2.2　我国实施国家大数据战略面临的挑战

目前我国实施国家大数据战略，仍然面临不少挑战，这些挑战主要有如下几个方面：

一是数据权属不清晰，数据流通和利用混乱。大数据带来了复杂的权责关系，产生数据的个人、企业、非政府组织和政府机构，拥有数据存取实际管理权的云服务提供商和拥有数据法律和行政管辖权的政府机构，在大数据问题上的法律权责不明确，数据产权承认和保护存在盲点，阻碍了数据有效流通。

二是数据爆炸式增长与数据有效利用矛盾突出。当前面临的问题不是数据缺乏，而是数据快速增长与数据有效存储和利用之间矛盾日益突出。数据呈爆炸式增长，每两年数据量翻 10 倍，而摩尔定律已接近极限，硬件性能提升难以应对海量数据增长。

三是企业与政府数据双向共享机制缺乏。目前，我国政府、少数互联网企业和行业龙头企业掌握了大部分数据资源，但数据归属处于模糊状态，法律规定不明确，政府与企业数据资源双向共享不够。

四是发展一哄而上，存在过度竞争倾向。截止 2017 年 1 月，全国 37 个省、市出台大数据发展规划，90％提出要统筹建设政府和行业数据中心，有 12 个省市提出建设面向全国的大数据产业中心，有 14 省（市）合计产值目标过 2.8 万亿元，远远超过工信部提出到 2020 年 1 万亿元大数据产值发展目标。

五是安全问题日益凸显。截至 2017 年 7 月，全国共侦破侵犯公民个人信息案件和黑客攻击破坏案件 1800 余起，抓获犯罪嫌疑人 4800 余名，查获窃取的各类公民个人信息 500 多

亿条。乌克兰电力系统和伊朗核设施遭遇网络攻击，也给我国电力、石油、化工、铁路等重要信息系统安全敲响了警钟。

10.2.3　更好实施我国大数据战略政策建议

按照十九大精神，要着力推动大数据与实体经济深度融合，建设数字中国和智慧社会，实现网络强国的目标，需要从政府、企业、社会组织和个人等统筹推动国家大数据战略落实。

（1）完善机制与制度，更好发挥政府作用。

在体制机制方面，建议设立由国务院领导担任组长的国家大数据战略领导小组，负责组织领导、统筹协调全国大数据发展。领导小组下设办公室和大数据专家咨询委员会。

在法规建设方面，加快制定《大数据管理条例》，鼓励行业组织制定和发布《大数据挖掘公约》和《大数据职业操守公约》，在条件成熟时启动《数据法》立法，明确数据权属，培育大数据市场，加快数据作为生产要素规范流通。

在产业政策方面，出台数字经济优惠政策，创新数字经济监管模式，加强重点人群大数据应用能力培训，创造更多就业岗位。

在试点示范方面，在环境治理、食品安全、市场监管、健康医疗、社保就业、教育文化、交通旅游、工业制造等领域开展大数据试点应用，以点带面提升大数据应用能力。

在资源共享方面，按照“逻辑统一、物理分散”原则，通过建设国家一体化大数据中心和国家互联网大数据平台，探索政府与企业数据资源双向共享机制。

在发展环境方面，着力部署下一代新基础设施，加快我国信息基础设施优化升级，制定政府大数据开发与利用的“负面清单”“权力清单”和“责任清单”，建立统计和评估指标体系，营造良好的舆论环境，防止炒作大数据概念，引导全国大数据健康有序发展。

在数据安全方面，加快落实《中华人民共和国网络安全法》，建立国家关键基础设施信息安全保护制度，明确监管机构的关键基础设施行业主管部门的信息安全监督管理职责，加快推动国产软硬件的应用推广，提升安全可控水平。

（2）对企业分类施策，发挥市场资源配置决定性作用。

① 发挥互联网龙头企业引领和带动作用。以百度、腾讯、阿里、京东为代表的龙头企业技术和人才储备雄厚，具有强大的数据资源收集、存储、计算和分析能力，成为我国大数据技术进步的主要推动力。应像使用电、水、交通等传统基础设施一样，互联网龙头企业应向各行业提供高性能和低成本的大数据服务，帮助传统企业提升效率，提升核心竞争力。

② 发挥重要行业龙头企业数据和用户优势。我国电力、交通、金融等诸多行业龙头集聚了海量用户和数据，是未来我国大数据战略实施的主战场和大数据价值真正“钻石矿”。应发挥铁路、电力、金融等重要行业龙头企业优势，通过与互联网龙头企业深度合作，利用其技术优势，深度挖掘数据资源，提升自身核心竞争力，并帮助中小企业发展。

③ 发挥通信运营商生力军作用，为大数据发展提供基础性战略性资源。我国移动、电信、联通等拥有全球最多的电话用户，积累了海量数据，是我国信息社会的战略性资源。应充分发挥自身在网络方面的优势，推动移动互联网、云计算、大数据、物联网等与行业结

合，助力智慧城市、交通、能源、教育、医疗、制造、旅游等行业的创新和发展。

(3) 激发社会组织活力，构建新型协作关系。

构建政府和社会组织互动的信息采集、共享和应用协作机制，提高社会组织大数据应用意识和能力。与具有大数据技术的企业合作，提高社会事业精准化水平和资金使用效率。针对发展需要，重视科技引领，整合广大科研机构和事业单位力量，加强大数据基础理论、方法和技术研究，推动关键技术突破。

(4) 提升公民数据意识和能力，推动“数字公民”建设。

通过给每位公民一个数字身份，方便公民获取个性化、智慧化精准服务，提高政府公共服务的精准度与实效性，推动社会治理向精细化、智慧化转变。要提高公民数据素养，增强公民数据权利意识，提高大数据应用能力。

10.3 大数据的机遇、挑战与应对

10.3.1 大数据机遇

大数据在政府层面可以促进数据治国、打造透明政府、建设科学预警体系，在社会层面更是可以大幅降低成本、提高效率、创造价值。大数据将提升电子政务和政府社会治理的效率。大数据的包容性将打开政府各部门间、政府与市民间的边界，信息孤岛现象大幅削减，数据共享成为可能，政府各机构协同办公效率和为民办事效率提高，同时大数据将极大地提升政府社会治理能力和公共服务能力。

在亚洲国家的政府中，大数据战略以及基于数据分析的方案和倡议备受重视。2011 年，新加坡成立了德勤数据分析研究所（DAI），这个新的机构是由新加坡政府经济发展委员会资助成立的。德勤数据分析研究所的目标是，引领政府和企业对于数据的研究和应用。此外，新加坡政府还资助了几所大学开展大数据和数据分析的研究活动。

通用电气在全球拥有超过一万名工程师从事软件开发和数据分析工作，通过共同的分析平台、训练、领导力培训以及创新，努力得以协调合作。而他们对于大数据的研究活动，有相当一部分集中在工业产品上，例如机车、喷气发动机以及大型能源发电设备。对任何一个试图通过大数据获得成功的组织来说，通用电气的投资规模和雄心都是一个榜样。这对正在迅猛发展的中国来说，也是一样。

政府 2.0 是由 Web2.0 之父蒂姆·奥莱利（Tim O'Reilly）最先提出的，它是政府利用互联网上的多元信息平台，打造形成一个国民互动、共同创新的整合开放平台。它是政府在电子政务职能上的一个根本性转变，它与民众直接互动和沟通，从条块分割、封闭的架构迈向一个开放、协同、合作、互动的架构，使政府真正成为服务型政府。政府 2.0 的特征是：公开透明、互动沟通、开放创新、平台服务。

(1) 公开透明：越来越多的政府向公众公开信息，做到阳光、透明，并开放其信息资源，包括政务数据、公共服务数据、基础数据等，免费供公众查询、下载，同时还提供应用程序开放接口，以方便对信息资源进一步深入开发利用，产生社会价值。

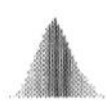

(2) 互动沟通：公众参与政府决策和政策制定。公众参与政府提供公共服务产品的全过程，包括公共服务产品的设计、生产、供给及决策；政府通过平台与公众在线交流互动，广泛吸纳民情民意。

(3) 开放创新：政府将摒弃传统知识创建和传播体系，通过维基、微博等为公众提供创建、分享信息与知识的协作平台，众多的新形式激发了大众的智慧，推动了社会创新，以移动政务服务模式提供电子政务新形态。

(4) 平台服务：政府提供一个集政府各部门、企事业单位、社会团体、公民等主体的整合开放平台，形成良性互动，提供高效服务，满足各方需求，实现政府社会治理的目标。

因此，可以说政府2.0是以政务公开为基础、政务服务为核心、以政民互动为前提、平台整合为目标的新一代电子政务。

2009年5月，美国联邦政府宣布实施“开放政府计划”，提出利用整体、开放的网络平台，公开政府信息资源、工作程序和决策过程，鼓励公众交流和评估，增进各级政府之间及政府与企业之间的合作，推动政府管理向开放、协同、合作的方向迈进。作为该计划实体的Data.gov网站同时开通，只要不涉及隐私和国家安全的相关数据全部开放、开源。随后，英国、澳大利亚、新加坡等十几个国家也相继建立了类似的网站来推动政府信息资源公开和利用。自此，全球政府2.0建设拉开了序幕，功能如下。

(1) 大数据推进政府信息资源进一步开放，政府信息开发利用效率倍增，促进经济社会快速发展。一方面，被割裂存储于不同部门的数据在统一平台上开放，数据创新应用将会不断涌现，政府信息的附加经济价值被充分发掘；另一方面，政府信息资源最大限度地开放是必然的发展趋势。

(2) 大数据促进政府和公众互动，让政务透明，帮助政府进行社会管理和解决社会难题。政府2.0是整合开放的平台，它建立了公众与政府间的沟通渠道，越来越多的国家和组织利用其开展民意调查，通过在线交互让民众成为政务流程的节点，透明政务，让公众参与到政策制定与执行、效果评估和监督之中，使民众参政议政成为可能。博客、微博、Twitter、Facebook等社交网络以其开放性、互动性赢得了众多用户的青睐，多国政府和组织纷纷将其应用到电子政务中。在这些社交网络上政府不仅能倾听到民意，化解社会矛盾外，同时社交网络上产生的数据又能帮助政府解决一些长期困扰的难题。联合国全球脉动项目就是对社交网络中数据进行分析，预测某地区的失业、疾病爆发等情况。政府利用大数据对社会人群进行细分，对不同人群进行针对性服务和政策施行。

(3) 大数据提高政府决策的科学性和精准性，提高政府预测预警能力以及应急响应能力。越来越多的政府摈弃经验和直觉，依赖电子政务的数据和分析进行决策。现在大数据又超越了传统的数据分析方法，不但是对纯数据可以进行分析挖掘，对言论、图表等都可以进行深度挖掘。我们能够在Google的搜索，Facebook的文章以及Twitter的消息中对行为、情绪、主张等进行精细地衡量和趋势分析。研究发现，Google上监测到的流感爆发比医院的报告早2～3周，这种“Google流感趋势”为应急部门提供了一种强大的早期预警系统，它既能动态监测，又能及时预防流感的爆发。大数据的深入及广泛应用会给政府带来科学和精准的决策支持。

10.3.2 大数据挑战及应对

大数据隐含着巨大的社会、经济、科研价值，已引起了各行各业的高度重视。如果能有效地组织和使用大数据，将对社会经济和科学研究发展产生巨大的推动作用，同时也孕育着前所未有的机遇。

采用大数据处理方法，生物制药、新材料研制生产的流程会发生革命性的变化，即可以通过数据处理能力提高计算机并行处理，同时进行大批量的仿真比较和筛选，因此大大提高了科研和生产效率。数据已成为和矿物、化学元素一样的原始材料，未来可能形成“数据探矿”“数据化学”等新学科和新工艺模式。

2011 年 Science 推出关于数据处理的专刊“Dealing with data”，讨论了数据洪流（Data Deluge）所带来的挑战，特别指出，倘若能够更有效地组织和使用这些数据，人们将得到更多的机会发挥科学技术对社会发展的巨大推动作用。2012 年 4 月，欧洲信息学与数学研究协会会刊 ERCIMNews 出版专刊“Big Data”，讨论了大数据时代的数据管理、数据密集型研究的创新技术等问题，并介绍了欧洲科研机构开展的研究活动和取得的创新性进展。

现有的数据中心技术很难满足大数据的需求，需要考虑对整个 IT 架构进行革命性的重构。存储能力的增长远远赶不上数据的增长，因此设计最合理的分层存储架构已成为信息系统的关键，数据的移动已成为信息系统最大的开销。信息系统需要从数据围着处理器转改变为处理能力围着数据转，将计算用于数据，而不是将数据用于计算。大数据也导致高可扩展性成为信息系统最本质的需求，并发执行（同时执行的线程）的规模要从现在的千万量级提高 10 亿级以上。

在这样的大背景下，2012 年 5 月，香山科学会议组织了以“大数据科学与工程——一门新兴的交叉学科?”为主题的第 424 次学术讨论会，来自国内外 35 个单位横跨 IT 、经济、管理、社会、生物等多个不同学科领域的 43 位专家代表参会，并就大数据的理论与工程技术研究、应用方向以及大数据研究的组织方式与资源支持形式等重要问题进行了深入讨论。

2012 年 6 月，中国计算机学会青年计算机科技论坛举办了“大数据时代，智谋未来”学术报告会，就大数据时代的数据挖掘、体系架构理论、大数据安全、大数据平台开发与大数据现实案例进行了全面讨论。总体而言，大数据技术及相应的基础研究已经成为科技界的研究热点，大数据科学作为一个横跨信息科学、社会科学、网络科学、系统科学、心理学、经济学等诸多领域的新兴交叉学科方向正在逐步形成。

大数据同时也引起了包括美国在内的许多国家政府的极大关注。2012 年 3 月，美国公布了“大数据研究和发展倡议”。欧盟方面也有类似的举措。过去几年欧盟已对科学数据基础设施投资 1 亿多欧元，并将数据信息化基础设施作为 Horizon 2020 计划的优先领域之一。纵观国际形势，对大数据的研究与应用已引起各国政府的高度重视，并已成为重要的战略布局方向。未来挑战性的应用方向具体表现在如下几个方面。

1. 智能交通

出行难问题对各大城市来说都迫在眉睫亟待解决。在信息技术蓬勃发展时期，人们利用先进的传感技术、网络技术、计算技术、控制技术、智能技术，对道路和交通进行全面感知。例如，在路面放置传感器，在路口安装监控视频，在车辆上配置全球定位系统（GPS），可以对每一条道路实时监控，对每一辆车进行控制，以提高交通效率和交通安全性。大数据下的智慧交通，就是融合传感器、监控视频和GPS等设备产生的海量数据，甚至与气象监测设备产生的天气状况等数据相结合，从中提取出我们真正需要的信息，及时而准确地传送给我们，并且这些信息不是简单地告诉我们到达目的地的几条路径或是显示各种路况信息，而是直接提供最佳的出行方式和路线。

2. 智慧医疗

医疗健康问题是城市快节奏生活下人们普遍关注的焦点。以往，我们总是在发现自己生病时看病就医，而且到了医院还要挂号、求诊、配药，大多数情况下还需要排队等候，容易形成就医难的困境。如今，由于电子医疗记录时代的来临，电子病历正逐渐为各大医疗机构所采用。在去医院前，可以通过网上预约挂号；在就医时，仅使用一张IC卡就能付费；医生还可以将问诊过程中的记录，病人的化验单、拍片等诊断数据输入计算机以备随时调用。

这些技术大大提高了医疗机构的工作效率，也使得病人有了良好的就医体验。然而，美国著名的医疗健康组织Kaiser Permanente又往前多走了一步，该组织通过将下属所有医疗机构的电子病历记录标准化，形成多方位多维度的大数据。将这些需要在同一时间分析的众多因素包括病人基本资料、诊断结果、处方、医疗保险情况和付款记录等数据综合起来，Kaiser的决策支持软件将提供给医护人员完整的病人历史，并选择最佳的医疗护理解决方案。

3. 社会安全

每个市民的切身利益都与社会安全相关，当中的问题包括灾害天气、环境污染等，也有如火灾和犯罪等各种重大突发状况。这些层出不穷的安全问题无时无刻不在考验着城市的应急体系。先进的信息技术支撑可以确保当安全问题发生时，能第一时间发现，并且快速启动相应的应急预案来处理。

网络大数据的处理能力直接关系到国家的信息空间安全和社会稳定。未来国家层面的竞争力将部分体现为一国拥有数据的规模、活性以及解释、运用数据的能力。国家的数字主权体现在对数据的占有和控制。数字主权将是继边防、海防、空防之后，另一个大国博弈的空间。从心理学、经济学、信息科学等不同学科领域共同探讨网络数据的产生、扩散、涌现的基本规律，是建立安全和谐的网络环境的重大战略需求，是促使国家长治久安的大事。

大数据时代的特征绝不仅仅是信息技术领域的革命，数据的作用将会前所未有的凸显，数据将成为国家竞争的前沿、企业创新的来源，数据以及信息技术的发展将对社会的变革发挥重大影响。

10.4 我国的大数据优势及实施策略

10.4.1 我国的大数据优势

近十年来增长最快的是网络上传播的各种非结构化或半结构化的数据。网络数据的背后是相互联系的各种人群。2012年，中国已拥有5.6亿的互联网用户，几乎是美国的两倍；拥有近11亿部手机，是美国的3倍。我国大数据的基础条件已经具备，缺乏的不是可供收集的数据，而是对于大数据收集、大数据分析和应用、大数据管理的手段和意识。和发达国家相比，我国在数据收集、使用和管理的各个方面，都存在差距。我们长期重定性、轻定量、重观点、轻数据。在现实生活中，数据也往往容易成为一个任人打扮的“小姑娘”，数据的质量不高、公信力不足。

“大数据”之“大”，不仅仅在于“容量之大”，更大的意义在于：通过对海量数据的交换、整合、分析，发现有用的知识，创造新的价值以带来“大知识”“大科学”“大利润”“大发展”。与互联网的发明一样，大数据绝不仅是信息技术领域的革命，更是在全球范围启动透明政府，加速企业创新，引领社会变革的利器。

中国政府和中国的企业在很多领域都有雄心勃勃的计划，并引起了全世界的关注。现在，这些雄心和计划应该拓展到大数据领域。可以确定的是，对中国政府和中国的商业组织而言，大数据及其应用将会在未来10年改变几乎每一个行业的业务功能。

可以确定的是，任何一个组织如果早一点着手大数据的工作，就可以获得明显的竞争优势。时光荏苒，现在抓住大数据机遇的时候到了。过去几十年，主要的工作是电子化和数字化。现在，数据为王的大数据时代已经到来，战略需求正在发生重大转变：关注的重点落在数据上，计算机行业要转变为真正的信息行业，从追求计算速度转变为大数据处理能力，软件也从编程为主转变为以数据为中心。

实验发现、理论预测和计算机模拟是目前广泛采用三大科研范式。现在，数据密集型研究已成为科研的第四范式。不论是基因组学、蛋白组学研究，天体物理研究还是脑科学研究都是以数据为中心的研究。用电子显微镜重建大脑中所有的突触网络，$1mm^3$ 大脑的图像数据就超过1 PB。取之不尽的实验数据是科学新发现的源泉。

从国外经验看，大数据需要依靠政府的强有力推动，做好顶层设计，因此我国在发展信息化方面，应该积极抓住大数据的发展契机，并及时将大数据上升到国家战略层面，打造数据中国，一方面要在立法、产业政策、技术研发等方面统筹考虑；另一方面，建立良性的大数据生态环境是有效应对大数据挑战的唯一出路，需要科技界、工业界以及政府部门在国家政策的引导下共同努力，通过消除壁垒、成立联盟、建立专业组织等途径，建立和谐的大数据生态系统。

10.4.2 大数据应用体系

基于中国在宏观层面的系统优势，大数据在国内的实施可建立包括应用层、方法层、技术层和支持条件层的四层研究与应用互动结构，如图10.2所示。

1. 基础层

为其他三个层次的研究开发与应用提供条件和支撑。包括如下内容：

（1）大数据准备与预分析系统。为可能的商业目标准备挖掘分析所需的大数据，并对数据质量、分布等进行初步分析，包括对数据仓库的数据或信息进行全方位的多维分析，用户

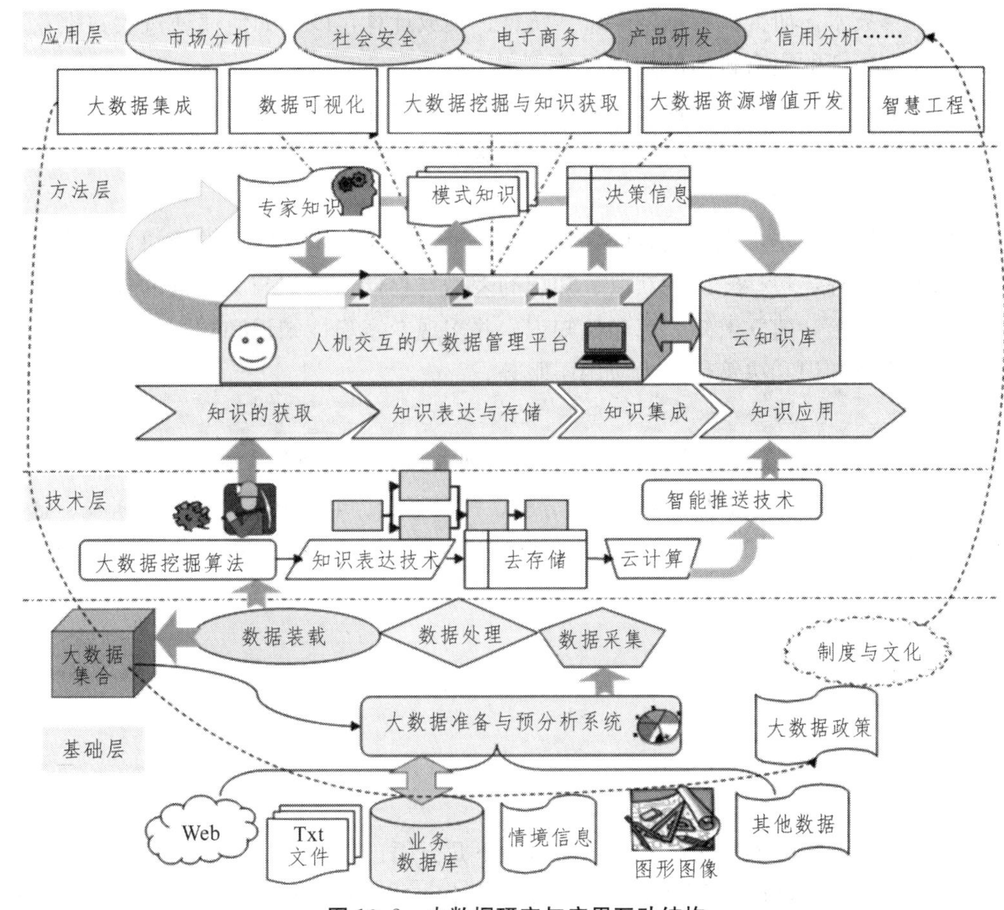

图10.2 大数据研究与应用互动结构

进行目标关联性的探索性分析等。为后续的数据挖掘准备数据集。数据集的来源可以是业务数据库、文本书件、互联网、情景信息、图形图像以及其他相关大数据源。

(2) 数据采集、处理和装载。从数据源中采集数据，进行数据的集成、清洗、格式化处理等，装载成可挖掘用的大数据集。

(3) 管理制度与文化。建立通过数据获取知识、分享知识和利用知识的制度和企业文化，树立大数据资源观，建立大数据管理的制度。通过制度保障大数据应用各环节、各流程的良好状态，并及时发现问题，解决问题。同时激励最佳实践，促进大数据应用进入良性循环。

2. 技术层

技术层为大数据应用提供技术组件支持，主要包括以下技术：

(1) 大数据的挖掘算法。通过改进现有的数据挖掘算法，包括决策树、多目标线性规划方法（MCLP）等，获取大数据背后隐藏的知识。

(2) 知识的表达技术。研究如何表达获取的知识使其容易被各部门、各类组织分享、利用。

(3) 云存储技术。研究如何存储大数据及获取的知识，保障数据安全，保护个人隐私，同时服务社会各层面的应用。

(4) 云计算技术。研究大数据的降维、统计、集成计算，以及如何使通过大数据获取的知识进行融合产生新的更有价值的知识。

(5) 智能推送技术。研究如何使大数据隐含的信息及通过大数据获取的知识在合适的时间主动提供给合适的使用者，为构建智慧城市等服务。

3. 方法层

方法层基于以人为主，人机结合的综合集成理论，利用技术层实现的模块，组装完成大数据管理的关键流程，包括知识的获取、知识的表达与存储、知识与大数据的集成、知识的应用等。在此基础上，建立云知识库存储知识，并实现专家隐性知识和数据挖掘获取的模式知识的集成，提供知识和决策信息为应用层服务。

4. 应用层

利用方法层的大数据管理平台及流程体系，实现大数据管理与业务流程的集成，将大数据及其挖掘获取的知识以系统方式应用到市场分析、社会安全、电子商务、新产品研发、金融信用分析等领域。通过实践应用发现新问题，不断改进大数据管理模式，形成良性互动循环。

10.5 大数据行动

10.5.1 未来可能的政府行动

未来政府在大数据方面的主要做法可能有如下几方面：

(1) 政府要有责任部门牵头进行专项研究，从国家层面通盘考虑我国大数据发展的战略。建立相关的研究计划，引导和推动各部委、各行业组织对于大数据的研究和利用，推动各个领域和行业的大数据应用工作。

(2) 要在立法层面予以支持。大数据从数据生成、信息收集到数据的发布、分析和应用、数据版权，牵涉到各个层面，在法律法规上还存在一定的空白和欠缺，例如关于用户隐私、政府信息收集和管控、敏感数据管理、数据质量方面都需要进一步通过法律来进行规范和保障。例如 2012 年发生的国家统计局、央行原干部泄露经济数据案件，即反映了在涉密经济数据保密管理方面仍存在薄弱环节。

此外，在各行各业的应用上也需要法律法规的支持。例如，美国政府《高速公路安全法》即规定要建立交通事故记录系统，以分析确定交通事故及伤亡原因。

(3) 在产业政策层面，要积极扶持大数据发展。目前大数据产业链雏形已经初显，围绕大数据的数据产生与收集、组织与管理、分析与发现、应用与服务各层级正在加速构建。我国应及时把握大数据时代的战略机遇，积极营造良好的大数据产业生态环境，政府应制定积极的产业政策，推动大数据产业的创新发展，给予一定的政策优惠。

大数据是一个具有国家战略意义的新兴产业，《“十二五”国家战略性新兴产业发展规划》提出支持海量数据存储、处理技术的研发与产业化；《物联网“十二五”发展规划》中，也将信息处理技术列为四项关键技术创新工程之一，其中包括海量数据存储、数据挖掘、图

像视频智能分析。但这些只是大数据产业链的一个环节，尚缺乏系统性、整体性、纲领性的大数据产业政策。如果说物联网所做的是“感知中国”的话，那么大数据构建的“数据中国”将是对于信息（包括物联网传感系统记录的各种信息）的更深层次、更高级的应用，将能真正促进我国迈入信息化、智能化时代。

（4）要推动大数据产业的研发，鼓励民间投资。有国外机构预测，未来数年间，“大数据”将创造数以万亿美元计的年产值。面对这一巨大的新兴市场，世界各国都加快了掘金之旅。我国大数据的发展，仅仅依靠政府是不够的，需要推动各行业、科研院所加强研究和应用，并鼓励民间资本投资，政府将予以政策优惠和资金扶持。

10.5.2　未来大数据的支持领域

1. 优先支持网络大数据研究

大数据涉及物理、生物、脑科学、医疗、环保、经济、文化、安全等众多领域。网络空间中的数据是大数据的重要组成部分，这类大数据与人的活动密切相关，因此也与社会科学密切相关。而网络数据科学和工程是信息科学技术与社会科学等多个不同领域高度交叉的新型学科方向，对国家的稳定与发展有独特的作用，因此应特别重视与支持网络大数据的研究。

2. 大数据科学的基础研究

无论是国外政府的大数据研究计划，还是国内外大公司的大数据研发，当前最重视的都是大数据分析算法和大数据系统的效率。因此，当工业界把主要精力放在应对大数据的工程技术的挑战的时候，科技界应开始着手关注大数据的基础理论研究。大数据科学作为一个新兴的交叉学科方向，其共性理论基础将来自多个不同的学科领域，包括计算机科学、统计学、人工智能、社会科学等。因此，大数据的基础研究离不开对相关学科的领域知识与研究方法论的借鉴。在大数据的基础研究方面，建议研究大数据的内在机理，包括大数据的生命周期、演化与传播规律，数据科学与社会学、经济学等之间的互动机制，以及大数据的结构与效能的规律性（如社会效应、经济效应等）。在大数据计算方面，研究大数据表示、数据复杂性以及大数据计算模型。在大数据应用基础理论方面，研究大数据与知识发现（学习方法、语义解释），大数据环境下的实验与验证方法，以及大数据的安全与隐私等。

3. 大数据研究的组织方式

2012年10月，中国计算机学会和中国通信学会各自成立了大数据专家委员会，从行业学会的层面来组织和推动大数据的相关产学研用活动。但这还不够，建议中科院、科技部、基金委共同推动成立一个组织机构，建立一个大数据科学研究平台，更好地组织大数据的协同创新研究与战略性应用；成立国家级的行业大数据共享联盟，使产业界、科技界以及政府部门都能够参与进来，一方面为学术研究提供基本的数据资源，另一方面为大数据的应用提供理论与技术支持。此外，还需成立国家级的面向大数据研究与应用的开源社区，同时也向国际开源社区的核心团队举荐核心成员，使国际顶级的开源社区能够听到来自中国的“声音”。

4. 大数据研究的资源支持

在资源支持方面，建议启动“中国大数据科学与工程研究计划”，从宏观上对我国的大数据产学研用做出系统全面的短期与长期规划。设立自然科学重大研究计划（基金重大）以及重大基础科学研究项目群（“973”项目群或“863”重大项目）等专项资金，有针对性地资助有关大数据的重大科研活动。此外，国家在大数据平台的构建、典型行业的应用以及研发人才的培养等方面应提供相应的财力、物力与人力支持。

10.5.3 大数据公共政策

大数据不仅是企业竞争和增长的引擎，而且对于提高发达国家和发展中国家的生产率、创新能力和整体竞争力都有着重要作用。政策制定者认识到利用大数据可以刺激经济的下一波增长。为帮助企业获取大数据收益，政策制定者可能会从以下 6 方面制定相关政策。

1. 加强大数据人才培育

组织领导往往对大数据蕴含的价值以及如何释放这一价值缺乏了解。麦肯锡发现，许多组织既不具备挖掘大数据的技术人员，又没有适当构建工作流和激励措施以便优化大数据的使用，从而做出更好的决策并采取更有根据的行动。

政府可以采取多种措施增加大数据相关人才供给，包括实施教育培养计划、消除从其他国家地区引进人才的障碍等。除此之外，政府应该创造激励措施并对企业管理者进行数据分析技术培训。

2. 制定奖励措施促进数据共享

越来越多的公司需要访问第三方数据来源并将自己信息与外部信息进行集成以充分获取大数据的潜力。在许多情况下，市场尚未建立交易或共享数据机制。为了充分获得大数据带来的价值，需要克服阻碍数据获取的障碍。

政府在创造数据共享和交易的有效市场方面可以发挥重要作用，包括制定知识产权方面规则、制定鼓励数据共享的奖励措施、强制要求收集并公开国企财务数据以及面向公众开放和共享政府部门的活动和项目信息等。

3. 制定平衡数据使用与数据安全保护的政策

由于大规模的数据是数字化的和横跨组织边界的，因此一些政策问题将变得越来越重要，其中包括隐私、安全、知识产权和责任。显然，随着大数据的价值愈加明显，隐私是个愈发重要的问题（尤其是对消费者来说）。另一个更紧迫的问题是数据安全。一项研究发现 2005 年到 2009 年之间，美国被盗用的数据数量增加了 30％。

政策制定者需要加强制定并执行关于商业和个人数据隐私的方针和法律，并通过强大的法律阻挡黑客和其他袭击。当然，政府、非营利组织和私人部门需要开发教育项目，以便公众理解哪些个人信息是可以获取的，如何使用、怎样使用，以及个人是否允许这种使用。

4. 建立有效促进创新的知识产权框架

大数据日益提高的经济意义也产生大量的法律问题，尤其是面临数据与许多其他资产具有根本性的差异的时候。数据可以与其他数据结合起来完美而轻松地复制。同样一份数据可以由多个人同时使用。因此，知识产权将成为一个更重要的考虑因素。此外，还有与责任相关的问题：当一份不准确的数据导致负面结果时谁应负责？

在大数据时代，数据价值链中的创新将不断出现，更好地产生和获取数据的技术也将出现。这些创新需要建立有效的知识产权保护体系，促进数据创造价值、数据共享和整合。

5. 克服技术障碍并加速关键技术研发

政策制定者加强制定 IT 工具或数据资源池的标准和指南，鼓励存在缺口的重要领域关键技术研发，推动行业标准制定机构制定覆盖 IT 工具和数据类型的标准，并给予资金支持、税收支出和减免、金融支持等支持大数据研究。

6. 确保信息通信技术基础设施投资

政策制定者应该使基础设施成为大数据发展的重要组成部分。很多国家对扩建基础设施制定了专门的激励措施。例如，美国政府出台了一系列货币奖励措施，鼓励宽带建设（如农村宽带工程）和实施电子医疗记录。

总之，政策制定者在人才、研发、基础设施和培育创新等关键领域能发挥重要作用，促进企业从大数据中获取最大收益。但是保持企业和公众间权利的平衡是个艰巨的任务，政府在赋予企业在更大范围使用数据以获取潜在收益的同时，要减轻公众对隐私和个人信息安全的担忧。

10.6　大数据未来发展的主要领域

10.6.1　大数据存储

大数据通常可达到 PB 级的数据规模，因此，海量数据存储系统也一定要有相应等级的扩展能力。与此同时，存储系统的扩展一定要简便，可以通过增加模块或磁盘柜来增加容量，甚至不需要停机。当前互联网中的数据向着异质异构、无结构趋势发展，图像、视频、音频、文本等异构数据每天都在以惊人的速度增长。不断膨胀的信息数据使系统资源消耗量日益增大，运行效率显著降低。海量异构数据资源规模巨大，新数据类型不断涌现，用户需求呈现出多样性。目前海量异构数据一般采用分布式存储技术。目前的存储架构仍不能解决数据的爆炸性增长带来的存储问题，静态的存储方案满足不了数据的动态演化所带来的挑战。因而在海量分布式存储和查询方面仍然需要进一步研究。

10.6.2　大数据计算

由于海量数据的数据量和分布性的特点，使得传统的数据管理技术不适合处理海量数据。海量数据对分布式并行处理技术提出了新的挑战，开始出现以 MapReduce 为代表的一系列研究工作。MapReduce 是 2004 年由谷歌公司提出的一个用来进行并行处理和生成大数据集的模型。MapReduce 作为典型的离线计算框架，无法满足许多在线实时计算需求。目前在线计算主要基于两种模式研究大数据处理问题：一种基于关系型数据库，研究提高其扩展性，增加查询通量来满足大规模数据处理需求；另一种基于新兴的 NoSQL 数据库，通过提高其查询能力和丰富查询功能来满足有大数据处理需求的应用。

10.6.3 数据安全与隐私保护

数据安全是互联网中大数据管理的重要组成部分。然而随着互联网规模不断扩大，数据和应用呈现出指数级增长趋势，给动态数据安全监控和隐私保护带来了极大挑战。大数据分析往往需要多类数据相互参考，而在过去并不会有这种数据混合访问的情况，因此大数据应用也催生出一些新的、需要考虑的安全性问题。云安全联盟（CSA）是科技公司和公共部门机构的联盟，它已经成立了大数据工作组，将会开展工作寻找针对数据中心安全和隐私问题的解决方案。

10.6.4 大数据整合技术

在数据源层和分析层之间引入一个存储管理层，可以提升数据质量并针对查询进行优化，但也付出了较大的数据迁移代价和执行时的连接代价：数据首先通过复杂且耗时的 ETL 过程存储到数据仓库中，在 OLAP 服务器中转化为星型模型或者雪花模型；执行分析时，又通过连接方式将数据从数据库中取出。这些代价在 T B 级时也许可以接受，但面对大数据，其执行时间至少会增长几个数量级。更为重要的是，对于大量的即时分析，这种数据移动的计算模式是要改进的。

10.6.5 大数据与云计算

云计算（Cloud Computing）是基于互联网的相关服务的增加、使用和交付模式，通常涉及通过互联网来提供动态易扩展且经常是虚拟化的资源。云是网络、互联网的一种比喻说法。过去在图中往往用云来表示电信网，后来也用来表示互联网和底层基础设施的抽象。狭义云计算指 IT 基础设施的交付和使用模式，指通过网络以按需、易扩展的方式获得所需资源；广义云计算指服务的交付和使用模式，指通过网络以按需、易扩展的方式获得所需服务。这种服务可以是 IT 和软件、互联网相关，也可是其他服务。它意味着计算能力也可作为一种商品通过互联网进行流通。

云计算由一系列可以动态升级和被虚拟化的资源组成，这些资源被所有云计算的用户共享并且可以方便地通过网络访问，用户无需掌握云计算的技术，只需要按照个人或者团体的需要租赁云计算的资源。

继个人计算机变革、互联网变革之后，云计算被看作第三次 IT 浪潮，是中国战略性新兴产业的重要组成部分。它将带来生活、生产方式和商业模式的根本性改变，云计算将成为当前全社会关注的热点。

云计算是当前一个热门的技术名词，很多专家认为，云计算会改变互联网的技术基础，甚至会影响整个产业的格局。正因为如此，很多大型企业都在研究云计算技术和基于云计算

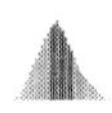

的服务，亚马逊、谷歌、微软、戴尔、IBM、SUN等IT国际巨头以及百度、阿里、著云台等国内业界都在其中。几年之内，云计算已从新兴技术发展成为当今的热点技术。

当前全球IT领域有了令人振奋的发展趋势和挑战，现在每天有大量数据和信息生成，这为大数据分析提供了机会；数据中心的挑战也为IT提供了新机会，比如云计算，能降低数据中心成本；IBM希望通过智慧的运算，实现智慧的地球的愿景。

英特尔亚太研发有限公司总经理、软件与服务事业部中国区总经理何京翔认为，大数据本身其实是信息革命的一个新引领。在未来几年随着物联网的发展，可能会有2 100亿个RFID或者集群，在我们的环境之中，如果未来的移动互联、物联网如果变成现实，我们的生活会被传感器、会被数据采集装置所拥抱，这时候数据量将更大。这些数据量仅仅是数据，并不能解决问题，要从数据变成信息、变成智能、变成商业价值，这才能够体现出真正的大数据的价值。

VMware全球高级副总裁范承工认为，看到大数据的发展从无到有，现在已经如火如荼。然而，现在除了数据本身发生了改变，云计算也使数据变得更加分散，在这样的趋势下，传统数据库对于海量数据的需求、快的需求、开发者数据多样化的需求难以满足，使各种各样的解决方案大行其道。

EMC的大数据和存储专家、EMC资深产品经理李君鹏认为，大数据本身就是一个问题集，云技术是目前解决大数据问题集最重要有效的手段。云计算提供了基础架构平台，大数据应用在这个平台上运行。目前公认处理大数据集最有效手段的分布式处理，也是云计算思想的一种具体体现。

对于大数据给云计算带来的影响，Teradata技术总监StephenBrobst表示，公有云架构对数据仓库没有影响，因为企业的CIO不会无缘无故把财务数据或者客户数据放到云上，那样很危险。然而，私有云架构确实有影响：第一，通过私有云，可以巩固数据集市，减少利用率不足的问题，私有云使用量上升后，架构的单位成本也就降下来了。推出按需灵活性能配置的私有云方式，加速并推动私有云按使用付费模式。第二，可以通过灵敏的方式将数据集成，实现业务价值。如私有云可以按需灵活性能配置，用户可以无缝处理大型营销活动、出其不意的大量生产订单或节日促销等季节性需求波动等业务活动的骤然激增。

其实云计算与大数据的不同之处在于应用的不同，表现在两个方面：

第一，在概念上两者有所不同。云计算改变了IT，而大数据则改变了业务。然而大数据必须有云作为基础架构，才能得以顺畅运营。

第二，大数据和云计算的目标受众不同。云计算是卖给CIO的技术和产品，是一个进阶的IT解决方案。而大数据是卖给CEO、卖给业务层的产品，大数据的决策者是业务层。由于他们能直接感受到来自市场竞争的压力，必须在业务上以更有竞争力的方式战胜对手。

怎样才能把大数据与云计算技术更好地结合，挖掘出大数据的价值是未来最重要的问题。

本章小结

本章首先介绍了全球大数据的发展现状，目前数据量呈现着指数级的增长，而且在不同行业大数据的增长强度与内容各有不同。数据作为重要的生产要素，正为商业和消费者创造着巨大的社会、经济及科研价值，不仅引起了各行各业的广泛关注，同时也引起了各国政府的高度重视，指出了对于坐拥海量数据的中国来说，更应抓住大数据的机遇，将雄心和计划拓展到大数据的领域。然后站在了国家战略的高度，从立法、产业政策、技术研发方面统筹考虑，提出了将大数据上升到国家战略层面、打造数据中国的几点建议。最后提出了大数据的研究计划与公共政策的几点要求，在大数据研究计划方面要优先支持网络大数据研究、大数据科学的基础研究、大数据研究的组织方式以及大数据研究的资源支持；在大数据的公共政策方面，要加强数据人才培育、制定奖励措施促进数据共享、制定平衡数据使用与数据安全保护的政策、建立有效地促进创新的知识产权框架、克服技术障碍并加速关键技术研发以及确保信息通信技术基础设施投资。

思考题

1. 在大数据时代，您认为制约中国大数据发展的关键因素是？
2. 相对于其他国家而言，我国在实施大数据战略具有哪些优势？
3. 您认为政府应当采取怎样的措施来促进数据的共享？
4. 您对我国大数据战略的制定有什么好的建议？
5. 你对欧盟开放数据战略有什么看法及启示？
6. 为应对大数据时代的新形势，请为你所在的组织撰写一份大数据应用计划的建议。

参考文献

[1] 郑杰. 关于将大数据上升到国家战略. 构建“数据中国的建议”[J]. 中国建设信息，2013（06）：40-41.

[2] 托马斯·H·达文波特. 中国的雄心应该拓展到大数据领域[J]. IT时代周刊，2012：14.

[3] 安晖. 非认识要清醒 避免大数据过度建设[J]. 中国经济和信息化，2012（22）：2.

[4] 王忠. 美国推动大数据技术发展的战略价值及启示[J]. 中国发展观察，2012（06）：44-45.

[5] 李国杰. 大数据研究：未来科技及经济社会发展的重大战略领域——大数据的研究现状与科学思考[J]. 战略与决策研究，2012，06（001）：647-657.

[6] 大数据时代的大媒体 http://www.peopledaily.me/archives/6797.

[7] 赵国栋，易欢欢，糜万军，鄂维南. 大数据的历史机遇[M]. 北京：清华大学出版社，2013.

[8] 大数据：信息再价值化的金矿 http://www.ccidconsulting.com/ei/yjs/sdpl/webinfo/2012/06/1339030124876906.htm.

[9] 四大杠杆：商业巨头是怎么玩转大数据的？http://tech2ipo.com/56302http://tech2ipo.com/56302.

[10] 美国推动大数据技术发展的战略价值及启示 http://theory.people.com.cn/GB/82288/83853/83865/18250483.html.

[11] 日本政府启动新ICT战略研究 http://intl.ce.cn/specials/zxgjzh/201206/01/t20120601_23371639.shtml.

[12] 联合国：大数据政务白皮书 http://www.199it.com/archives/56576.html.

[13] 英国大数据技术应用获突破 http://finance.eastmoney.com/news/135120130531295168743.html.

[14] 科技部出台我国首个部级云计算十二五规划 http://www.spn.com.cn/news/20130105/37390.html.

[15] “十二五”国家科技计划信息技术领域2013年度备选项目征集指南 http://www.most.gov.cn/tztg/201203/t20120329_93437.htm.

[16] “大数据技术与应用中的挑战性科学问题”双清论坛在上海召开 http://www.nsfc.gov.cn/Portal0/InfoModule_407/51642.htm.

[17] 大数据下发展智慧城市 http://iot.10086.cn/2011-11-09/1319771700353.html.

[18] 大数据创造洞察力 http://www.cetcit.com/news/show.php? itemid=17354.

[19] 智慧的分析洞察驱动企业大数据新战略 http://cio.it168.com/a2012/0517/1349/

000001349486. shtml.
[20] 大数据构建网络营销洞察力 http://www. 100ec. cn/detail--6053153. html.
[21] 大数据是国家战略资源 http://www. cfi. net. cn/p20130425001870. html.
[22] 大数据要求企业加大创新与改革 http://tech. xinmin. cn/2013/05/10/20179750. html.
[23] 李晓辉，王淑艳. 大数据及其挑战[J]. 科技风，2012 (23)：51.
[24] 云计算与大数据之间的紧密联系 http://www. ciotimes. com/cloud/cyy/72659. html.
[25] 云计算 http://baike. baidu. com/view/1316082. htm.
[26] 杨永红. 基于数据挖掘技术的网络舆情研究[D]. 重庆：重庆大学. 2010.
[27] 李银华. 股指期货结算风险管理研究[D]. 北京：中国科学院. 2012.
[28] 聂广礼. 基于分类的智能知识发现及其风险管理应用[D]. 北京：中国科学院. 2011.
[29] 王颖，聂广礼，石勇. 基于信用评分模型的我国商业银行客户违约概率研究[J]. 管理评论，2012 (2)：78-87.
[30] 涂子沛. 大数据，正在到来的数据革命[M]. 桂林：广西师范大学出版社，2012.
[31] 不可不读的 7 大网络推广经典案例 http://wenku. baidu. com/view/9dc2b408f12d2af90242e646. html.
[32] 维克托·迈尔·舍恩伯格. 大数据时代[M]. 盛杨燕等，译. 杭州：浙江人民出版社，2013.
[33] 李芳. 文本挖掘若干关键技术研究[D]. 北京：北京化工大学. 2010.
[34] 张俊丽. 文本分类中的关键技术研究[D]. 武汉：华中师范大学. 2008.
[35] 王小青. 中文文本分类特征选择方法研究[D]. 重庆：西南大学. 2010.
[36] 张彦. Web 中中文文本的数据挖掘技术研究[D]. 山东：山东大学. 2011.
[37] 蔡坤. 基于特征词的文本聚类算法研究[D]. 河南：河南大学. 2009.
[38] 孙学军. Web 文本数据挖掘技术及其在电子商务中的应用[D]. 山东：山东大学. 2011.
[39] Bill Franks. 驾驭大数据[M]. 北京：人民邮电出版社，2013.
[40] Anand Rajaraman，Jeffrey Pavid Ullman. 大数据—互联网大规模数据挖掘与分布式处理[M]. 王斌，译. 北京：人民邮电出版社，2012.
[41] 西安美林电子有限责任公司. 大话数据挖掘[M]. 北京：清华大学出版社，2013.
[42] 王珊. 数据仓库技术与联机分析处理[M]. 北京：科学出版社，1999.
[43] 李雄飞，李军. 数据挖掘与知识发现[M]. 北京：高等教育出版社，2006.
[44] 如何成为一名合格的数据科学家 http://www. china-cloud. com/yunhudong/guigudsy/2013/0411/18890. html.
[45] 数据科学家炙手可热 http://www. ftchinese. com/story/001049735.
[46] Bill Franks. 驾驭大数据[M]. 北京：人民邮电出版社，2003：171-172.

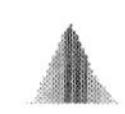

[47] 赢在大数据，计算机世界 http://www.dcci.com.cn/dynamic/view/cid/2/id/827.html.

[48] 英国大数据技术应用获突破 http://finance.eastmoney.com/news/1351，20130531295168743.html.

[49] 数据科学家成21世纪最性感工作 http://www.datatang.com/news/214.

[50] 大数据时代数据科学家抢手 http://news.ifeng.com/gundong/detail_2013_04/03/23835095_0.shtml.

[51] 政府职能 Available from：http://baike.baidu.cn/view/113120.htm.

[52] 李克强：简政放权转变职能创新管理 激发市场创造活力和发展内生动力. 人民日报.

[53] 涂子沛. 大数据[M]. 桂林：广西师范大学出版社，2012.

[54] "民生警务"迈入大数据时代. 人民日报，2013.

[55] 人大代表郑杰建议将大数据上升到国家战略 Available from：http://tech.qq.com/a/20130305/000149.htm.

[56] 如何玩转大数据魔方 Available from：http://www.juece.net.cn/DocHtml/2013-5-23/421497884665_2.html.

[57] 英国政府大数据领跑全球 Available from：http://www.ctocio.com/bigdata/12426.html.

[58] 大数据可为医疗保健业节省4500亿美元 Available from：http://news.xinhuanet.com/info/2013-04/09/c_132293815.htm.

[59] Intel. 某区域医疗大数据应用案例.

[60] Data journalism，Available from：http://en.wikipedia.org/wiki/Data_journalism#cite_note-1.

[61] 郭晓科. 大数据[M]. 北京：清华大学出版社，2013.

[62] 把握大数据时代契机，推动我国网络社会管理更加科学化 Available from：http://www.npopss-cn.gov.cn/n/2013/0308/c357419-20727034.html.

[63] IDC中国金融行业正步入大数据时代初级阶段 Available from：http://mag.chnsourcing.com.cn/catelog/article/55050.html.

[64] 大数据落地金融IT之争 Available from：http://news.xinhuanet.com/info/2013-03/22/c_132253450.htm.

[65] 大数据颠覆传统金融 Available from：http://news.hexun.com/2013-04-18/153312293.html.

[66] 工业和信息化部电信研究院. 物联网白皮书. 2011.

[67] 智慧城市 Available from：http://baike.baidu.com/view/3310078.htm.

[68] IBM. 智慧的城市在中国. 2009.

[69] 物联网开辟智慧城市新路 Available from：http://news.xinhuanet.com/info/2013-04/24/c_132334718.htm.

[70] 云计算大数据时代个人隐私保护刻不容缓 Available from：http://guancha.gmw.cn/2012-12/20/content_6080691.htm.
[71] 俞晓秋．全球信息网络安全动向与特点[J]．现代国际关系，2002.2：25-28.
[72] 李铁柱．浅谈数据收集的方法及特点[J]．信息技术与信息化，2011.
[73] 侯桂云，陈晓辉．Web 数据挖掘中数据收集方法的研究[J]．大众科技，2007.12.22-23，25.
[74] 李凯．海量数据存储技术[J]．有线电视技术，2006（10）.
[75] 李华锋，吴友蓉．数据挖掘中的预处理技术研究[J]．成都纺织高等专科学校学报，2010（02）：14-16.
[76] 坎伯．数据挖掘：概念与技术[M]．韩家炜，译．北京：机械工业出版社，2001：232-233.
[77] 黄书剑．时序数据上的数据挖掘[J]．软件学报，2004，15（1）：1-7.
[78] 蒋涛，冯玉才，朱虹。李国徽．时序数据挖掘概述[J]．计算机学报，2009，11.
[79] 王晓燕．几种常用的异常数据挖掘方法[J]．甘肃联合大学学报：自然科学版，2010，24（004），68-71.
[80] 宋爱波，董逸生，吴文明等．WEB 挖掘研究综述[J]．计算机科学，2007，28（11）：13-16.
[81] 奉国和．自动文本分类技术研究[J]．情报杂志，2007，26（12）：108-111.
[82] 蒲筱哥．自动文本分类方法研究述评[J]．情报科学，2008，26（3）：469-475.
[83] 王同庆．动态环境下嵌入式网络关系和网络能力对服务创新的影响[D]．济南：山东大学．2012.
[84] 蔡文，杨春燕，陈文伟，李兴森．可拓集与可拓数据挖掘[M]．北京：科学出版社，2008.
[85] 李兴森，石勇，张玲玲．从信息爆炸到智能知识管理[M]．北京：科学出版社，2010.